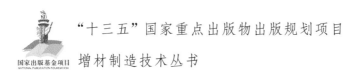

"十三五"国家重点出版物出版规划项目

国家出版基金项目
NATIONAL PUBLICATION FOUNDATION

增材制造技术丛书

电子束熔丝沉积成形
技术及应用

Electron Beam Wire Deposition Technology and Application

巩水利　刘建荣　杨　光　许海鹰　等著

国防工业出版社

·北京·

内 容 简 介

本书较全面地介绍了国内外近年来在电子束熔丝沉积成形这一增材制造技术方面的进展,重点介绍了作者科研团队在国内从事这一技术的研究成果。全书从电子束熔丝沉积成形的技术原理、材料、工艺和装备等方面做了较为全面系统的阐述。主要介绍了电子束熔丝沉积成形技术的概念、原理与特点,在增材制造技术体系中的地位和作用,国内外技术发展方向和趋势,以及电子束熔丝沉积成形技术基础和应用成果,包括技术原理、相关设备、专用材料、制造方法、质量检测和应用实践等。

本书可作为广大科技人员和院校师生从事相关研究的参考书。

图书在版编目(CIP)数据

电子束熔丝沉积成形技术及应用 / 巩水利等著. —
北京:国防工业出版社,2021.5
(增材制造技术丛书)
"十三五"国家重点出版项目
ISBN 978 - 7 - 118 - 12326 - 5

Ⅰ.①电⋯ Ⅱ.①巩⋯ Ⅲ.①电子束-熔体-快速成
型技术 Ⅳ.①TB4

中国版本图书馆 CIP 数据核字(2021)第 156321 号

※

国防工业出版社出版发行
(北京市海淀区紫竹院南路 23 号 邮政编码 100048)
雅迪云印(天津)科技有限公司印刷
新华书店经售

*

开本 710×1000 1/16 印张 18¾ 字数 352 千字
2021 年 5 月第 1 版第 1 次印刷 印数 1—3 000 册 定价 126.00 元

(本书如有印装错误,我社负责调换)

国防书店:(010)88540777   书店传真:(010)88540776
发行业务:(010)88540717   发行传真:(010)88540762

丛书编审委员会

主任委员

卢秉恒　　李涤尘　　许西安

副主任委员(按照姓氏笔画顺序)

史亦韦　　巩水利　　朱锟鹏

杜宇雷　　李　祥　　杨永强

林　峰　　董世运　　魏青松

委　员(按照姓氏笔画顺序)

王　迪　　田小永　　邢剑飞

朱伟军　　闫世兴　　闫春泽

严春阳　　连　芩　　宋长辉

郝敬宾　　贺健康　　鲁中良

总　序
—
Foreward

增材制造（additive manufacturing，AM）技术，又称为3D打印技术，是采用材料逐层累加的方法，直接将数字化模型制造为实体零件的一种新型制造技术。当前，随着新科技革命的兴起，世界各国都将增材制造作为未来产业发展的新动力进行培育。增材制造技术将引领制造技术的创新发展，加快经济发展方式的转变，为产业升级提质增效。

推动增材制造技术进步，在各领域广泛应用，带动制造业发展，是我国实现强国梦的必由之路。当前，推动制造业高质量发展，实现传统制造业转型升级等，成为我国制造业发展的重中之重。在政府支持下，我国增材制造技术得到了迅速的发展，增材制造技术与世界先进水平基本同步，高性能复杂大型金属承力构件增材制造等部分技术领域已达到国际先进水平，已成功研制出光固化成形、激光选区烧结成形、激光选区熔化成形、激光近净成形、熔融沉积成形、电子束选区熔化成形等工艺装备。增材制造技术及产品已经在航空航天、汽车、生物医疗等领域得到初步应用。随着我国增材制造技术蓬勃发展，增材制造技术在各领域方向的研究取得了重大突破。

增材制造技术发展日新月异，方兴未艾。为此，我国科技工作者应该注重原创工作，在运用增材制造技术促进产品创新设计、开发和应用方面做出更多的努力。

在此时代背景下，我们深刻感受到组织出版一套具有鲜明时代特色的增材制造领域学术著作的必要性。因此，我们邀请了领域内有突出成就的专家学者和科研团队共同打造了这套能够系统反映当前我国增材制造技术发展水平和应用水平的科技丛书。

《增材制造技术丛书》从工艺、材料、装备、应用等方面进行阐述，系统梳理行业技术发展脉络。丛书对增材制造理论、技术的创新发展和推动这些技术的转化应用具有重要意义，同时也将提升我国增材制造理论与技术的学术研究水平，引领增材制造技术应用的新方向。相信丛书的出版，将为我国增材制造技术的科学研究和工程应用提供有价值的参考。

卢秉恒，中国工程院院士，西安交通大学教授。

前　言
—
Preface

　　增材制造(additive manufacturing，AM)技术是指基于离散-堆积原理，由零件三维数据驱动直接制造零件的科学技术体系。基于不同的分类原则和理解方式，增材制造技术还有快速原型技术、快速成形技术、快速制造技术、3D打印技术等多种称谓，其内涵仍在不断深化，外延也在不断扩展。如果按照加工材料的类型和方式分类，又可以分为金属成形、非金属成形、生物材料成形等。以激光束、电子束、等离子或离子束为热源，加热材料使之结合、直接制造零件的方法，称为高能束流快速制造技术，是增材制造技术领域的重要分支，在工业领域最为常见。在航空航天工业的增材制造技术领域，金属、非金属或金属基复合材料的高能束流增材制造技术是当前发展最快的研究方向。

　　金属零件增材制造技术是一种通过高能束(激光束、电子束)或其他热源逐层熔化添加材料、实现三维金属零件直接制造的数字化制造技术。该技术将材料制备与零件制造技术有机融合，将对装备制造业产生重要影响。金属增材制造的特点和优点主要表现在5个方面。①直接：将材料从相对简单、原始的形态(粉、丝、箔带)直接成形出形状任意复杂的零件，跨越了传统工艺的熔炼、轧制、挤压、锻造、毛坯成形(铸、锻、焊)、粗加工、精加工的过程；②快速：大幅度减少物流环节和制造周期；③绿色：降低能源和材料的消耗；④柔性：可以制造出传统工艺无法加工的任意复杂结构，甚至可制造出功能梯度材料，为设计提供了更大的自由度；⑤促进生产模式的转变：为制造业的变革提供了可能，传统的流水线、大工厂生产模式受到网络化生产模式的挑战。

现有金属零件高能束流增材制造技术主要有以下四种：激光熔化沉积(laser melting deposition，LMD)技术，它采用高功率激光束作为热源实现高效率熔化沉积，适合制造形状相对复杂的大型结构件，该技术发展最早，目前应用也最为成熟；激光选区熔化(selective laser melting，SLM)技术和电子束选区熔化(electron beam selective melting，EBSM)技术采用小功率、小束斑激光束或电子束作为热源对逐层铺粉粉末床进行高速扫描快速熔化，单层沉积厚度可小到 $20\mu m$，光斑直径 $0.1mm$，适合于小尺寸、精细复杂结构的成形，技术出现较晚，但经过近10年的努力，已得到初步应用；电子束熔丝沉积成形(electron beam wire deposition，EBWD)技术，它采用高功率电子束在真空条件下对丝材进行熔化堆积，在金属表面形成熔池，金属丝材通过送丝装置送入熔池并溶化，同时熔池按照预先规划的路径运动，金属材料逐层凝固堆积，形成致密的冶金结构，并制造出金属零件或毛坯。

金属构件电子束增材制造技术主要是指上述电子束选区熔化和电子束熔丝沉积成形两种增材制造技术，其原理是把零件的 CAD 模型进行网格化及分层处理，获得各层截面的二维轮廓信息并生成加工路径，以高能量密度的电子束作为热源，按照预定的加工路径，在真空室内熔化填充材料(钛合金丝材或粉末)，使填充材料在基体上逐层堆积，制造出具有高性能、接近最终形状的金属构件。电子束增材制造技术是高能束流加工技术的最新发展方向，它建立在成熟的高能束流堆焊与熔敷技术基础上，同时融合了快速原型(rapid prototyping)、计算机辅助设计与制造(CAD & CAM)、柔性自动化技术，实现了高性能复杂结构致密金属零件的近净成形直接制造，是当前先进制造技术和增材制造技术发展的崭新方向之一。

电子束熔丝沉积成形技术具有一些独特的优点，主要表现在研制速度快、周期短、成本低、零件性能好等方面。电子束可以很容易达到几十千瓦级功率输出。对钛合金及铝合金，最大成形速度可以达到 15kg/h；电子束快速成形在小于 5×10^{-2}Pa 的真空环境中进行，对处于高温状态金属材料的保护效果更好，非常适合钛、铝等活性金属的加工；与锻造/铸造+机械加工技术相比，电子束熔丝沉积成形技术无须大型铸、锻模具，直接由零件 CAD 模型转化成近净成形的零件毛坯，无须中间态热处理和粗加工等工序；材料可节省 80%～90%，可减少 80% 的机械加工量，缩短 80% 以上的生产周期；能有效降低成本，对于航空航天领域的昂贵金属材料，如钛合金、铝合金、镍基合金，成本节约尤为可观；零件内部致密，缺陷率低，钛合金超声波探伤可达 AA 级标准。

电子束熔丝沉积成形技术是世界航空制造业的研究热点之一，飞机结构中形状异常复杂的钛合金结构如果采用锻件制造，一方面周期较长，另一方面锻件毛坯厚度变化很大，难以保证内部质量及力学性能的均匀性。还有一些零件，在设计阶段，结构需要多次修改，而用传统方法难以适应这种快速变化。随着航空制造技术的飞速发展，对零件制造周期及成本的要求越来越高，采用电子束熔丝沉积成形的方法制造复杂结构钛合金零部件可以大大加快设计验证迭代循环，降低研制开发周期和成本。

国外从 20 世纪 90 年代开始进行电子束熔丝沉积成形技术研究，美国麻省理工学院与普惠公司进行了高温合金涡轮盘的试制，2000 年以后，在航空航天飞行器结构制造方面得到了快速发展。美国航空航天局、波音公司、洛克希德·马丁公司等均参与了相关技术的测试，并计划将该技术应用于空间站、海军无人机、F-35 战斗机、新一代运输机等上，以降低制造成本，缩短研制周期。中国航空制造技术研究院（原北京航空制造工程研究所）、高能束流加工技术重点实验室从 2003 年起在国内率先开展该技术的研究，联合中国科学院沈阳金属研究所、中国航空工业集团公司沈阳飞机设计研究所、西安飞机设计研究所和成都飞机设计研究所等相关单位，经过多年艰苦努力，突破了丝材高速稳定熔凝技术、复杂零件路径优化技术、大型结构变形控制技术、力学性能调控技术、专用材料开发等一系列关键技术，将电子束熔丝沉积成形技术研究不断推向深入，实现了从技术概念到工业应用、从小型原理样机到研制成功目前世界领先的电子束成形设备、从工艺研究到原材料开发的飞跃，逐步形成了涵盖材料、装备、技术服务全方位发展的态势。电子束快速成形钛合金零件已在飞机结构上实现应用。

为了促进电子束熔丝沉积成形技术的推广应用，本书作者结合研究团队多年的研究成果，对电子束熔丝沉积成形的技术原理、材料、工艺和装备诸方面做了较全面系统的介绍。全书共分8章，第1章为绪论，主要介绍了电子束增材制造技术的概念内涵、原理与特点、在增材制造技术体系中的地位和作用、国内外技术发展方向和趋势等。第2章至第8章主要介绍了电子束熔丝沉积成形技术基础及应用成果，包括技术原理、设备技术、专用材料、制造方法、质量检测和应用实践等。其中，第1章由巩水利撰写，第2章由许海鹰和杨光撰写，第3章由刘建荣、巩水利和杨光撰写，第4章、第6章由巩水利、杨光和刘建荣撰写，第5章和第7章由巩水利、杨光撰写，第8章由杨光和巩水利撰写，全书由巩水利构思与设计并校对。本书在撰写过程中，得到了中国航空制造技术研究院、中国科学院沈阳金属研究所、高能束流加工技术重点实验室、增材制造航空科技重点实验室和高能束流增量制造北京市重点实验室、航空工业沈阳飞机设计研究所、中国航发北京材料研究院、华中科技大学等单位的大力支持，作者深表谢意。作者诚挚感谢中国科学院金属研究所王清江研究员对本书撰写提出的许多宝贵意见与建议，同时感谢作者的同事左从进研究员、锁红波博士、杨帆工程师以及项目合作团队的庞盛永博士和史亦韦研究员等的热情支持和帮助，使本书顺利完成。本书得到了国家重点研发计划项目(2017YFB1103100)、国防基础科研项目(JCKY2017205A002和JCKY2018205B027)的支持，作者深表谢意。由于作者水平有限，难免有不足甚至错误之处，敬请读者批评指正。

作者

2021 年 5 月

目 录

—

Contents

第7章
**A-100合金钢
电子束熔丝沉积
成形技术基础**

第 8 章
电子束熔丝沉积混合成形技术基础

第1章
绪 论

1.1 概念与内涵

当前，全球正在兴起新一轮数字化、智能化制造浪潮。美国、欧盟成员国等发达国家面对近年来制造业竞争力的下降，大力倡导"再工业化，再制造化"战略，提出智能机器人、人工智能和增材制造技术是实现数字化制造的关键技术，并希望通过这三大数字化制造技术的突破，巩固和提升其制造业的主导权。与此同时，我国也正处在由制造大国向制造强国跨越的战略机遇期。增材制造技术是以数字模型为基础，将材料逐层堆积制造出实体物品的新兴制造技术，体现了信息网络技术与先进材料技术、数字制造技术的密切结合，是先进制造业的重要组成部分。

增材制造技术是指基于离散堆积原理，由零件三维数据驱动直接制造零件的科学技术体系，如图1-1所示。作为一种新的技术概念，增材制造技术发展仅30多年，产业相对弱小，但已经对制造业产生了重大的影响。其对人的思维的影响尤其深远，使人们得以摆脱结构形状对思想的束缚，进而在设计/生产时从二维平面抽象图形转化为三维具象的实体零件。增材制造技术并非是对传统制造方法的颠覆和取代，而是开辟了一个全新的空间，使人们在选择制造方式时增加了一种技术手段。

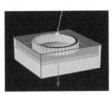

（a）CAD建模　　　　（b）分层处理　　　　（c）制造　　　　（d）金属零件

图1-1　增材制造技术原理示意图

    基于不同的分类原则和理解方式，增材制造技术还有快速原型技术、快速成形技术、快速制造技术、3D 打印技术等称谓，其内涵仍在不断深化，外延也在不断扩展，这里所说的"增材制造"与"快速成形""快速制造"意义相同。中国工程院院士关桥提出了广义和狭义的增材制造技术概念[1]，如图 1 - 2 所示。狭义的增材制造技术是指不同的能量源与计算机辅助设计/计算机辅助制造（CAD/CAM）技术结合、分层累加材料的技术体系；广义增材制造技术则以材料累加为基本特征，以直接制造零件为目标的大范畴技术群。如果按照加工材料的类型和方式分类，又可以分为金属成形、非金属成形、生物材料成形等，如图 1 - 3 所示。以激光束、电子束、等离子或离子束为热源，加热材料使之结合直接制造零件的方法称为高能束流快速制造技术。它是增材制造技术领域的重要分支，在工业领域最为常见。在航空航天等工业的增材制造技术领域，金属、非金属或金属基复合材料的高能束流快速制造技术是当前发展最快的研究方向。

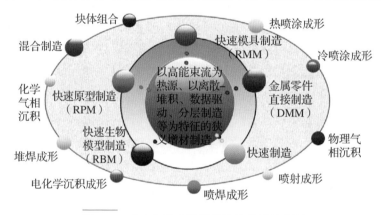

图 1 - 2　广义和狭义增材制造技术群示意图

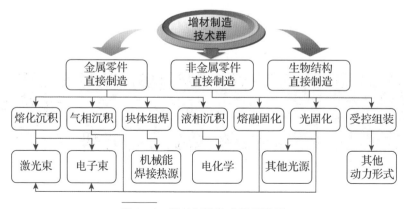

图 1 - 3　增材制造技术群示意图

金属零件增材制造技术是一种通过高能束流(激光束、电子束等)或其他热源逐层熔化添加材料实现三维金属零件直接制造的数字化制造技术,其制造工艺过程如图1-4所示。它将材料制备与零件制造技术有机融合,将对装备制造业产生重要影响。金属增材制造技术的特点和优点:一是直接,将材料从相对简单、原始的形态(粉、丝、箔带)直接成形出形状任意复杂的零件,跨越了传统工艺的熔炼、轧制、挤压、锻造、毛坯成形(铸、锻、焊等)、粗加工、精加工的过程;二是快速,大幅度减少物流环节和制造周期;三是绿色,降低能源和材料的消耗;四是柔性,可以制造出传统工艺无法加工的任意复杂结构甚至功能梯度材料,为设计提供了更大的自由度;五是促进生产模式的转变,为制造业的变革提供了可能,传统的流水线、大工厂生产模式受到网络化生产模式的挑战。

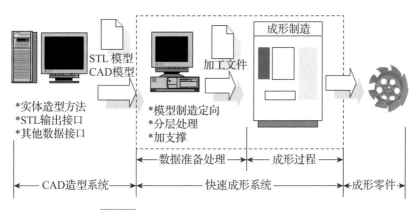

图1-4 金属零件增材制造工艺过程示意图

现有金属零件高能束流增材制造技术主要有四种:一是激光熔化沉积(LMD),它采用高功率激光束作为热源实现高效率熔化沉积,适合制造形状相对复杂的大型结构件,该技术发展最早,目前应用也最为成熟;二是激光选区熔化(SLM);三是电子束选区熔化(EBSM),它采用小功率、小束斑激光束或电子束作为热源对逐层铺粉粉末床进行高速扫描快速熔化,单层沉积厚度可小到 $20\mu m$,光斑直径为 $0.1mm$,适合于小尺寸、精细复杂结构的成形,该技术出现较晚,但经过近10年的努力,已得到初步应用;四是电子束熔丝沉积成形(EBWD),它采用高功率电子束在真空条件下对丝材进行熔化堆积,在金属表面形成熔池,金属丝材通过送丝装置送入熔池并熔化,同时熔池按照预先规划的路径运动,金属材料逐层凝固堆积,形成致密的冶金结合，并制造出金属零件或毛坯。

高能束流增材制造技术对比见表1-1。

表1-1　高能束流增材制造技术对比

项目	激光同轴送粉	激光选区熔化	电子束熔丝沉积	电子束选区熔化
能量源	激光	激光	电子束	电子束
尺寸精度	1～3mm(余量)	0.05mm(余量)	3～5mm(余量)	0.4mm(余量)
最大尺寸	无限制	350mm×350mm×500mm	无限制	ϕ350mm×380mm
成形速度	0.2～2kg/h	0.05～0.15kg/h	2～15kg/h	0.2～0.35kg/h
保护效果	惰性气体保护	惰性气体保护	真空环境	真空环境
使用材料	粉末	粉末	丝材	粉末
材料利用率	50%～70%	70%～80%	100%	70%～80%
运行成本	惰性气体消耗	惰性气体消耗	灯丝消耗	灯丝消耗
适用范围	中小型整体结构	小型精密结构	大型整体结构	小型复杂结构

1.2　技术优势

电子束与激光是高能量密度热源，其能量密度为同一数量级，都非常适合金属零件的快速成形加工。目前，激光快速成形开展得较为广泛，并有了工程化应用的实例。与激光快速成形相比，电子束熔丝沉积成形技术具有一些独特的优点，主要表现在以下几方面：

(1)成形快速。大多数用于快速成形的固体激光器功率为1～5kW，成形速度为2～15cm³/h。这样的速度对于中小型零件是可接受的，而对于大型零件过长的成形时间不利于工程化应用。与固体激光器相比，CO_2激光器功率可以较大，但不能用光纤传输，在成形复杂零件时将会限制其使用。电子束功率输出可以很容易达到几十千瓦级。根据美国国家航空航天局(NASA)兰利研究中心(Langley Research Center)的统计，激光快速成形最大沉积速度为0.5～9磅/h(0.23～4.08kg/h)，而电子束熔丝沉积成形最大沉积速度为30磅/h(13.61kg/h)，电子束熔丝沉积成形的速度要比激光快速成形高出数倍到数十倍，对于大型钛合金框、梁的成形，在成形速度上，电子束熔丝沉积成形优势非常明显。

（2）保护效果好。激光快速成形是利用惰性气体的保护进行的，对于活性较强的铝合金、钛合金，尤其是大型零件或具有复杂型腔的零件，保护难度较大。电子束熔丝沉积成形在低于 10^{-2} Pa 的真空环境中进行，能有效避免金属在高温下的氧化，非常适合钛、铝等活性金属的加工，对零件的保护效果较好。

（3）产生缺陷的可能性更低。相同质量的丝材比粉末表面积小，其表面氧化及携带杂质的可能性也比粉末更小，故大的杂质会使丝材在拉丝时易于断裂，从而间接保证丝材的质量[2]。因此，采用填丝的电子束熔丝沉积成形技术产生缺陷的可能性比采用粉末的激光快速成形更低。

（4）材料熔化效率高。目前，激光快速成形所用材料为粉状，材料熔化效率为 5%～85%，电子束熔丝沉积成形所用材料为丝材，熔化效率可以达到 100%。

（5）能量转换效率高。YAG 激光器的电光转换率为 2%～3%，CO_2 激光器的电光转换率为 20%，而电子束的能量转化率最高达 95% 以上。

（6）可加工材料广泛。一些对光反射强的材料，如铝及铝合金，用激光快速成形时能量利用率较低。而电子束加工则不受材料光反射性的影响，对于各种金属材料都有稳定的吸收率，能量损失很小。

（7）束流控制高效灵活。激光的控制要通过反射镜或透镜的机械运动来实现；而电子束可通过电磁线圈精确控制束流的聚焦及束斑的运动，减少了对机械运动的依赖，可以实现更加灵活而高速的运动。

（8）运行成本低。激光快速成形需要惰性气体保护，如 Ar、He 等，大型零件加工时，由于保护面积大，气体消耗更大。而电子束熔丝沉积成形则无须消耗保护气体，仅消耗电能及价格不高的灯丝。

与激光快速成形相比，电子束熔丝沉积成形技术也有一些不足之处：

（1）由于电子束熔丝沉积成形技术必须依赖于真空室，使工件的尺寸受到一定的限制。

（2）真空系统在一定程度上增加了操作的复杂性。

（3）采用填丝堆积的零件表面质量及定位精度不如采用填充粉末的激光快速成形高。

电子束熔丝沉积成形与激光快速成形各有优缺点，由于电子束熔丝沉积成形比激光快速成形沉积速度更快，保护效果更好，非常适合于金属零件的直接成形加工。因此，在激光快速成形技术已经取得了较大成果，并且已有应用的情况下，美国等发达国家仍然开展了电子束熔丝沉积成形方面的研究工作，发展十分迅猛。在我国，采用填充丝材的电子束熔丝沉积成形技术尚未开展系统的研究，为了满足新一代航空武器装备研制需要，选择钛合金等作为典型材料，大力开展电子束熔丝沉积成形技术研究，在这个新兴领域迅速拉近与国际水平的差距，对我国新型武器装备的研制和国民经济发展具有重大意义。

1.3 技术原理与特点

1.3.1 技术原理

电子束熔丝沉积成形技术是一种直接能量沉积工艺技术，在真空环境中，利用电子束熔化同步送进的金属丝材，按照预先规划的路径逐层堆积，直接制造出所需零件或者毛坯；也可以用于零件修复。

电子束熔丝沉积成形技术是基于"离散－堆积"原理发展起来的一种金属结构直接制造技术。它是由计算机对零件的三维 CAD 模型进行分层切片并规划出各层面加工路径，在真空环境中，电子束熔化送进的金属丝材，按照预先规划的路径层层凝固堆积，形成致密的冶金结合，直接制造出金属零件或近净成形的毛坯的快速成形技术。电子束熔丝沉积成形技术原理如图 1－5 所示。

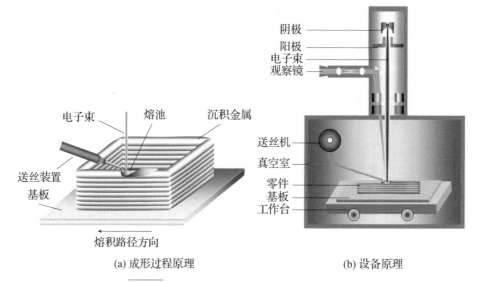

(a) 成形过程原理　　　　　　　(b) 设备原理

图 1－5　电子束熔丝沉积成形技术原理图[2-3]

1.3.2 技术特点

与其他金属结构快速成形技术相比，电子束熔丝沉积成形技术具有如下优点：

(1) 成形速度快，可加工尺寸大，适合大型金属结构的高效率制造。基于铺粉的激光/电子束选区熔化技术束源功率小，有效加工区域小，成形效率低。电子束选区熔化技术以瑞典阿卡姆(Arcam)公司的技术最为成熟，该公司开发的最大的 A2×× 型 EBM 设备有效加工范围仅为 $\phi 350\text{mm} \times 380\text{mm}$，钛合金成形效率最大可达 $60\text{cm}^3/\text{h}(266\text{g}/\text{h})$，激光选区熔化技术中较为典型的是以美国桑迪亚国家实验室(Sandia National Laboratories)开发的激光选区近净成形技术，这种技术通常采用低功率(750W)的 Nd：YAG 激光器，沉积速度一般为 $50 \sim 200\text{g}/\text{h}$[4]。低沉积速度在制造小型、精细零件时较为理想，但对于大型零件，则沉积时间过长。即使采用高功率的 CO_2 激光器或光纤激光器，由于能量转换效率不高，沉积速度要达到数千克每小时也很困难。

相比之下，电子束实现大功率较为容易，很容易实现数十千瓦大功率输出，因此电子束熔丝沉积成形技术的成形尺寸和成形效率都很高，美国西雅基公司(Sciaky Inc.)的电子束熔丝沉积成形设备的材料沉积速度可达 40 磅/h(1 磅 $\approx 0.45\text{kg}$)，有效加工范围最大可达 $5.8\text{m} \times 1.2\text{m} \times 1.2\text{m}$[5]，比其他快速成形技术高数倍到数十倍，对于大型金属结构的成形，EBWD 技术的速度优势十分明显。

(2) 保护效果好，不易混入杂质，能够获得比较优异的内部质量。电子束熔丝沉积成形一般是在 10^{-3}Pa 以上的高真空环境中进行，能够有效避免空气中有害杂质元素(O、N、H 等)在成形过程中混入金属零件。激光、电弧堆焊快速成形一般在惰性气体环境中进行，保护效果依赖于惰性气体的纯净度。相对而言，控制真空度较为容易，而对活性较强的铝合金、钛合金等，尤其是大型零件，电子束熔丝沉积成形的保护效果更好，有利于获得良好的内部质量[5]。

(3) 丝材熔化效率高、易清洁，储运安全。与粉末相比，丝材比表面积小，不易吸附空气中的杂质及水蒸气，没有燃烧、爆炸的风险，对人体健康没有潜在危害，储运方便。制丝过程本身也是对材料内部质量的检验过程，含有杂质的地方更容易被拉断，使用丝材作为成形的原材料更容易保证材料的纯净度。但受制丝工艺的限制，一般要求材料具有良好的延展性。

（4）工艺方法控制灵活，可实现大型复杂结构的多工艺协同优化设计制造。电子束功率大，并可通过电磁场实现运动及聚焦控制，实现高频率复杂扫描运动，利用面扫描技术可以实现大面积预热及缓冷，利用多束流分束加工技术可以实现多束流协同工作，一个束流用于成形的同时在路径周围用其他电子束进行面扫描施加温度场，对控制大型结构成形过程中的应力与变形具有重要意义。在同一台设备上，既可以实现熔丝堆积，也可以实现深熔焊接。可以根据零件的结构形式以及使用性能要求，采取多种加工技术组合，实现成本最低化、性能最优化或工艺最优化。利用电子束的多功能加工技术，可以实现大型复杂结构的多工艺协同优化设计制造，例如美国西雅基公司与比沃航空与防务（Beaver Aerospace and Defense）公司 2002 年生产的大型钛合金万向节，主体由快速成形制造，特殊要求的耳轴用锻件加工，用电子束焊接技术将其与主体焊接在一起，这种双重工艺能力是电子束加工技术中的重要特征，用户可以用成本效益最优匹配方法来制造零件。

（5）低消耗、低污染，高效、节能、环保，是一种具有广阔应用前景的绿色制造技术。电子束能量转化效率高，消耗电能少；成形过程无须惰性气体，除了少量作为阴极的钨丝外，成形装备几乎无损耗；电子枪长时间大功率状态工作可靠性高，使用寿命长；成形过程封闭在真空室中，无废液、废气等污染，是一种绿色制造技术。

与基于同步送粉的激光沉积快速成形技术相比，电子束熔丝沉积成形技术也有一些缺点，如加工尺寸精度相对较低、设备昂贵、工艺控制复杂、真空散热困难等，但由于在成形效率和内部质量方面的突出优点，电子束熔丝沉积成形技术已经在国内外武器装备研制中得到越来越多的重视，特别在某些用传统方法制造成本高、周期长的大型复杂关键结构的制造中显示出巨大的应用前景[6-8]。

1.4) 在国防与国民经济中的作用

电子束熔丝沉积成形技术对国防武器装备设计制造的创新发展具有重要的战略意义，主要体现在四个方面：一是为结构创新提供强大技术支撑。增材制造技术的出现意味着针对结构能设计出即可制造出，解决传统制造技术无法实现的复杂结构制造难题，为采用包括等应力设计、结构功能一体化优化设计等先进设计方法奠定制造技术基础。二是快速响应，敏捷制造。由于无须模具，工序少，增材制造技术可以助力武器装备的快速研制。三是近净成形。对于复杂结构，可节省大量材料以及机械加工量，降低成本。四是武器装备修复再制造。可大大延长装备寿命，降低全周期成本。

电子束熔丝沉积成形技术不仅是一种新型数字化制造技术，而且是一种创新理念，使设计、制造、材料、应用等资源结合更加紧密，在促进制造技术升级、加快武器装备和民用设备研制、推动先进制造技术发展过程中展现出强劲的驱动力。

1.5) 国内外现状与发展趋势

1.5.1 国外研究现状

电子束熔丝沉积成形技术是高能束流加工技术的最新发展方向，它建立在成熟的高能束流堆焊与熔敷技术基础上，同时融合了快速原型、计算机辅助设计与制造、柔性自动化技术，实现了高性能复杂结构致密金属零件的近净成形直接制造，是当前先进制造技术发展的崭新方向。

基于熔丝沉积的电子束熔丝沉积成形技术可追溯到 1995 年，美国麻省理工学院（MIT）的 Dave 提出了电子束实体自由制造（EBSFF）的概念。随后 Matz 及 Eagar 建立了 EBSFF 装置。EBSFF 装置的工作台有两个轴，与工件接触的工作台通水冷却；送丝机构有三个轴，通过轴升高实现叠层堆积。利用此装置试制了 In718 涡轮盘，结果表明定位精度优于喷射成形，但表面质量不高，仍需后续加工。

国外大型金属结构电子束熔丝沉积成形方面的主要技术开发单位是美国国家航空航天局兰利研究中心和美国西雅基公司。参与电子束熔丝沉积成形制造技术的研究、测试和评估工作的单位还有美国洛克希德·马丁公司、波音公司、空军与海军相关部门及加拿大空间制造技术中心等。

美国国家航空航天局兰利研究中心开展了电子束自由成形制造（electron beam freeform fabrication，EBF³）技术的研究。其开发的 EBF³ 系统由大功率的电子枪、可分别独立控制的双丝送丝系统以及六轴机械系统组成，工作台运动范围为 72 英寸 × 24 英寸 × 24 英寸（1 英寸 = 2.54cm），设备如图 1-6 所示。

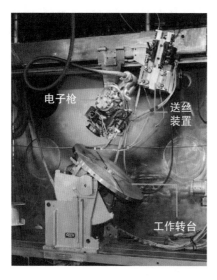

图 1-6
美国国家航空航天局兰利研究中心
的 EBF³ 设备

2002 年，美国国家航空航天局兰利研究中心与马歇尔空间研究中心（Mashall Space Center）公布了其开发的 EBF³ 技术，并持续进行了空间微重力环境下的应用研究，最初是面向太空超大型复杂金属结构制造和空间环境下的金属零件制造（图 1-7 和图 1-8），为宇宙空间探索积累技术。其研究的主要对象是结构钛合金、航空铝合金、铝锂合金等，能够制造出非常复杂的零件（图 1-9 和图 1-10）。

图 1-7　失重成形试验

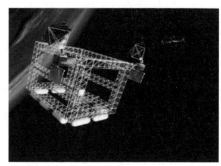

图 1-8　电子束成形大型空间飞行器结构

图 1-9 制造成形的复杂钛合金结构

（a）毛坯   （b）机加工后

图 1-10 用 EBF^3 技术制造的 Al2219 铝合金螺旋桨架

2007 年以来，随着技术成熟度提高，美国国家航空航天局逐步开展航空飞行器及发动机大型结构的低成本制造，并制定了电子束熔丝沉积成形技术发展规划，如图 1-11 所示。美国国家航空航天局与波音公司、洛克希德·马丁公司等合作伙伴一起，加速规范、标准的制定，开发地面应用领域，如下一代大型运输机舱体壁板、发动机结构等，如图 1-12 和图 1-13 所示。

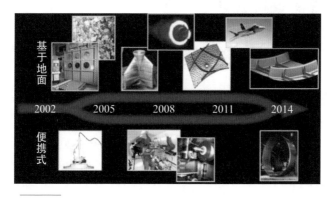

图 1-11 美国国家航空航天局在电子束熔丝沉积成形技术
开发方面的规划

图 1 - 12　美国国家航空航天局大型运输机　　图 1 - 13　美国国家航空航天局制造的
　　　　　　舱体壁板　　　　　　　　　　　　　　　　　　航空发动机机匣

　　美国西雅基公司从 2000 年开始进行电子束熔丝沉积成形工艺和设备的开发工作，2002 年与洛克希德·马丁公司合作开展了 EBF^3 技术的研究。图 1 - 14 为西雅基公司的 EBF^3 设备，电子枪为 60kW、60kV。成形的主要材料有钛合金（Ti - 6Al - 4V，Ti - 8Al - 1Er）与铝合金（Al2319、Al2195）等。对铝合金与钛合金，最大沉积速度可以达到 $3500cm^3/h$，性能达到锻件水平。

图 1 - 14

西雅基公司的 EBF^3 设备

　　电子束熔丝沉积成形的测试评估结果表明，在沉积钛合金、铝合金时，最大沉积速度可达 $3500cm^3/h$，强度、塑性优于锻件。除了常用航空航天材料如 Al2319、Al2195、铝锂合金、铜合金、Ti - 6Al - 4V 外，美国还开发了专门用于电子束成形工艺的钛材料 Ti - 8Al - 1Er。西雅基公司针对 F - 22 战斗机上的 Ti - 6Al - 4V 钛合金 AMAD 支座（图1 -15）进行了性能评估，按照该零件当时的质量要求，经过两次全寿命广谱疲劳试验并进行了最大负载试验，没有发现任何永久性变形。2002 年至今，西雅基公司一直致力于大型航空金属结构的制造与电子束熔丝沉积成形装备技术研究。该公司与比沃航空与防务公司合作，利用电子束熔丝沉积成形与电子束焊接组合加工的方法，制造了大型 Ti - 6Al - 4V 金属万向节（图 1 - 16），这种双重工艺能力是电子束熔丝沉积成形技术的特征之一，允许用户用成本效益最佳的方式达到制造零件的目的。生产万向节时，共用去 $\phi 2.4mm$ 的 Ti - 6Al - 4V 丝材 108kg，沉积速度为 500cm³/h(2.3kg/h)，零件最终外形尺寸为 $\phi 432mm \times 297mm$，壁厚为 76mm，完成全部加工约需要 5 周（而用传统方法至少需要 12 周），技术已趋于成熟。通过 EBF³ 技术制造的 Ti - 6Al - 4V 零件室温拉伸性能与 AMS4928 的对比数据见表 1 - 2，在成形的各个方向，拉伸强度与屈服强度都超过了标准要求，截面扫描电镜图像显示为 $\alpha - \beta$ 双相组织（图 1 - 17）。

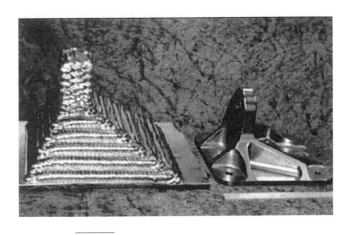

图 1 - 15　Ti - 6Al - 4V 钛合金 AMAD 支座

图 1 - 16　Ti - 6Al - 4V 金属万向节

表 1 - 2 Ti‑6Al‑4V 与 AMS4928 对比数据

	UTS/MPa	Yield/MPa	RA/%
X	993	881	17.8
Y	1014	899	20.0
Z	967	848	23.3
AMS4928	896	827	20.0

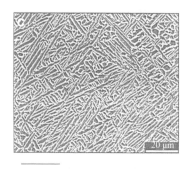

图 1 - 17 用 EBF³ 技术制备
Ti‑6Al‑4V 截面扫描电镜图[3]

加拿大 Brochu 等利用西雅基公司的设备研究了 Ni‑Cr‑Si‑B 钎料和 Hastalloy X 丝材两种材料电子束熔丝沉积成形后内部组织形貌及性能。结果表明：钎料在成形后易产生较多的孔洞，通过多次重熔可以减少孔洞；采用丝材可以制造出没有孔洞的结构，适于航空部件的成形及修复[2]。

除美国国家航空航天局和西雅基公司以外，弗吉尼亚大学、宾夕法尼亚大学、波音公司、洛克希德·马丁公司、普惠公司、美国海军研究所（ONR）、橡树岭国家实验室（ORNL）等许多机构也广泛参与了基础理论及工程应用研究工作，研究材料涉及铝合金、钛合金、镍基合金、不锈钢等，研究主题主要有性能调控机制及性能可靠性评价、束流品质在线测量、熔池温度模拟仿真、应力与变形规律、熔凝过程主动控制及工艺参数智能优化、无损检测方法、结构优化设计、多元合金体系元素蒸发规律等诸多方面[2,9-12]。美国已经建立了针对金属直接成形技术的标准 AMS4999A，并且正加速规范、标准的制定，以及进行性能测试与考核，积极开展技术应用与推广。

在电子束热源、熔池行为及温度场研究方面，美国进行了大量的基础研究，研究方法主要有数值模拟、在线检测、热成像等。偏重于熔池形貌、温度，揭示 EBRM 过程中热/质传递和熔凝规律，目的是实现对该技术熔凝过程的在线控制。熔池的温度场、流场、丝材与熔池间的物质、力、能量的传递与作用以及合金元素的蒸发逸散是研究熔池行为的主要方向，电子束熔丝沉积成形方面的研究报道相对激光较少。1995 年，Dave 等[13-14]在比较电子束热源、激光及电弧热源的基础上，建立了电子束熔丝沉积成形的数学模型。该理论认为，从热能转化原理上，电子束是"体热源"，而激光电弧均为"面热源"，使得功率转化与热量吸收效率存在较大差异，故提出了针对 EBRM 成形的新的热源数学模型，可获得特定材料在特定沉积速度下所需要的电子束功率。经过测试不锈钢试验材料，该数学模型与试验情况吻合良好。2005 年，Hofmeister 等[15]利用红外测温仪研究了 EBRM 成形过程中熔池形状变化、温度分布、流动行为等，发现熔池温度梯度较大，熔池温度与束流能量密度具有直接关系。研究发现，在电子束进行圆形扫描的条件下，能量密度最高的束斑中心作用的圆环形区域温度达到 1900℃ 以上，而熔池的尾端温度剧降至 1500℃ 左右。通过熔池动态温度场研究，可以标定熔池、丝材端部及液相过渡金属的轮廓，进而建立熔池形状与堆积过程以及工艺参数的关系、丝材端部位置与熔池的相对位置关系(对熔凝过程稳定性至关重要)，为动态调整热源参数以及主动控制液态金属过渡行为提供数据支撑。2005 年，Chandra 等[16]在美国国家航空航天局的支持下，开展电子束熔丝沉积成形有限元研究工作，在包括热源及熔池的模拟，以及应力与变形的模拟，在凝固组织晶粒尺寸预测、熔池流动行为及影响、工艺参数优化、成形过程在线控制等方面获得了较大进展。为了实现对熔凝过程的控制，在美国空军 SBIR 项目的支持下，西雅基公司联合多家单位，开展了电子束源能量密度实时监控及熔池温度、形貌在线测量的研究。

电子束熔丝沉积成形凝固组织的取向与基体组织间具有遗传效应，Compton 等[17]探索了利用电子束熔丝沉积成形制备单晶的可能性，结果显示，在单晶 Nb 合金上可以获得一定高度的单晶堆积体。Wallace 等[18]通过正交试验研究了电子束熔丝沉积成形各种参数及参数组合对凝固组织及熔池形态的影响。Kelly 等[19-20]通过试验及数值模拟的方法，系统研究了激光多层堆积过程中柱状晶的生长特征，揭示了沿高度方向出现的周期性层带状梯度组织的形成机理。Zalameda 等[21]研究了电子束熔丝快速成形制件的热分布图像；Fox 等[22]研究了电子束熔丝沉积熔池的图像标定方法，Soylemez 等[23]研究了通过功率、速度等多参数耦合控制电子束熔丝沉积成形熔池面积的方法。以上研究为通过控制熔池面积、温度实现成形过程的闭环控制具有重要意义。

在电子束熔丝沉积成形材料组织与力学性能研究方面，国外针对电子束熔丝沉积成形的钛合金、航空铝合金的组织和力学性能进行了大量研究。研究方向主要集中在工艺参数对成形的影响、热处理对组织性能的影响等方面，并探索了化学成分对力学性能的重要作用[24-26]。如 Barnes 等[27]在研究电子束熔丝沉积成形 TC4 钛合金的力学性能时，发现用普通成分制备钛合金材料的强度与锻件相比明显偏低，经分析，成形过程是在真空中进行的，低熔点合金元素（如 Al 等）蒸发剧烈，导致其在成形过程中损失较多。Lach 等[28]用正交试验分析系统研究了束流功率、运动速度、送丝速度以及参数组合对 Al 元素蒸发的影响，发现送丝速度对元素蒸发起到显著的作用。Brice 等[2,29]研究了不同钛合金的组织与性能，并专门开发了用于电子束熔丝沉积成形的 Ti‑8Al‑1Er合金。Karen[30‑31]等研究了运动速度、送丝速度等工艺参数对 Al2219、Al2319 铝合金沉积形态的影响以及材料内部组织的演化规律，探索了通过成形工艺控制内部组织的方法。

缺乏大量的、全面的性能统计数据，是电子束熔丝沉积成形在航空航天领域推广应用时面临的最大问题。美国为此加大了性能测试与考核的力度。波音公司与西雅基公司合作[32]，根据 AMS4999A 和企业内部标准，对电子束熔丝沉积成形 Ti‑6Al‑4V 材料进行了系统测试，结果表明：疲劳寿命与断裂韧性远远高于规定值，Z 向拉伸强度也高于规定值，但 X、Y 两个方向性能略低于标准（最大相差 26MPa），成分测试发现，Ti‑6Al‑4V 经 EBF³ 成形后，Al 元素有较大的损失，已经低于标准要求。他们研究认为，真空环境中较低的气压是促使 Al 元素过度蒸发的可能原因，但由于电子束功率调节方便，找到合适工艺的可能性很大，只是需要做更多的后续研究。

在成形结构的应力与变形控制研究方面，快速成形过程既有堆积层面内路径的填充，也有层间路径的叠加，经历复杂的多重热循环作用后，材料内部的应力状态十分复杂。Alexander[33]对比了各种三维增材制造成形过程中的热应力现象，研究成形路径、层面参数与变形行为之间的关系。Mulani 等[34‑36]针对电子束熔丝沉积成形平板筋条结构的应力及变形规律进行了较为深入的研究，发现曲线状筋条抗变形效果明显优于直线筋条，通过有限元分析，对曲线筋条的形状、方向与平板的相对位置等进行了优化，取得了良好效果。Bird 等[37]采用试验测量的方法研究了 In718 合金电子束成形薄板筋条结构的变形规律。试验分别对比了基板水冷、基板加热、基板既不水冷也不加热三种状态下的变形情况。Lin 等[38]通过有限元分析对残余应力及变形也进行了研究，发现大部分残余应力出现在最初几层，应力集中在丁字形结合部。

在成形质量控制方面，Stecker 等[39]在 SBIR 项目支持下开展了"电子束直接制造闭环控制技术研究"。第一阶段（2009 年）主要完成一个闭环过程控制系统的制造和实施过程，实现熔凝过程的闭环过程控制，提高产品的可重复性和一致性；第二阶段（2011 年）展示高沉积速度钛的全闭环控制系统，控制参数来自熔池的反馈，提高材料质量，降低对操作人员的依赖程度和成本。

西雅基公司在美国空军的 SBIR 项目支持下，开展了钛合金的电子束熔丝沉积成形工艺及性能可靠性研究。2009 年以来，通过不断改进传感器和流程控制的数据处理系统，提供高品质和可重复的零件，以支持军事和商业实体应用，降低成本，缩短供货时间，给设计师提供更灵活的设计空间。生产钛合金的航空结构，降低成本和交货时间，提高电子束直接制造（EBDM）生产的零部件的质量和可靠性，以满足空军计划要求。

2008 年，Slattery 等[40]较为系统地研究了电子束熔丝沉积成形的钛合金在超声波、X 射线、渗透、电涡检测下的显像特征。进一步的研究方向是具有原始表面的非接触式无损检测以及沉积过程中的实时检测技术。对于超声波检测中的异常噪声信号及 X 射线检测中的不均匀阴影现象尚缺乏研究。

综上所述，国外正大力开发熔丝沉积成形技术以制备大型整体钛合金结构，并把此技术作为新一代武器装备研制的关键技术之一。

1.5.2　国内研究现状

我国于 2003 年开始进行电子束熔丝沉积增材制造技术的研究。中国航空制造技术研究院（原北京航空制造工程研究所）、高能束流加工技术重点实验室在国内率先开展该技术的研究，联合中国科学院沈阳金属研究所、中国航空工业集团公司沈阳飞机设计研究所、西安飞机设计研究所和成都飞机设计研究所等相关单位，经过多年艰苦努力，突破了丝材高速稳定熔凝技术、复杂零件路径优化技术、大型结构变形控制技术、力学性能调控技术、专用材料开发等一系列关键技术，将电子束熔丝沉积成形技术研究不断推向深入，实现了从技术概念到工业应用、从小型原理样机到目前世界领先的电子束成形设备、从工艺研究到原材料开发的飞跃，逐步形成了涵盖材料、装备、技术服务的全方位发展态势，并于 2012 年和 2016 年分别首次实现了电子束熔丝沉积成形钛合金次承力构件和主承力构件的装机应用。在设备开发方面研制了国内第一台和目前国内最大尺寸的电子束熔丝沉积成形增材制造设备，如图 1 - 18 所示。同时，还为新型飞机的研制提供了大量电子束熔丝沉积成形的试验件，涉及的材料有 TC4、TC4 – DT、TA15、TC11、TC17、TC18、TC21 等钛合金，以及 A – 100 超高强度钢、GH4169G 合金等。

(a) 国内首台电子束熔丝沉积成形设备　　(b) 国内最大尺寸电子束熔丝沉积成形设备

图 1 – 18　中国航空制造技术研究院研制的电子束熔丝沉积成形增材制造设备

中国航空制造技术研究院与中国科学院金属研究所联合，针对电子束熔丝沉积成形制备的钛合金材料、超高强度钢及高温合金进行了性能调控研究。锁红波等[41–42]研究发现，对于中强钛合金，电子束成形后，材料的强度偏低，塑性良好，高强及高温钛合金成形后，材料强度较高，塑性韧性明显偏低。高强及高温系列钛合金的合金化程度高，塑韧性等力学性能对组织的变化非常敏感。A – 100 超高强度钢具有良好的塑性和强度，但断裂韧性较低，亟需对强韧化机理进行深入研究。

庞盛永等[43–45]在熔池动态行为、缺陷形成机理等方面开展了数值模拟研究，北京航空材料研究院等与中国航空制造技术研究院联合进行了成形材料无损检测特性方面的研究。

综上所述，国内在应用研究方面进展较快，已经初步实现 EBRM 制件在飞机结构上的应用，但对于这种新工艺的认识，尤其是材料的显微组织演变与性能调控机制方面的研究仍然较少。

第 2 章
电子束熔丝沉积成形设备

2.1 设备结构原理

电子束熔丝沉积成形设备由电子束焊接设备发展而来，与电子束焊接设备相比，在硬件方面要求其设备的稳定性及束流精度更高，需适应长时间工作的要求；同时设备增加了送丝系统，为适应复杂零件的成形，运动自由度也比焊接设备多，自由度越多，能够成形的零件就越复杂。设备通常有定枪式和动枪式两种结构布局，如图2-1和图2-2所示。

典型的电子束熔丝沉积成形设备主要包括以下系统。

（1）电子束流发生系统：主要由电子枪、电源构成，其作用是产生高能量密度的稳定可控的电子束流，作为设备的热源来熔化送进的丝材。

（2）真空系统：主要由真空泵组、工作真空室及相应传感器等构成，其作用是提供适合于电子束产生的真空环境。

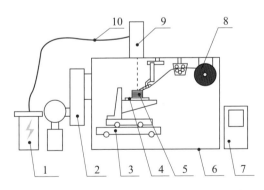

1—高压电源；2—真空泵组；3—多自由度工作台；4—工作基板；5—成形零件；
6—工作真空室；7—控制系统；8—送丝系统；9—电子枪；10—高压电缆。

图 2-1　定枪式电子束熔丝沉积成形设备原理图

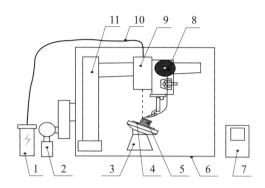

1—高压电源；2—真空泵组；3—多自由度工作台；4—工作基板；5—成形零件；
6—工作真空室；7—控制系统；8—送丝系统；9—电子枪；10—高压电缆；11—电子枪运动机构。

图 2 - 2　动枪式电子束熔丝沉积成形设备原理图

（3）运动及送丝控制系统：主要由多轴运动平台、送丝机构及控制系统组成，运动平台基本要求是三个自由度，为了实现复杂零件的制造还可增加自由度，送丝机构可采用单通道或多通道送丝方式，控制系统控制送丝机构将丝材送到指定的位置熔化成形，并控制多轴运动平台按照预设的路径轨迹运动。

（4）监测系统：主要由图像采集系统（包括摄像头、传感器等）和数据处理系统等组成，主要用于监测成形过程，包括构件形貌、熔池特征、温度场分布等。

（5）集成控制系统：主要作用是综合控制电子束源发生系统、真空系统、冷却系统、运动及送丝控制系统、监测系统等。

此外，电子束熔丝沉积成形设备还包括以下一些辅助设备和软件。

（1）水冷系统装置：用于冷却工作过程中产生大量热量的硬件，如电子枪、高压油箱及扩散泵组等。

（2）供气系统：阀门的开关通常需要气动装置，一般配备供气系统。

（3）程序处理软件：熔丝沉积成形需要的程序处理软件，按照预先设定好的加工程序，实现加工程序需要生成的分层及路径轨迹规划。

2.2　国内外设备概况

2.2.1　国外设备概况

目前国外从事电子束熔丝沉积成形设备研发的单位主要有美国国家航空航天局兰利研究中心、西雅基公司及英国谢菲尔德大学的核技术先进制造研究中心。美国国家航空航天局兰利研究中心从 2001 年开始进行电子束熔丝沉积成形增材制造技术开发，开拓了"空间微重力环境电子束熔丝沉积成形增材制造"领域，其和西雅基公司合作研制了用于微重力环境的原理样机，如图 2-3 所示。

图 2-3

兰利研究中心与西雅基公司合作研制
的用于微重力环境的原理样机

　　西雅基公司在美国国防部及国家基金支持下，联合弗吉尼亚大学等研究机构，进行了成形过程中电子束功率密度动态测量、熔池温度、尺寸与零件温度等实时监控的一些基础性研究，能够根据零件材料和结构预先模拟成形过程并自动生成优化加工方案。研发的层间实时成像及传感系统（IRISS）可以感测并数字化调整金属熔覆，具有极佳的精确性和可重复性，是目前金属增材制造领域唯一能够实时监测或控制的系统。该公司 EBAM 金属增材制造设备有 300 系列、150 系列、110 系列（大型）、88 系列和 68 系列（中型），成形零件尺寸长度可以达到 5.79m，如图 2-4～图 2-7 所示。2016 年 12 月向空中客车公司交付了一套 EBAM 110 系列电子束熔丝沉积成形制造设备，该设备的可成形尺寸为 1778mm（宽）×1194mm（深）×1600mm（高），用于制造航空航天大型金属零件，可降低成本和缩短周期。

图 2-4　兰利研究中心使用西雅基
公司的设备

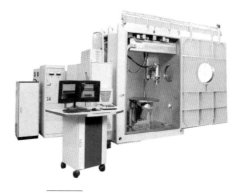

图 2-5　洛克希德·马丁公司使用
西雅基公司的设备

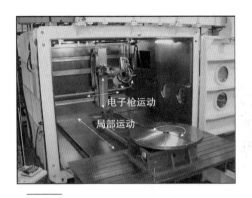 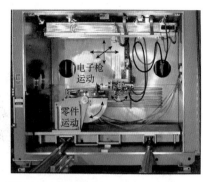

图 2-6　西雅基公司 5 坐标 EBAM 设备　　图 2-7　西雅基公司 6 坐标 EBAM 设备

核技术先进制造研究中心目前拥有世界上最大的电子束熔丝沉积成形设备 K2000，如图 2-8 所示。K2000 的最大成形尺寸可达 6.4m，成形的典型材料主要包括 TC4 钛合金、316L 不锈钢等，沉积速度最大为 400cm³/h，成形的精度较高。

图 2-8

核技术先进制造研究中心电子束熔丝沉积成形设备 K2000

2.2.2　国内设备概况

我国于 2003 年开始进行电子束熔丝沉积成形增材制造技术的研究。中国航空工业集团公司北京航空制造工程研究所(现中国航空制造技术研究院)依托高能束流加工技术重点实验室，建立了电子束熔丝沉积成形增材制造专业研究方向，着重开展电子束熔丝沉积成形增材制造装备、钛合金结构成形工艺、性能可靠性等方面的研究，在设备开发方面研制了国内第一台定枪式(图 2-9(a))、国内第一台动枪式(图 2-9(b))和目前国内最大的电子束熔丝沉积成形设备(图 2-9(c))。

（a）小型定枪式电子束成形设备

（b）大型动枪式电子束成形设备

（c）大型立式电子束成形设备

图 2-9 北京航空制造工程研究所研制的电子束熔丝沉积成形设备

2.3 我国自行研制设备介绍

我国于 2009 年研制第一台电子束熔丝沉积成形设备（ZD60-10A 型），设备整体可分为软件、硬件两部分：软件包含数据处理软件 Electron Beam RP 及综合控制软件 EBAM；硬件包括高压电源、电子枪、真空系统、送丝系统、运动系统、图像监测与采集系统、电气控制系统等。软件系统的功能是实现对硬件系统的控制及对零件 CAD 模型的数据处理，协调电子束熔丝沉积成形平台各功能单元实现其功能，通过人机对话、信息处理与反馈推动加工过程的有序开展。

2.3.1 电子束加工逆变电源

电子束加工逆变电源主要由高压加速电源、灯丝电源和栅极电源三部分组成，如图 2-10 所示。

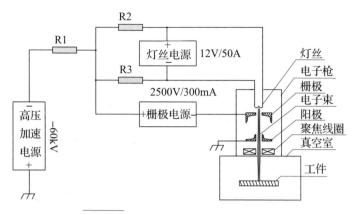

图 2 - 10　电子束加工逆变电源的组成

在图 2 - 10 中，三极真空电子枪安装在真空室上，工件放在真空室内。高压加速电源的正极与电子枪的阳极接地，负极通过限流电阻 R1、R2 和 R3 后，分别与灯丝电源的正极、负极相连接，然后连接至阴极（灯丝），从而在电子枪阴极和阳极之间提供一个 - 60 kV 的电子加速电压；栅极电源与高压加速电源串联后，其负极连接至电子枪的栅极，在栅极和灯丝之间形成 0～ - 2500V 的偏压，以实现电子束束流的控制。加速电压调节范围 0～ - 60kV；栅极电源输出电压范围 0～ - 2500V，最大电流 300mA。灯丝电源用来加热灯丝产生电子，输出电流 0～20A 可调，输出电压为 12V。

由于高压电源的加速电压可达 - 60kV，电子枪内的金属蒸气、油箱中杂质等都很容易引起高压放电。高压放电不仅使得高压电源工作不稳定，而且产生的电压或电流尖峰对电网上的其他设备（如 PLC 系统、伺服控制系统等）造成很强的电磁干扰，甚至损坏这些设备。因此，为了有效防止高压放电产生的电压和电流尖峰反馈至电网，高压加速电源、栅极偏压电源和灯丝加热电源都采用逆变直流电源（带隔离变压器）与 380V 工频电网隔离，以有效减少对电网上其他设备的干扰。

高压加速电源、栅极电源和灯丝电源的低压部分都采用逆变直流电源和桥式逆变电路串联的结构，如图 2 - 11 所示。电源外观及其内部逆变桥如图 2 - 12所示。

高压加速电源由低压升高压的倍压整流电路浸在充满变压器油的油箱中，灯丝整流电路、栅极整流电路由于联接在 - 60kV 电压上，为获得良好的绝缘，灯丝电源变压器和栅极电源变压器分别将灯丝整流电路、栅极整流电路

与其低压端隔离，并都置于油箱中，油箱外观如图 2 - 13(a)所示。图 2 - 13(b)
是油箱内部均压电路、倍压整流电路和升压变压器组。

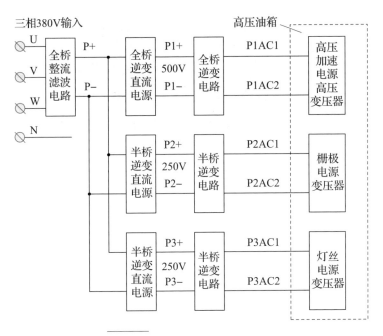

图 2 - 11　高压电源总体方案框图

（a）电源外观　　　　　　　　　　（b）内部逆变主电路

图 2 - 12　逆变电源

(a) 油箱外观　　　　　　　　(b) 倍压整流电路和升压变压器组

图 2-13　倍压整流高压油箱

2.3.2　电子枪

ZD60-10A 型电子束熔丝沉积成形设备配备北京航空制造工程研究所（现中国航空制造技术研究院）自行研制的直热式电子枪（图 2-14），额定功率为 10kW，最高加速电压为 -60kV。核心装置有阴极组件、栅极和阳极组件等。电子束流通过合轴线圈、聚焦线圈、扫描线圈等产生磁场作用后，形成适于不同加工需求的电子束流（图 2-15）。

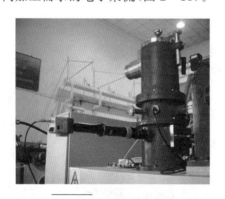 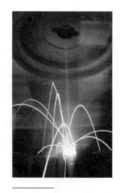

图 2-14　直热式电子枪　　　　　图 2-15　电子束流

电子束焦点处束斑直径通常不大于 1mm。灯丝电源产生的灯丝加热电流及栅极电源产生的偏压通过高压电缆分别加在电子枪的灯丝两端和栅极上，灯丝电源和栅极电源连接在 -60kV 电压之上，使得灯丝和栅极处于负高压电位，阳极接地，在灯丝、栅极和阳极之间产生加速电场。在栅极电压较小时，阴极（钨丝）热发射的电子通过高压电场加速到光速的 0.4 倍左右，再经过静电汇聚和电磁聚焦系统聚焦后形成高能电子束流。电子束流的大小可通过调整栅极上的偏压来实现。

2.3.3　真空系统及其控制

真空系统包括室真空系统和枪真空系统。室真空系统由真空室、大功率真空泵组组成(图 2-16),枪真空系统(图 2-17)由电子枪的有场空间、分子泵、小功率机械泵及高低真空计、冷却水路、气动管路等组成,控制系统集成的真空系统组成如图 2-18 所示。

图 2-16　室真空系统

图 2-17　枪真空系统

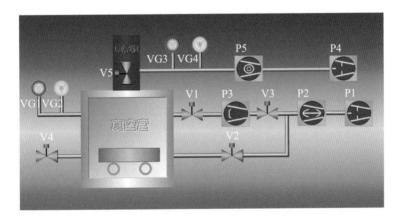

P1—机械泵;P2—罗茨泵;P3—扩散泵;P4—机械泵;P5—分子泵;

V1～V5—阀门;VG1～VG4—真空计。

注:未说明的阀门状态均为关闭。

图 2-18　真空系统组成示意图

　　真空机组的动作逻辑顺序由 PLC 程序控制。PLC 程序接收工控机中的 EBAM 综合控制系统发出的启动指令(start up)后，按照预定逻辑顺序依次实现动作，当 EBAM 系统发出停止指令(shut down)后，PLC 程序按预定逻辑顺序关机，逻辑关系如图 2-19 所示。

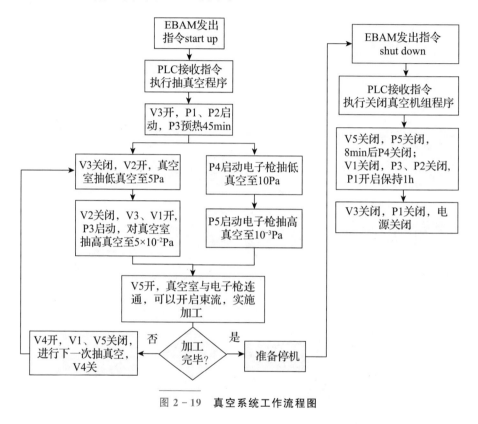

图 2-19　真空系统工作流程图

2.3.4　送丝系统及其控制

　　送丝系统(图 2-20)由送丝机(图 2-21)、三维对准装置(图 2-22)、储丝轮、送丝软管、导丝嘴等组成。送丝机与三维工作台一样，通过工控机控制。为了保证在不同型号设备上的通用性，三维对准装置设计有独立的控制系统。

　　送丝机为四辊轮四驱动，夹持力可调且分散，不易损伤丝材，运动更平稳；较大功率的伺服电机(750W)对负载波动不敏感，且能满足精确、复杂控制要求；系列化的刻槽辊轮、进出丝导嘴能分别适应直径 1.0mm、1.2mm、1.6mm、2.0mm 四种规格的丝材，导丝嘴孔径与丝材间隙约 0.1mm。

图 2 - 20

ZD60 - 10A 型电子束

成形设备送丝系统

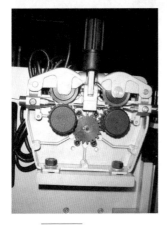

图 2 - 21　送丝机

图 2 - 22　三维对准装置

三维对准装置是保证熔丝沉积过程稳定实施的关键装置之一，其作用是调节丝端与熔池中心的位移、距工件表面的高度，丝材送进方向与工件平面的夹角，丝端伸出导丝嘴长度等。其主体结构为三个丝杠导轨型线性运动模组，相互垂直布置，行程为 60mm，由步进电机驱动，点动一次模组滑台行进 0.1mm。

2.3.5　三维工作台

电子束熔丝沉积成形设备的自由度越高，可加工零件的复杂程度就越高。对熔丝沉积成形设备，至少需要三个自由度，由于是逐层加工，因此必须具备高度方向自由度。

ZD60 - 10A 型电子束沉积成形设备具有三个自由度，以两个水平轴的插补运动实现平面几何图形的轨迹运动。三轴在数控系统的控制下，可实现联动。以垂直方向工作台实现对堆积层厚度的控制，其运动精度为 0.05mm。三维工作台如图 2-23 所示。

图 2-23
三维工作台

对三维工作台的控制由安装在工控机中的 8 轴数控运动卡执行，在 EBAM 系统的设置界面中可对其参数进行设置。工作台台面尺寸为 320mm×300mm，垂直方向运动范围为 0～200mm，零件可加工范围为 240mm×160mm×160mm。

2.3.6 图像监测与采集系统

图像监测与采集系统的作用：一是观察、调整加工基准（图 2-24）；二是实时监测成形过程（图 2-25）；三是记录、保存加工现象。

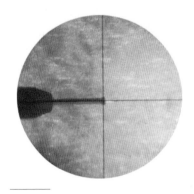

图 2-24 加工基准的观察与调整

图 2-25 实时监测与记录

ZD60 - 10A 型电子束熔丝沉积成形系统配备了工业 CCD。其光学部分由光源、反射镜、反射棱镜和光学镜筒组成。焦距范围为棱镜下方 300～750mm，具有可调通光装置，其孔径范围为 1～20mm；变倍镜头最大能够放大 8 倍。配备合适的滤光镜片、调整通光孔直径，可以实现视场的亮度调节，能够对高亮度的熔池实施观测。

通过 CCD 提取图像信息，由视频分配器将信号分成两路：一路通过监视器实时显示，另一路接通到工控机中的图像采集卡上，经过处理后保存于工控机中。在进一步的研究中，将通过图像分析与处理技术，定义丝端与熔池相对位置，与预先设定的判据进行比较，并发出反馈信号，修正运动规迹或其他控制参数，使成形过程成为一个闭环监控系统。

2.3.7　电控系统

高压电源控制电路安装在电气柜中部的机笼中，机笼插槽中的控制电路板包括灯丝、合轴控制电路板、扫描控制板、聚焦线圈电源板、束流控制电路板、偏压功放电路板、高压控制电路板。除上述控制电路板外，在电气柜中还安装有各运动轴电机伺服系统、各种规格的供电电源等。

工控机主要功能如下：

（1）加工参数的参数设定、检测及显示；

（2）实现对运动系统的控制；

（3）动态显示设备工作状态；

（4）实现人机交互；

（5）实现图像信息的采集与处理。

PLC 主要功能如下：

（1）实现对真空系统的控制；

（2）实现对加工参数的测量和控制；

（3）与工控机通过串口通信完成数据传送。

电气控制原理如图 2 - 26 所示。

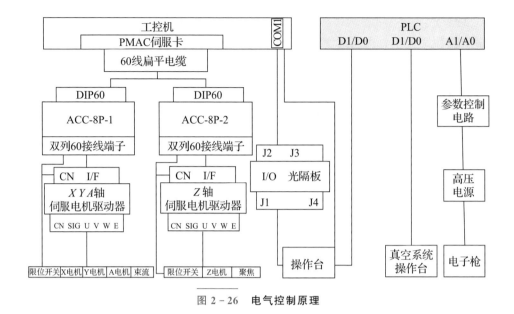

图 2 - 26　电气控制原理

2.3.8　Electron Beam RP 数据处理软件

目前广泛使用的三维造型软件 ProE、UG、Catia、AutoCAD、SolidWorks 等功能近似，但侧重点有所不同，它们都支持 STL 文件格式。

几乎所有快速成形的数据流程都可以用图 2 - 27 表示，快速成形的数据来源十分广泛，大体有三维 CAD 模型、三角形网格化后的三维模型、逆向工程数据、数学几何数据、医学/体素数据、分层数据等。

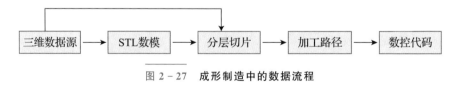

图 2 - 27　成形制造中的数据流程

STL 文件是美国 3D Systems 公司提出的一种用于 CAD 模型与快速成形 (RP)设备之间数据转换的文件格式，现已为大多数 CAD 系统和 RP 设备制造商所接受，成为 RP 技术领域内一个事实上的准标准，目前的商业 CAD 软件大都具备对 CAD 模型进行三角形网格化的功能，并输出 *.stl 格式的文件 (STL 文件)。STL 文件是用小三角形面片逼近自由表面，将模型表面进行三角形网格化后获得的。逼近的精度通常由曲面三角形平面的距离或曲面到三角形边的弦高差控制。曲面越不规则，所需三角形面片就越多，STL 文件就越大。每个三角形面片由三个顶点和指向模型外部的法矢量表示。STL 文件生成简单，模型易于分割，分层算法相对简单。常用的 CAD 系统输出 STL 文件的方法如下：

（1）Autodesk 公司的 AutoCAD：输出模型必须为三维实体，且坐标均为正值。在命令行输入命令"FACETERS"，设定 FACETERS 为 1～10 的一个值（1 为低精度，10 为高精度），在命令行输入命令"STLOUT"，选择实体，选择"Y"，输出二进制文件，输入文件名。

（2）SDRC 公司的 I－DEAS：File→ Export→Rapid Prototype File→选择输出的模型→Select Prototype Device→SLA500. dat→设定 absolute facet deviation（面片精度）为 0.000395→选择 Binary（二进制）。

（3）PTC 公司的 Pro/Engineer：File→Export→Model，或者选择 File→Save a Copy→选择 . stl→设定弦高为 0，设定 Angle Control 为 1。

1. Electron Beam RP 系统总体框架

Electron Beam RP 系统是基于金属丝材熔融沉积成形制造原理的快速成形软件系统。该系统以其他 CAD 系统输出的 STL 文件（模型由三角片描述）为基础，根据熔融堆积成形工艺的需求，对零件模型进行分层处理并生成层片文件，同时实现各层的加工路径规划，最后生成符合加工设备需求的 NC 代码。系统不仅具有常见快速成形软件系统的功能，而且结合电子束熔化丝材快速成形工艺，能够生成合理、准确、高效率的数控加工程序。

系统主要由 STL 文件数据检验与分层处理、加工路径规划和 NC 文件生成组成。系统的数据检验与分层处理实现了 STL 文件检验与数据结构的建立、模型分层、各层轮廓线的生成与合理性处理等。加工路径规划有网格与偏置两种方式：网格方式是指每层的加工路径由指定方向的平行线组成，这些平行线的位置由当前层的轮廓边界确定，相邻两层的加工方向成一定角度；偏置方式是指每层的填充路径为轮廓的等距偏置线。NC 文件生成是根据加工设备的数控系统及相关指令，输出符合加工条件的各层 NC 文件。

Electron Beam RP 系统是在 Visual C++6.0 环境下开发的，其图形显示及操作使用了 OpenGL 图形库。该软件在 Windows XP 操作系统下运行，各个功能模块可从菜单、工具条中选择，并按照电子束熔丝沉积成形工艺需求实现。功能实现过程中保存了不同阶段的数据文件，如分层文件、填充路径文件等，所输出的 NC 程序文件符合西门子 840D 数控系统所需格式。系统结构如图 2 - 28 所示。系统的数据流程如图 2 - 29 所示。

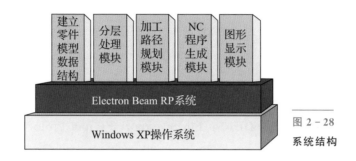

图 2 - 28
系统结构

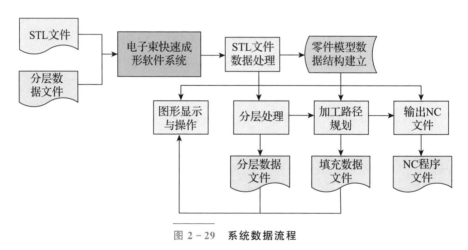

图 2 - 29　**系统数据流程**

2. Electron Beam RP 的安装及运行环境

用可移动存储器(如 U 盘、移动硬盘)或光盘将 ElectronBeamRP. exe 复制到计算机中，双击 ElectronBeamRP. exe 即可运行。系统初始界面如图 2 - 30所示。

系统运行环境如下：

(1) 硬件环境：奔腾Ⅳ及以上微型计算机；硬盘空间 10GB 以上；内存512MB 以上。

(2) 软件平台：操作系统为 Windows XP；软件开发环境为 Visual C ++6.0；数据文件浏览工具为记事本或写字板。

图 2 - 30　系统初始界面

3. Electron Beam RP 系统主要功能及技术特点

Electron Beam RP 系统提供了 STL 文件数据提取、分层处理、加工路径规划、NC 文件生成、图形显示及操作等功能模块，各模块所具有的功能如图 2 - 31所示。

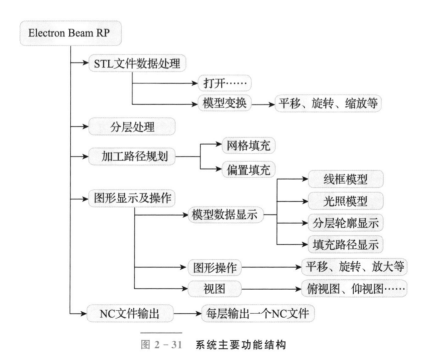

图 2 - 31　系统主要功能结构

1）STL 文件数据处理

在测试试验中，用 Pro/E 建立一个典型零件的三维模型，如图 2 - 32 所示，并转化成 STL 格式，如图 2 - 33 所示。零件为长方体，中部开通孔，选择主菜单"文件"下的子菜单"打开"或直接选择工具条按钮，弹出打开文件对话框，选择 STL 文件，单击"打开"按钮，即可打开指定的 STL 文件。当读取 STL 文件错误时，系统能够显示出错信息，此时可返回 CAD 模型进行修改。

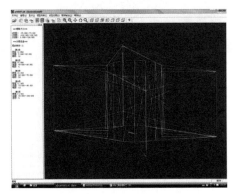

图 2 - 32　读取的三维实体　　　　图 2 - 33　STL 格式三维实体

2）图形显示与图形操作功能

菜单选项"查看"中具有"放大""缩小""平移""旋转""适当大小"等选项，可对模型进行观察。利用"视图选择"中的选项，可观察模型的仰视图、俯视图、前视图、后视图、左视图、右视图、轴侧图。

（1）线框显示：对 STL 文件的显示，按照三角片的边界线进行显示。单击主菜单"显示"下的子菜单"线框显示"。

（2）光照显示：对 STL 文件的显示，按照三角片面的光照方式进行显示。单击主菜单"显示"下的子菜单"光照显示"。

（3）分层轮廓显示：对层片文件的显示，将该模型所有层进行显示。单击主菜单"显示"下的子菜单"分层轮廓显示"或工具条按钮。

（4）填充路径显示：对填充文件的显示，将该模型所有层的填充路径进行显示。单击主菜单"显示"下的子菜单"填充路径显示"或工具条按钮。

（5）单层轮廓显示：对指定层的轮廓数据的显示。单击工具条按钮，弹出层数选择对话框，提示选择当前显示层数，即可显示当前层的轮廓。

（6）单层填充路径显示：对指定层的填充路径的显示。单击工具条按钮 🗂，弹出层数选择对话框，提示选择当前显示层数，即可显示当前层的填充路径。

（7）图形放大：单击主菜单"查看"下的子菜单"放大"或工具条按钮 🔍，按下鼠标左键确定放大区域，便可放大选定区域的图形。

（8）撤销前一次放大图形：单击主菜单"查看"下的子菜单"缩小"或工具条按钮 🔍，返回到"图形放大"功能中的前一次图形大小。

（9）图形平移：单击主菜单"查看"下的子菜单"平移"或工具条按钮 ✛，按下左键移动，此时图形也随着移动。

（10）图形旋转：单击主菜单"查看"下的子菜单"旋转"或工具条按钮 ↻，按下左键移动，此时图形将随着鼠标方向旋转。

（11）按适当大小显示：单击主菜单"查看"下的子菜单"适当大小"或工具条按钮 🔍，显示图形按初始状态大小显示，即放大、平移后的图形恢复到原来状态。

（12）视图设定：系统提供了轴侧图、前视图、后视图、左视图、右视图、俯视图、仰视图，其对应工具条为 ⬡ ⬡ ⬡ ⬡ ⬡ ⬡ ⬡。

模型显示效果通过菜单栏选项"显示"打开下拉菜单，使用其中"线框模型"与"光照模型"进行变换。模型变换操作必须在线框模型显示或光照模型显示的状态下才能操作，因为这两种显示状态为 STL 文件的显示。在进行模型变换时，将删除当前层片文件（当前模型对应的 SLI 文件）。因此，不能在显示层片文件（﹡.sli）或填充文件（﹡.net）的状态下进行模型变换操作。另外，模型变换功能仅针对当前系统读入的 STL 文件进行变换，STL 文件中的数据并不做修改。因此，当进行模型变换后，重新打开该 STL 文件时，其数据与层片文件（包括填充文件）数据并不相同。

3）分层处理功能

系统输出的分层数据文件除记录分层种类、高度范围、厚度等信息外，还包括每一层的轮廓数据以及内外轮廓标识等。分层数据文件是加工路径规划的基础。因此，每个零件模型必须进行分层处理后才可以进行加工路径的规划。

分层算法是快速成形制造中的重要环节，快速成形技术中的分层算法按数据格式可分为 CAD 模型的直接分层和基于 STL 模型的分层，按照分层方法可分为等厚分层和自适应分层。

　　CAD 模型直接切片具有文件数据量小、精度高、数据处理时间短以及模型没有错误等优点，但也有明显的缺点，如依赖于特殊的 CAD 软件、难以对模型自动添加支撑等。基于 STL 模型的分层方法具有模型容易出错、数据量大、精度不高等缺点，但具有不依赖于 CAD 软件的特点，同时精度水平可根据零件的复杂程度设定，因此，当前仍然是研究主流。

　　STL 模型是 CAD 模型三角形离散化处理的结果，实际上是一个多面体模型。分层处理的结果是一系列多边形轮廓。分层算法流程如图 2 - 34 所示。

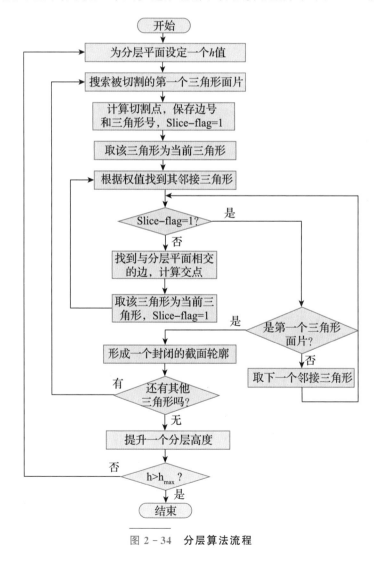

图 2 - 34　分层算法流程

电子束熔丝沉积成形是一种分层制造技术，因此在零件表面会造成台阶效应。为了提高精度，降低台阶效应，需要减小层厚（图 2-35），但这样会大幅降低制造效率，增加零件的制造成本。为了在制造精度和制造成本之间取得平衡，目前快速成形领域采用了比较先进的自适应分层方法。其原理是软件能根据三维模型表面的曲面形状信息，自动确定分层厚度，以保证用户指定的零件表面精度，并达到成形速度快、精度高的目的。但采用自适应分层时，工艺参数必须根据层片厚度不同而大幅改变，对工艺参数的控制柔性要求较高，需要工艺库支持，而电子束熔丝沉积成形工艺目前开展得较少，尚不具备支持自适应分层所需要的工艺库。传统的分层方法为等厚度分层，即沿模型高度方向各层片厚度一致。对电子束熔丝沉积成形技术而言，各层除路径不同外，其他工艺参数是不变的，有利于简化工艺，提高加工过程的稳定性与可靠性，但对轮廓复杂的结构采用等厚分层方法难以达到高精度与高效率的兼顾。对电子束熔丝沉积成形工艺，既不能采取自适应分层，也不能都使用等厚分层。在 Electron Beam RP 中，结合两种分层方法的优势及电子束熔丝沉积成形工艺的特点，提出了一种分段分层方法，作为一种介于自适应分层与等厚度分层之间的折中方案。其特点是沿三维模型高度方向设定 5 个分段，各段高度或沿高度方向的起始层坐标可以根据零件复杂程度人工设定，各段的分层厚度也可分别设定，即将一个零件设定为最多 5 个等厚分层段，以达到既提高加工效率又兼顾成形精度的目的。在等截面或近似等截面部分的层厚可设得大一些，以提高成形速度；在非等截面部分，层厚可以设得小一些，以减小堆积台阶，提高轮廓精度。

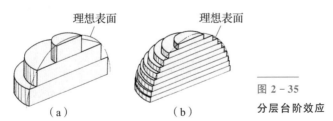

理想表面　　　　　理想表面

图 2-35

（a）　　（b）

分层台阶效应

Electron Beam RP 系统分层功能的实现，主要是根据分层厚度沿高度方向进行分层，并在分层处理过程中自动区分内、外轮廓线。对于 STL 文件存在错误的数据模型，如果轮廓线不封闭或有重合等异常现象，那么系统均给予提示。

打开菜单栏选项"成形过程",选择下拉菜单中"分层处理"选项,在"参数设置"对话框中(图2-36)设置分层的厚度类型及起始坐标。等厚分层如图2-37所示。

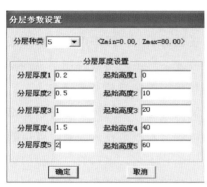

图 2-36　分层参数设置对话框

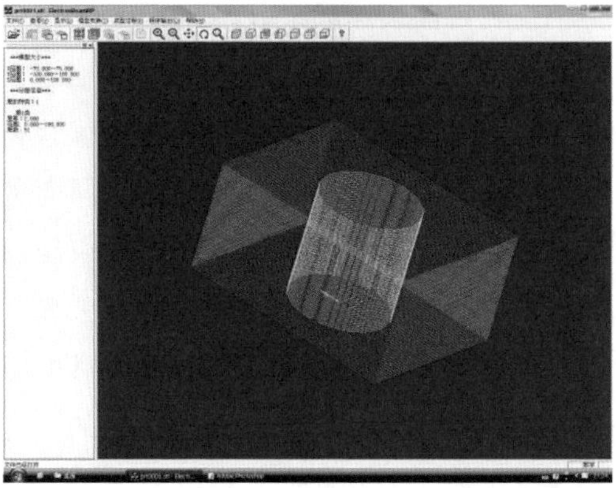

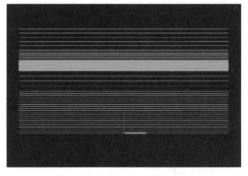

图 2-37　等厚分层结果

分段分层效果如图2-38和图2-39所示。

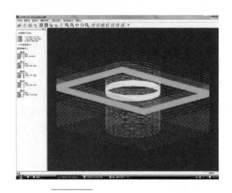

图 2-38　分 5 段分层结果

图 2-39　分 5 段分层结果侧视图

4) 路径规划功能

由零件 STL 模型分层处理后得到多边形的截面轮廓,这些多边形由顺序连接的顶点链构成。生成路径的过程是填充多边形截面轮廓的过程。路径规划不仅影响零件的性能及精度,而且对加工过程及加工成本有重要影响。

(1) 填充方式。路径生成的基本方法有轮廓偏置(也称为轮廓平行填充)和网格填充(也称为平行直线填充)以及分形扫描的方法。分形扫描路径较为短小曲折,不适合电子束熔丝沉积成形工艺,在 Electron Beam RP 系统中只涉及前两种方法。单击主菜单"成形过程"下的子菜单"偏置填充"或单击工具条按钮[图]，则弹出图 2-40 所示填充参数设置对话框。输入相关参数，并确定填充方式，单击"确定"按钮。如果当前模型的层片文件不存在，则该功能无法完成，需先进行分层处理，如果当前模型的层片文件已存在，则根据设定参数进行填充轨迹计算，并生成填充文件(*.net)，如图 2-41 所示。单击"取消"按钮，取消该功能操作。

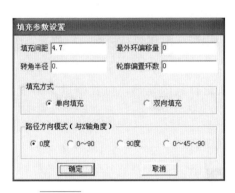

图 2-40　填充参数设置对话框

图 2-41　路径填充效果

网格填充有双向及单向两种，这两种方式的区别在于双向填充平行线首尾相连形成折线(图 2-42)，单向填充为平行直线。偏置填充如图 2-43所示。

图 2-42　双向网格填充

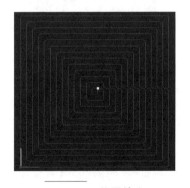

图 2-43　偏置填充

(2)填充角度。在 Electron Beam RP 系统中，不同层面填充方向可以设定，以得到各向性能平衡的零件。层间填充方向有四种模式可供选择。

① 0°~90°：第一层填充直线的方向与轴成 0°，第二层的方向与 X 轴成

90°，依此类推。

② 0°：每一层填充直线的方向与轴平行。

③ 90°：每一层填充直线的方向与轴成90°。

④ 0°～45°～90°：第一层填充直线的方向与轴成0°，第二层的方向与 X 轴成45°，第三层的方向与轴成90°，依此类推。

填充方向只针对网格填充方式，对于偏置填充不存在方向问题。采用 0°～90°填充效果，如图2-44所示。

（3）轮廓线的处理。填充参数设置窗口中有"轮廓偏置环数"选项，如设定为0，则无轮廓线；当设定大于0时，根据设定的环数对轮廓进行偏置，内部仍是网格填充，实际上是一种混合填充方法。成形过程中，由内而外加工，最后加工轮廓线。调整路径中心线与模型轮廓线的偏移，可控制成形精度，如图2-45所示。

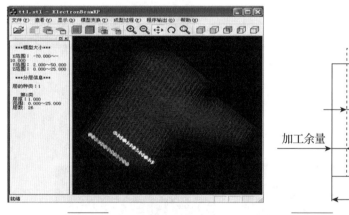

图2-44　0°～90°填充效果

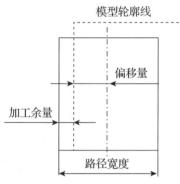

图2-45　轮廓线偏移示意图

（4）路径间距。成形时，熔积路径间距与平行线间距一致；调整间距能够改变堆积层表面的平整度。一般采用经验公式"间距＝熔积路径半宽＋丝材半宽"。

（5）转角过渡。Electron Beam RP 系统中，对于相邻直线之间夹角小于150°的路径，采取圆滑过渡处理。转角半径可以通过对话框设定，系统默认小于或等于一半线间距（图2-46）；根据系统提供的过渡圆弧半径，计算圆弧相切点以及圆弧过渡后的路径。实际加工时，在转角处，工件运动速度加快，以避免造成传热传质的过度积累。在加工路径生成过程中的转角圆弧过渡如

图 2 – 47 所示。

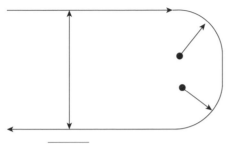

图 2 – 46　转角半径示意图　　　　图 2 – 47　路径转角过渡图

　　（6）输出数控程序。路径规划完成后，通过加工参数对话界面（图 2 – 48），输入工艺参数，如送丝提前位移、送丝滞后位移、束流上升位移、束流下降位移、送丝结束反抽量、送丝速度、直线运动速度、圆弧运动速度、Z 轴运动速度、加速电压、束流、聚焦电流等。从加工安全及设备能力考虑，每层保存为一个独立的数控加工程序。顺利完成一个层面的加工后，调用下一层面的加工程序；出现异常导致过程中断，排除故障后再开始下一层的加工。为此，每一个加工程序的开头及结尾均有相应的动作语句，以保证加工过程衔接良好，避免工件与设备的干涉，如图 2 – 49 所示。

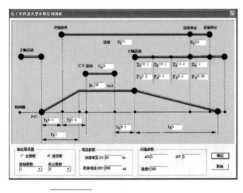 

图 2 – 48　加工参数对话界面　　　　图 2 – 49　数控加工程序

4. 综合控制系统(EBAM)及软件

　　EBAM 系统是在电子束焊机的操控系统基础上经过重大改进后形成的专用软件。其作用是收集并显示各系统信息、人机对话、修改或设置参数、数控程序调用及编辑、发出控制指令，起到桥梁的作用。

1）操作界面

EBAM 系统设有三种显示界面，这三种界面分别用于显示设备组成、真空系统工作状态、加工参数等。

（1）系统状态界面（图 2-50）：界面上方有设备工作条件显示，包括循环水、压缩空气、急停状态、真空室门状态、设备预热冷却状态等，系统以图标闪动作为条件不满足的标志，用户可根据界面显示情况掌握设备基本工作状态；界面下方有操作功能菜单键，点击可以进入相应模块。

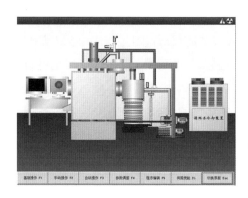

图 2-50

系统状态界面

（2）真空系统工作状态界面（图 2-51）：界面上有真空泵、电磁阀及真空计等。可动态显示真空系统各组成部分的工作状态。红色图标表示相应的泵或阀处于停止状态，绿色图标表示启动状态，红黄闪动表示出现故障。

（3）加工参数显示界面（图 2-52）：界面中显示了部分加工参数的设定值、测量值、零件加工方式、各运动轴的位移、运动方式、运动速度等；同时，在屏幕下方显示有加工程序文件名、程序加工模式、程序执行坐标系等。

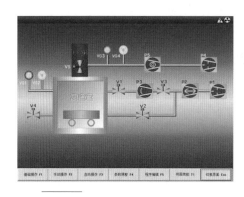

图 2-51 **真空系统工作状态界面**

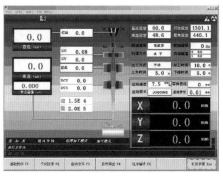

图 2-52 **加工参数显示界面**

2）操作菜单

在屏幕显示界面的下方设有 12 组功能选择菜单，每组菜单中包括 7 个按钮，按钮上都有功能名称以及对应的热键，热键与键盘上的按键相对应，用户可根据设备操作的需要用鼠标或键盘选择热键，以此选择与功能名称相对应的功能或逐级进入相应的下一级菜单；使用 "Esc" 键可以逐级退出菜单（在开机菜单中，连续点击 "Esc" 键，可连续切换屏幕显示界面）。这 12 组菜单的层次关系如图 2 - 53 所示。

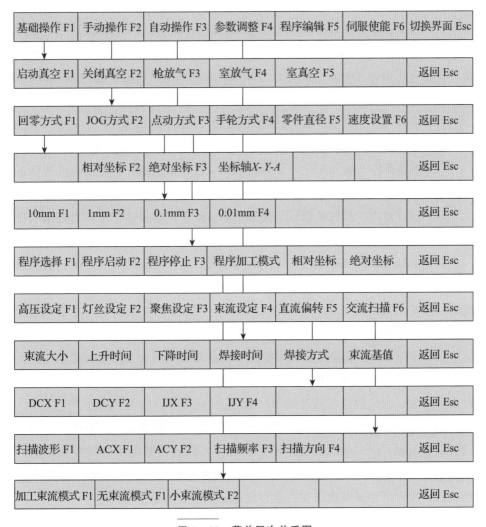

图 2 - 53　菜单层次关系图

菜单按钮的功能如下：

（1）基础操作：选择此按钮，用户可对设备的真空系统、电子枪、灯丝等进行启动、关闭等操作；此时界面将自动切换为真空系统工作界面。

① 启动真空：真空系统启动按钮；选择此按钮，真空系统开始预热（每天只需执行一次）。

② 关闭真空：真空系统关闭按钮；在用户结束一天的工作后，必须选择此按钮，启动真空系统冷却进程，待扩散泵温度降低到设定冷却温度，真空系统自动关闭，操作人员可以关闭设备。

（2）伺服使能：在运动系统工作之前，需要按下此按钮使伺服系统使能，在运动系统无须工作或较长时间不工作时，需要关闭此按钮；伺服系统使能后，在屏幕上方会出现一个图标，告知用户设备伺服系统的使能状态。

（3）枪放气：电子枪放气（与操作台上的"枪放气"按钮相同）。

（4）室放气：真空室放气（与操作台上的"室放气"按钮相同）。

（5）室真空：真空室抽气（与操作台上的"室真空"按钮相同）。

（6）手动操作：如果用户需要对运动系统进行手动操作，可选择此按钮进入操作模式选择和速度设置等。

（7）回零方式：选择此按钮，使数控系统处于回零模式，系统将根据用户对坐标系（相对坐标、绝对坐标）和运动轴的选择执行相应的回零运动。

（8）绝对坐标：选择此按钮可使运动系统以绝对坐标的零点为零点进行回零运动。同时界面上在"坐标系"一栏中将显示"绝对坐标"。X 轴、Y 轴的绝对回零均为负方向回零，即运动轴必须处于机械零点的正方向时才可进行绝对回零的操作。

（9）相对坐标：选择此按钮可使运动系统以各轴所处当前位置为零点进行无移动的回零功能。同时界面上在"坐标系"一栏中将显示"相对坐标"。运动轴可以在任意位置进行相对回零的操作。

（10）坐标轴 $X-Y-A$：当设备由于焊接零件的需要，必须将工作台上的转台移走时，用户应在设备断电的情况下，将轴伺服电机的两个航空插头从工作台的接插件处取下，并将电气柜中的坐标轴切换开关打到上方，设备上电后，用户必须选择此按钮一次，使运动系统坐标系中取消轴。

（11）JOG 方式：选择此按钮，使数控系统处于 JOG 模式，用户可通过操作台上的 X＋、X－、Y＋、Y－、A＋、A－、STOP 等按钮控制各运动轴的运动。

（12）点动方式：此功能用于控制运动轴的微动，系统将根据用户对点动距离的选择进行定长微动。

（13）10mm：选择此按钮，可使直线运动轴按每次 10mm 的步长运动。旋转轴按每次 10°的角度旋转。

（14）1mm：选择此按钮，可使直线运动轴按每次 1mm 的步长运动。旋转轴按每次 1°的角度旋转。

（15）0.1mm：选择此按钮，可使直线运动轴按每次 0.1mm 的步长运动。旋转轴按每次 0.1°的角度旋转。

（16）0.01mm：选择此按钮，可使直线运动轴按每次 0.01mm 的步长运动。旋转轴按每次 0.01°的角度旋转。

（17）手轮方式：选择此按钮，即可通过摇动操作台上的手轮控制各运动轴的运动。

（18）零件直径：此按钮被选择后，用户可以根据焊接零件的直径，设定直径参数。

（19）运动速度：运动轴运动线速度设定按钮，此按钮必须在各运动轴处于静止的状态下才能进行操作，而且在设定结束后必须取消其设定状态，设定的速度值才会生效。

（20）自动操作：如果用户需要通过编程加工零件，可选择此按钮进行程序选择、启动、停止等操作。

（21）程序选择：选择此按钮，屏幕将弹出程序编辑对话框。在程序编辑对话框中，可进行程序输入、加工程序的读入、保存、下载等操作，用户编辑的加工程序必须下载后才能执行。

（22）程序启动：选择此按钮后，系统将弹出一个需用户确认的对话框；当用户选择确定后，系统将启动用户最近下载的加工程序，如果选择此按钮后，加工程序没有运动，有可能是由于系统中有未终止的程序在运行而无法运行新的加工程序，在这种情况下，可以单击"程序停止"，然后选择"程序启动"按钮。

（23）程序停止：终止正在进行的加工程序。

（24）程序加工模式：通过编程加工零件有三种加工方式，通过此按钮，可进入加工模式选择菜单。

（25）加工束流模式：在进行编程加工时，束流输出值根据程序中设定的值输出。

（26）无束流模式：在进行编程加工时，束流输出值为零。系统只执行各运动轴的位移指令。

（27）小束流模式：在进行编程加工时，束流输出值根据手动设定的值（IB)输出。

（28）参数调整：选择此按钮，可以进入加工参数设定菜单，界面自动切换为加工工作界面。在对参数进行设定时，界面上将以红色显示被选参数的设定值，此时用户可通过旋转手轮修改该参数，参数设定结束后，再次选择此按钮或选择此菜单上的其他按钮，即可取消被选按钮的选择状态，屏幕上的红色数字将恢复初始颜色。

（29）高压设定：高压参数设定按钮；选择此按钮，可对高压参数进行修改。

（30）灯丝设定：灯丝电流设定按钮。

（31）聚焦设定：聚焦电流设定按钮。

（32）束流设定：选择此按钮，屏幕将弹出有关束流参数的下一级菜单。

（33）束流大小：当加工模式为非自动时，选择此按钮设定束流大小(mA)。

（34）上升时间：当加工模式为非自动时，选此按钮设定束流上升时间(s)。

（35）下降时间：当加工模式为非自动时，选此按钮设定束流下降时间(s)。

（36）加工时间：当加工模式为"定时"时，系统将根据此值确定束流输出的时间(s)。

（37）加工模式：选择焊接模式，连续选择此按钮，加工模式在"手动""自动""点动""定时"之间循环切换。

（38）束流基值：设定偏压死区的电压值。

（39）直流偏转：选择此按钮，屏幕弹出有关直流偏转参数设定菜单。

（40）DCX：设定束流沿 X 方向偏转的幅值。

（41）DCY：设定束流沿 Y 方向偏转的幅值。

（42）IJX：设定束流沿 X 方向的合轴幅值。

（43）IJY：设定束流沿 Y 方向的合轴幅值。

（44）交流扫描：选择此按钮，屏幕弹出有关束流扫描参数设定菜单。

（45）扫描波形：连续选择此按钮，可使扫描波形在"直线""圆""上半圆""下半圆""无波形"之间循环切换。

（46）ACX：设定束流沿 X 方向的扫描幅值。

（47）ACY：设定束流沿 Y 方向的扫描幅值。

（48）扫描频率：设定扫描波形的频率，设定范围为 1～1000Hz。

（49）扫描方向：选择扫描波形的方向，其中包括水平、垂直。

（50）程序编辑：选择此按钮，屏幕上将弹出程序编辑对话框，对话框中包括加工程序文件名、程序编辑区以及文件打开、保存、清除、下载等按钮，用户可通过此对话框对加工程序文件进行存取、编辑、下载等操作。

3）软件故障

设备在工作过程中，如果出现控制程序终止，系统死机，可以同时按下"Ctrl + Alt + Del"组合键，选择已无响应的加工程序文件名结束其运行过程，然后重新运行工作程序。因为真空系统是由 PLC 控制的，所以工控机复位不会影响真空系统的正常工作。

4）加工程序的调用及编辑

EBAM 系统既可以编辑数控加工程序，也可以调用已编辑好的数控加工程序文件。加工程序编辑及调用界面如图 2-54 所示，此项功能是 EBW 控制软件与 Electron Beam RP 数据处理软件的接口。

图 2-54

加工程序编辑及调用界面

数控程序的指令有 M 指令和 G 指令。电子束熔丝沉积成形系统常用 M 指令见表 2-1。

表 2-1　常用 M 指令

地址	含义	编程
M02	程序结束	M02···
M03	送丝机正转	M03S15 └→ 送丝速度（mm/s）
M04	送丝机反转	M04S25 └→ 反抽速度（mm/s）
M05	送丝机停止	M05
M06	束流上升或下降速度定义指令	M06X 10 W 20 ├──→ 束流大小（mA） ├──→ 束流随动轴位移的绝对值或时间（s） └──→ 束流随动轴（X轴、Y轴、A轴、T轴）
M13	束流上升使能	M13
M14	束流下降使能	M14

控制过程既是一个完整的数据流(从三维建模到数控程序)的传递过程，也是一个参数化的加工程序的生成及实施过程，这个过程通过数据处理软件 Electron Beam RP 和综合控制软件 EBW 共同完成。成形控制软件负责控制所有硬件系统协调工作，设定工艺条件，如真空度、聚焦电流、加速电压等，为调用加工程序留出窗口；在数据处理软件中，对分层厚度、加工路径进行设定，生成路径信息；根据加工工艺，引入所需控制的参量，生成参量化的数控加工程序，并通过人机对话输入实际加工参数数值；完成二次编程，生成符合成形控制软件格式要求的数控加工程序。当环境要求(真空度、工件位置等)满足后，成形控制系统调用数据处理软件生成的数控加工程序，控制真空机组、电子枪及工作台协调工作，实施加工，如图 2-55所示。

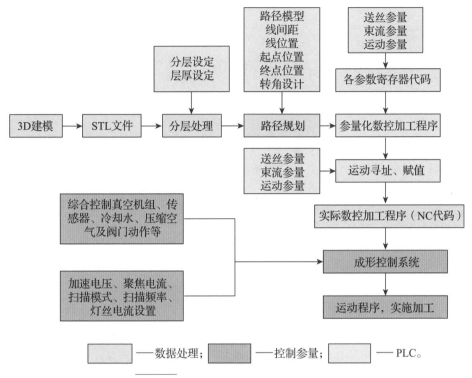

　　—数据处理；　　　　—控制参量；　　　　— PLC。

图 2 - 55　参数化加工程序的生成及实施

第 3 章
电子束熔丝沉积成形用典型材料

　　材料是基础，在增材制造技术领域也不例外。近年来国内外针对电子束熔丝沉积成形用的钛合金、航空铝合金以及高强钢等材料的组织和力学性能进行了大量研究。研究方向集中在工艺参数对成形的影响、热处理对组织性能的影响等方面，并探索了化学成分对力学性能的重要作用。

　　J. E. Matz 等[46]研究了电子束熔丝沉积成形制备的 718 镍合金的组织和力学性能，发现该合金在较高的冷速下获得细小的初生碳化物，碳化物的弥散分布提高了该合金的部分力学性能。R. Keith Bird[11]研究了电子束熔丝沉积成形制备的 IN 718 合金的组织和室温拉伸性能，结果显示，该合金的强度高于相同成分铸造的 718 合金，但低于锻造的 718 合金，塑性指标与锻造和铸造的相当，但是电子束熔丝沉积成形制备的 IN 718 合金的弹性模量比传统工艺制备的 718 合金更低，他们把该合金展现出的低模量特征归因于合金存在的织构取向，固溶处理后，合金的晶粒长大，弹性模量增加。

　　Tayon、Shenoy 等[47]利用电子束熔丝沉积成形制备了耐热的不锈钢 IN 718 合金，并研究了该合金的组织、织构的演化及 IN 718 合金堆积体的力学性能。结果表明该合金的力学性能受到织构的影响；经过热处理后，该合金的强度和模量达到 IN 718 合金锻件相当的水平。

　　Domack、Karen、Hafley 等[30-31]研究了电子束熔丝沉积成形运动速度、送丝速度等工艺参数对 Al2219、Al2319 沉积形态的影响以及材料内部显微组织的演化规律，探索了通过成形工艺控制显微组织的方法。

　　电子束熔丝沉积成形钛合金研究较多，以 Ti-6Al-4V 合金的研究为主。洛克希德·马丁公司的 Barnes、Brice 以及美国国家航空航天局兰利研究中心的 Karen、Hafley 等[27]研究了电子束熔丝沉积成形 TC4 钛合金的力学性能。结果发现在成形过程中，高真空环境使低熔点 Al 元素蒸发剧烈，导致了合金材料的强度偏低；Lach 等[28]系统研究了工艺参数对 Al 元素蒸发的影响，发现送丝速度对元素蒸发作用最显著。电子束熔丝沉积成形制备的 Ti-6Al-4V 合金的组织、残余应力、静态力学强度和延伸率、断裂韧性、裂纹扩展性能，以及后处理工艺(机械加工和喷丸处理)对合金疲劳性能的影响也开展了研究[48]。结果表明，合金中存在的缺陷导致了电子束熔丝沉积成形制备的合金的疲劳性能低于相同成分的锻件，喷丸处理后的疲劳性能提升不大，但是实际的结构件在经历了疲劳加载后，并没有提前失效。Heck[32]等也比较系统地研究了电子束熔丝沉积成形 Ti‐6Al‐4V 合金的力学性能，结果表明，疲劳寿命与断裂韧性远远高于规定值，Z 向拉伸强度也高于规定值，但 X、Y 两个方向性能略低于标准(最大相差 26MPa)，成分测试表明，成形的 Ti‐6Al‐4V 合金 Al 元素烧损较大，已经低于标准要求。

美国空军学院的 R. W. Bush 和得克萨斯州立大学的 C. A. Brice[5,29]研究了电子束熔丝沉积成形制备的 Ti‐6Al‐4V 和 Ti‐8Al‐1Er 合金的室温和高温拉伸性能、蠕变性能以及抗氧化性。对比激光增材制造制备的 Ti‐8Al‐1Er 合金和锻造的 Ti‐6Al‐4V 合金，电子束熔丝沉积成形制备 Ti‐8Al‐1Er 合金的高温性能与锻件 Ti‐6Al‐4V 相当。其蠕变抗力优于锻造 Ti‐6Al‐4V 合金，但低于激光增材制造制备的 Ti‐8Al‐1Er 合金。电子束熔丝沉积成形制备 Ti‐8Al‐1Er合金的抗氧化性优于锻造的 Ti‐6Al‐4V。

综上所述，国外针对 EBF³ 成形的合金钢、高温合金、铝合金及钛合金均开展了研究，其中针对钛合金的研究较多，研究工作主要集中在成形工艺对显微组织及力学性能的影响方面，对研究工作不够系统深入，对电子束熔丝沉积成形材料的特征组织及变形规律、机理的基础性研究工作极少，未揭示电子束熔丝沉积成形工艺对材料显微组织及性能改变的根本原因，对材料成分及针对材料特性的结构优化设计的指导作用有限。

国内中国航空制造技术研究院与中国科学院金属研究所合作，针对电子束熔丝沉积成形制备的钛合金材料、超高强度钢进行了性能调控研究。研究发现，对于中强钛合金，电子束熔丝沉积成形后，材料的强度偏低而塑性良好，但高强及高温钛合金成形后，塑、韧性等力学性能对显微组织的变化非常敏感。电子束熔丝沉积成形的 A‐100 合金钢具有良好的塑性和强度，但断裂韧性偏低。

陈哲源等[41]利用电子束熔丝沉积成形技术制备了 TC4 钛合金薄壁结构和实体结构试样，分析了成形技术特点，探讨了组织形貌特征及形成机制。娄军等[49]研究了热处理对电子束熔丝沉积成形 TC18 钛合金拉伸性能的影响。

杨光[50]等人研究了电子束熔丝沉积成形 TC18 钛合金多次堆积的组织特征。黄志涛等[51]研究了热处理工艺对电子束熔丝沉积成形 TC18 钛合金组织性能的影响。

锁红波等[52]系统研究总结了电子束熔丝沉积成形 TC4 钛合金的显微组织及力学性能,对电子束熔丝沉积成形 TC4 钛合金的组织特征进行了详细阐释,揭示了成形 TC4 钛合金中层带状组织的形成机制。电子束熔丝沉积成形 TC4 钛合金的组织特征归纳为定向生长的柱状晶和"三区两线"组织,分析了在 EBF³ 成形过程多重变交热循环的叠加作用下显微组织的形成演化机制。对成形制备的 TC4 钛合金进行了基础力学性能测试,发现显微硬度与材料显微组织高度相关,拉伸性能具有明显的各向异性,同时发现去应力退火对性能没有明显影响,热等静压处理对消除微观缺陷、提高疲劳性能能够起到明显作用。研究了 Al、Fe、B、Y 等化学元素对显微组织和力学性能的影响。Al 和 Fe 元素的变化对电子束熔丝沉积成形 TC4 钛合金高低倍组织未发现有明显影响,B 或 Y 尤其是二者同时加入后,柱状晶宽度会显著降低。Al 含量在 5.7% 以下时,随含量增加,强度明显增加,超过 5.7% 以后材料强度增加不明显甚至会有少许降低。Fe 元素含量在 0.28% 以下时,三个方向的抗拉强度及屈服强度均随 Fe 含量的增加而显著增加,超过 0.28% 时,强度增加不明显。由于 B 元素易在晶界析出,使界面脆化,拉伸塑性显著降低。Y 元素会在合金中形成接近弥散分布的 Y 化物,对柱状晶长大有阻碍作用,强度塑性也可获得较好的匹配。研究了热处理温度、冷却方式对成形 TC4 钛合金中 α 相的形态、尺寸以及含量的影响,并建立了热处理与力学性能之间的关系。

蔡雨升、刘建荣等[53-54]研究了电子束熔丝沉积成形 TC18 钛合金显微组织与硬度的关系及其拉伸变形行为。结果表明,在单一退火条件下,合金相组成为初生 α 相与亚稳 β 相,随着温度升高,初生 α 相体积分数减小,基体显微硬度变化较小。在双重退火条件下,低温退火过程中会析出细小、编织排列的条状 α 相,可显著提高基体硬度,随着低温退火温度升高,α 析出相粗化且数量变少,导致基体硬度降低。三重退火条件下,高温炉冷和中温退火过程中会产生粗大的竹叶状一次 α 相,其数量随中温退火温度升高而减少,对显微硬度影响较小。柱状晶生长方向与拉伸主应力方向之间的角度对材料的拉伸变形行为有着重要的影响。当取样方向与柱状晶生长方向水平时塑性最好,断裂方式为明显的韧性断裂;当取样方向与柱状晶生长方向成 45°时,材料的强度和塑性达到良好的匹配；当取样方向与柱状晶生长方向成 90°时，材料易发生脆性断裂，断裂方式为脆性沿晶断裂。

3.1　电子束熔丝沉积成形金属丝材制备技术

3.1.1　技术要求

目前原材料为丝材的增材制造技术主要有电弧沉积成形技术和电子束熔丝沉积成形技术两种。在发展初期，技术标准及规范尚不完善，目前增材制造制件的技术要求主要参考铸造或锻造技术标准。丝材作为电弧沉积成形和电子束熔丝沉积成形的原材料，对成形工艺及零件性能有关键影响。电子束熔丝沉积成形技术对金属丝材主要有以下技术要求。

（1）丝材成分。成分、制备工艺及热处理是决定材料性能的三要素，因为增材制造工艺与传统铸造或锻造有很大差异。现有研究结果表明，多数情况下电子束熔丝沉积成形工艺制备的钛合金金属制件性能水平高于相同材料铸造技术标准要求，但能否达到锻造技术标准要求取决于材料类型及制备工艺。电子束熔丝沉积成形过程存在不同程度的元素烧损，制件的显微组织为具有定向凝固特征的柱状晶组织，因此采用与锻件相同的丝材成分，其制件成分尤其是显微组织与锻件差异很大。根据增材制造制件特征显微组织及制备前后成分变化，一般需要对现有材料的成分和制件的热处理工艺进行不同程度的调整，以实现"殊途同归"要求，成分是电子束熔丝沉积成形用丝材第一个主要技术要求。

（2）丝材形态和直径公差。电子束熔丝沉积成形过程形成小熔池，要求丝材能够准确稳定送进熔池中心，确保堆积过程工艺的稳定性。提高尺寸精度，有效避免缺陷形成，需要避免丝材尖端颤动幅度过大，要求送丝嘴和丝材间隙尽可能小，为此需要严格控制丝材尺寸公差。丝材形态和尺寸公差是电子束熔丝沉积成形专用丝材第二个主要技术要求（丝材形态一般包括曲率半径、翘曲、扭转程度等）。

（3）洁净度。丝材表面洁净度是影响增材制造过程中金属溶液喷溅程度、电流电压稳定性、制件冶金质量的重要因素，因此也是电子束熔丝沉积成形专用丝材第三个主要技术要求。洁净度指标主要包括丝材表面各种形式的污染，包括富氧层、富氮层、渗碳层、油污和灰尘等。

中国科学院金属研究所和中国航空制造技术研究院在电子束熔丝沉积成形钛合金和高强钢丝材研究领域进行深入合作，研究了 TA15 钛合金、TC4 钛合金、TC11 钛合金、TC17 钛合金、TC18 钛合金、A‑100 合金钢等多种材料对电子束熔丝沉积成形工艺的适应性，开发了几种电子束熔丝技术专用钛合金和高强钢丝材，完成了前期验证评估实验，其中采用 TC4EM 和 TC4EH 丝材沉积成形的零件已经完成装机考核和应用。

3.1.2　制备工艺

以制丝方法分类，目前钛合金丝材的制备方式可分为传统拉拔和轧制两种方式。按丝材坯料来源分类，可分为传统熔炼法和非熔炼法两类。流程参见图 3‑1。路线 1 是传统工艺，包括合金熔炼、开坯锻造、丝坯轧制、丝卷开盘、拉拔 + 退火、表面处理、整形、缠绕等工序，优点是应用面广，适合纯钛到合金等几乎所有丝材产品的开发生产，缺点是工艺流程长、效率低、污染大。路线 2 为轧制工艺，其特点是采用先进的丝材轧制设备将传统轧机生产的 $\phi 8 \sim 10mm$ 的丝坯，采用冷轧 + 退火结合工艺直接生产成品丝材。该工艺的优点是效率高、污染小，缺点是高度依赖设备，不适于难变形高合金化丝材的制备。路线 3 是挪威 MORSKTITANIUM 公司开发的一种新工艺，其特点是把海绵钛和中间合金机械混合均匀后，在高温高压下烧结、挤压形成丝坯，然后采用拉丝或丝材轧制等方式生产成品丝材。该工艺的优点是缩短了工艺流程，提高了效率，降低了成本，缺点是应用面受限，可生产的材料品种受元素扩散能力限制，对含高熔点元素或高合金化的合金，高温烧结

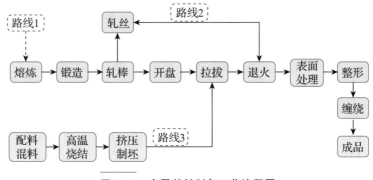

图 3‑1　金属丝材制备工艺流程图

后成分均匀性控制难度极高，如果出现成分不均匀问题，后续丝材拉拔过程中会频繁断丝，无法稳定生产，因此应用范围有限，仅适用于部分低合金化丝材的高效制备。

3.2　电子束熔丝沉积成形材料特点

增材制造技术所具有的层层堆积、逐层增高的技术特点，在堆积材料显微组织上有不同程度的反映。对于电子束熔丝沉积成形钛合金材料，易形成柱状晶组织，柱状晶从基板向上外延伸长。柱状晶内形成 $\alpha + \beta$ 两相组织，柱状晶内 α 相形态、尺寸、数量及排列方式取决于合金类型和堆积工艺。对于 Al 合金[30-31]，电子束流功率一定的情况下，堆积速度增加，熔池冷速增加，可形成较细的等轴组织。堆积速度降低，熔池冷速增加，晶粒变粗，显微组织向形成枝晶的方向发展。对多数 $\alpha + \beta$ 两相钛合金，堆积样品垂直于柱状晶生长方向存在层带状纹理，由多次热循环形成的热影响区叠加后形成。

电子束熔丝沉积成形过程中存在易挥发元素的烧损，烧损程度与材料类型、堆积工艺有关。因此在电子束熔丝沉积成形条件下成形前后材料的成分会出现不一致的情况。

3.2.1　成形过程成分烧损

由于电子束流高能量密度和真空环境的特点，电子束熔丝沉积成形过程中会存在不同程度的合金元素烧损，元素烧损难易程度与蒸气压密切相关。根据热力学计算结果，常见合金元素烧损由易到难顺序为 Mn＞Al＞Sn＞Cr＞Fe＞Ti＞Mo＞Nb＞V＞W。根据钛合金及 A-100 合金钢的研究结果，Al、Cr 两种元素烧损最明显。图 3-2 为 TC4 钛合金电子束熔丝沉积成形前后的成分对比，可以看到，TC4 钛合金电子束熔丝沉积成形后，Al 元素含量显著降低，而堆积体中 V 元素与原始丝材比略有升高，主要是由于 V 元素的烧损能力排在 Al 和 Ti 元素之后，其烧损量相对 Al 和 Ti 低，因此相对含量提高，表明 V 元素基本不烧损。国外[27-28]系统研究了堆积工艺参数对 TC4 钛合金中 Al 元素挥发的影响，结果表明，Al 元素烧损程度与堆积工艺有关，降低范围在 $0.27\%\sim1.42\%$；在电压、聚焦束流、丝材直径一定的情况下，送丝速度影响最大，束流功率有一定影响，平台运动速度影响最小。

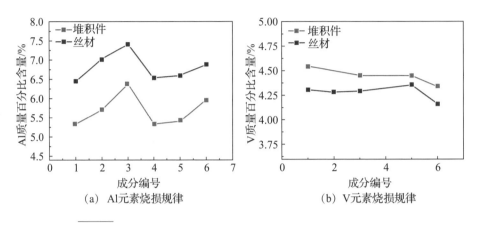

（a）Al元素烧损规律　　（b）V元素烧损规律

图 3-2　TC4 钛合金电子束熔丝沉积成形过程中的元素烧损规律

表 3-1 为电子束熔丝沉积成形 A-100 合金钢成形前后成分质量百分比对比结果。由表 3-1 可以看出，相对于堆积丝材，A-100 合金钢中 Co 质量百分比含量增加约 5%，Ni 质量百分比含量增加约 2%，Mo 质量百分比含量增加约 9%，Cr 质量百分比含量降低约 7%。表 3-2 为 3 种工艺条件下 TC17 钛合金堆积前后合金元素对比结果，可见，丝材直径和单、双丝送进方式对堆积体成分影响不大。将 3 种工艺条件下的堆积料成分分析结果取平均后与丝材成分比较可以看到，Al、Sn、Cr 元素烧损率分别为 13.72%、2.54% 和 17.64%，Zr 元素保持不变，Mo 元素质量百分比含量比丝材增加 0.68%。可见，在 Ti 和 Fe 两种合金体系中，元素烧损规律一致，但烧损率与合金体系有关，如在 A-100 合金钢中，Cr 元素烧损率 7%，而在 TC17 钛合金中，烧损率高达 17%。

表 3-1　A-100 合金钢电子束熔丝沉积成形前后成分质量百分比对比(%)

元素	钴/Co	镍/Ni	铬/Cr	钼/Mo
丝材	13.0	11.1	3.00	1.22
堆积件	13.71	11.32	2.79	1.33

表 3 - 2 TC17 钛合金电子束熔丝沉积成形前后成分质量百分比对比(%)

元素	铝/Al	锡/Sn	锆/Zr	钼/Mo	铬/Cr
丝材	5.23	1.97	1.98	3.93	3.95
ϕ2.0 双丝堆积件	3.38	1.89	2.03	3.97	3.25
ϕ2.0 单丝堆积件	3.54	1.97	1.97	3.95	3.31
ϕ1.2 单丝堆积件	3.46	1.90	1.93	3.95	3.20
堆积料平均成分	3.46	1.92	1.98	3.96	3.25
成分波动	- 13.72	- 2.54	0.00	0.68	- 17.64

3.2.2 特征显微组织及其形成规律

电子束熔丝沉积成形过程是一个在运动点热源线性扫描作用下,以熔丝堆积为特点的动态非均匀熔化/凝固过程,堆积体内任意位置均经受了复杂的多重热作用。在成形过程多重交变热循环的叠加作用下,显微组织呈现出既不同于铸造钛合金,也不同于锻造钛合金的独特组织形貌。宏观上表现为沿堆积增高方向生长的粗大柱状晶组织,以及堆积层面平行或接近平行的层带状纹理。其显微组织具有明显的各向异性及局部梯度变化、整体周期性变化的特征。

1. 柱状晶组织

电子束熔丝沉积成形钛合金最显著的组织特征是易形成柱状晶,锁红波等[52]采用单道 5 层堆积工艺,研究了 TC4 钛合金柱状晶形成规律(图 3 - 3)。由图 3 - 3(a)可见,即使是在单道单层堆积条件下,熔化区内仍形成外延生长的柱状晶。熔化区和母材区之间的过渡区为热影响区,与钛合金焊接接头显微组织相似。

由图 3 - 3(b)和图 3 - 3(c)可以看到,随着堆积层数增加,柱状晶的长度和宽度都有所增加,由熔池底部贯穿生长至顶部。由图 3 - 3(d)可见,当样品高度继续增大时,部分柱状晶存在中断现象,在堆积区中部也会出现少量等轴晶。随堆积层数增加,热量累积增多,温度升高,凝固速度有所减慢,晶粒更易长大,柱状晶呈现由底部向顶部逐渐变粗的趋势。

柱状晶的定向生长机理可作如下解释。在电子束流作用下,固相材料表层形成熔池并伴有强烈蒸发,熔化的金属丝材不断送入,对熔池产生冲击作用,熔池内的熔体流动剧烈,温度场分布十分不均匀。在剧烈流动及快速凝固条件下,熔池内的熔体难以获得自发形核所需的成分过冷度。钛合金严格控制杂质元素及氧化物,熔体中可作为非自发形核的异质质点极少,也不利于自发形核。相反地,从部分未熔化β晶粒上直接生长所需的吉布斯能更低,形成以熔池底部未熔的β晶粒作为基底直接外延生长的组织。随着堆积过程的进行,β晶粒将沿温度梯度最大的方向不断长大。

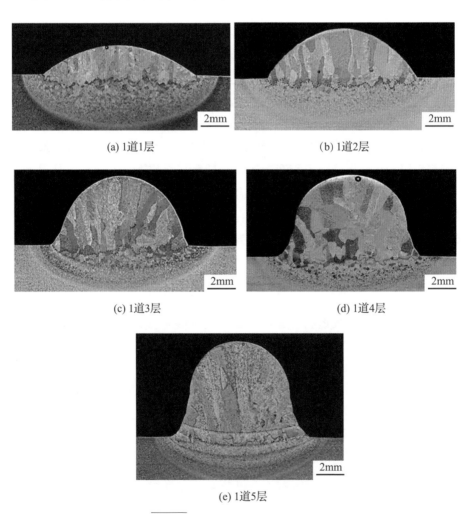

(a) 1道1层   (b) 1道2层

(c) 1道3层   (d) 1道4层

(e) 1道5层

图 3 - 3　柱状晶生长过程低倍图片

从图 3-3(e)可以看到，当堆积到第 5 层以后，在热影响区及以上区域，产生了沿水平方向下凹的黑线，黑线条数与堆积层数相同，但与图中箭头所示固－液相界面(即熔凝线)并不重合，可见图中黑线并不是熔凝线。如果将图 3-3(e)中底部基材未熔化但受热长大区域确定为热影响区，堆积区存在黑线的区域称为带状区，顶部不存在黑线的区域称为均匀组织区(这 3 个区域简称"三区")，再加上带状区的黑线以及难以辨识的固－液相界面——熔凝线，就构成了电子束熔丝沉积成形钛合金显微组织的另一特征，即"三区两线"结构[52]。

2."三区两线"结构

图 3-3 基本形成了"三区两线"结构雏形，但熔凝线不明显。图 3-4 是单道多层堆积 TC4 钛合金样品低倍组织，样品两侧凹陷处可视为层与层之间搭接标志，连接样品两侧凹陷依稀可见向上凸起的细线，称为熔凝线，可视为堆积过程固－液相界面线，如图 3-4 箭头所示；再加上水平方向层带组织界面线，简称层界线，与熔凝线合称"两线"。层界线本质上是钛合金 $\alpha + \beta/\beta$ 相转变线的直接表现，堆积过程中，在最上面一条层界线以上区域，温度在 β 相区，离顶部越近越高；层界线以下区域其温度在 $\alpha + \beta/\beta$ 相转变线以下，离开层界线的距离越远越低；每一道次堆积完成后，新增加一条层界线，相邻层界线之间的间距可视为新堆积一层后增加的厚度。

图 3-4
EBRM 成形过程形成的"两线"

3000μm

3. "三区两线" 结构高倍显微组织特征

(1) 均匀组织区：由图 3 - 4 最顶端均匀组织区低倍组织可以看到，该区包含了 A、B、C 三个堆积层。堆积 C 层时，A、B 两层被 C 层液态金属加热，发生 α+β→β 相变，被加热至 β 相区，与最新堆积的 C 层形成高温 β 相，在随后冷却过程中发生 β→α+β 相变，形成衬度和组织特征接近的 β 转变组织。

可见，均匀组织区的范围与材料热导率、输入功率、熔池移动速度及基体温度等因素有关。单位时间内材料局部获得的热量越多，则熔池越深，熔凝线下方达到 β 转变温度的固相区域范围也越大，均匀组织区就越大。图 3 - 4 中均匀组织区显微组织如图 3 - 5 所示。均匀组织区显微组织为针状组织，细针状相形成集束，集束与集束之间呈编织排列。

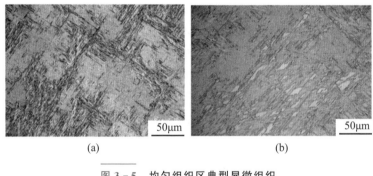

(a)   (b)

图 3 - 5　均匀组织区典型显微组织

(2) 熔凝线：在图 3 - 4 中可以看到通常难以观察到的堆积过程中固 - 液相的界面线——熔凝线，其特征为不连续的向上拱起的弧形纹理。图 3 - 4 中样品两侧可观察到凹陷，是层与层之间的熔凝分界标志，从低倍组织看熔凝线向上凸起，似乎连接样品两侧的凹陷。但在高倍下，凹陷处显微组织为具有相同取向的 α+β 片层集束，未发现线状特征组织存在，如图 3 - 6 所示。然而在凹陷处上方约 50～80μm 处，存在一弧形界面，界面两侧的 α 集束取向不同。由图 3 - 6(a) 可见，弧形界面并非连续，会在某些大块集束处中断。可见，低倍组织上观察到的弧形熔凝线其显微组织特征是取向不同的 α 片层之间的界面。样品侧面的凹陷极有可能是液态金属在重力作用下向下流淌50～80μm，在该位置形成凹陷，而实际熔凝线在凹陷上方 50～80μm 处，见图 3 - 6虚线处。

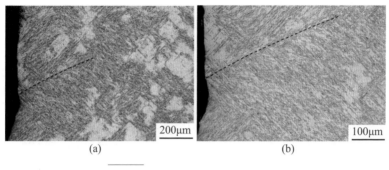

图 3 - 6　熔凝线附近典型显微组织

（3）层界线及层带区：层界线是每一层堆积过程中产生的温度场对应于 α＋β/β 相转变点的等温线，每堆积一层，就新产生一条层界线，相邻两条层界线之间的区域为层带。第 N 条层界线生成后，在 N＋1 层堆积时产生的温度场，仍会作用于第 N 层界线及其以下区域，但温度低于 α＋β/β 相转变点，与熔池距离越远，温度越低；每增加一层，同一位置温度递减一次，显微组织变化直至温度低到对显微组织作用不敏感为止。假设第 N 层以上再堆积 m 层后，第 N 层以下区域显微组织不再变化，但第 N＋1 到 N＋m 层显微组织仍存在梯度变化，特征与焊缝热影响区相近；N 层以下显微组织进入稳定状态，层界及其两侧显微组织差异不再明显。

图 3 - 7 至图 3 - 10 分别给出了图 3 - 4 中上数第 1、4 条层界线及其附近区域的显微组织，分别代表了处于梯度变化区和组织稳定区两条层界线。图 3 - 7 为第 1 条层界线上部显微组织，处于均匀组织区，由编织排列的细条状 α 相和处于其间的少量残余 β 相组成。图 3 - 8 为第 1 条层界线附近的显微组织，与两侧基体界面呈锯齿状，片状 α 相呈明显集束排列，集束间呈编织排列，集束内 α 板条长宽比低于其上部组织，如图 3 - 7(b) 所示。图 3 - 9 为第 1 条层界线下部显微组织，其特点为短棒状 α 相编织排列，α 相界面和间隙处存在少量 β 相。其成因相当于图 3 - 7 显微组织在 α＋β 两相区短暂热处理，细长的条状 α 相被 α→β 相变产生的 β 相断开，形成短棒状 α 相和高温 β 相。随后的降温过程中发生 β→α 相变，短棒状 α 相粗化，形成图 3 - 9 所示显微组织。图 3 - 10 为第 4 条层界线及其附近区域的显微组织[52]，由于距离最新一层堆积距离较远，层界线及其上、下两侧的显微组织趋于一致，层界区变得不再明显，与其上下两侧基体区的主要区别是层界区 α 相主要以集束状存在，α 板条相对较薄，两侧基体区 α 相主要

以编织排列形式存在，α板条稍厚。

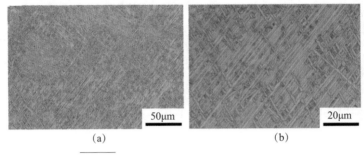

(a)   (b)

图 3 - 7   第 1 条层界线上部典型显微组织

(a)   (b)

图 3 - 8   第 1 条层界线附近典型显微组织

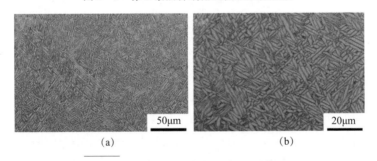

(a)   (b)

图 3 - 9   第 1 条层界线下部典型显微组织

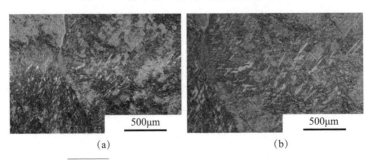

(a)   (b)

图 3 - 10   第 4 条层界线及其附近区域显微组织

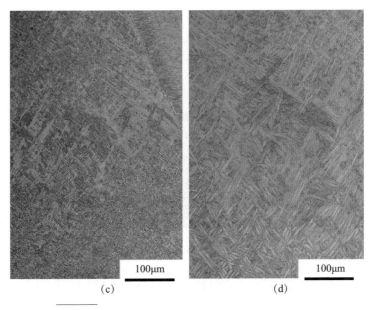

100μm　　　　　　　100μm

(c)　　　　　　　　　　(d)

图 3 - 10　第 4 条层界线及其附近区域显微组织(续)

（4）热影响区：热影响区是指位于基板、第 1 层堆积时固－液界面以下、受熔池温度场作用导致显微组织发生明显变化的区域，如图 3 - 3(e)所示。热影响区面积较大，其深度大于单道堆积层厚，因此多层堆积条件下，热影响区由于受不同堆积层温度场的叠加作用，其内部也会出现层带组织特征，直至新一层堆积产生的温度场对应于 α＋β/β 相变温度的等温线离开热影响区为止。图 3 - 11 为在两相区轧制 TC4 钛合金基板上堆积一道次后的低倍组织，包含了热影响区和一层堆积区。可见热影响区为由基板组织向堆积态组织过渡的梯度组织，由基板到堆积区晶粒逐渐粗化。图 3 - 11 中 C 处一条下凹弧形粗白色亮线为第 1 条层界线。图 3 - 12 为图 3 - 11 中 A～F 五个不同位置的高倍组织，图 3 - 12 (a)为基板区组织，为变形双态组织。堆积过程中热影响区受瞬时热作用，发生 α→β 不完全相变，保留了双态组织的基本特征，但等轴 α 相相界变模糊，如图 3 - 12(b)所示。接近层界线时，温度更靠近 α＋β/β 相变点，等轴 α 相体积分数减少，α→β 相变来不及全部完成，仍保留 α 相残留痕迹，如图 3 - 12(c)所示。过层界线后，等轴 α 相基本完全消熔，形成细小等轴 β 晶粒，晶内为针状组织，但仍保留少量等轴 α 相残留痕迹，如图 3 - 12(d)所示。离温度场中心距离进一步减小，等轴 α 相完全消失，α→β 相变充分完成，形成粗大等轴 β 晶粒，晶粒内部为细针状组织，如图 3 - 12(e)所示。在接近固－液界面附近，β晶粒长大明显，部分粗大等轴β晶粒孕育生成柱状晶晶胚，开始外延式生长，形成柱状晶组织，如图 3－12(f)所示。基板 A 的晶粒尺寸对热影响区显微组织过渡特征有明显影响，如果基板 A 的晶粒粗大，图 3－12 中 A→E 晶粒由细到粗过渡就不明显。

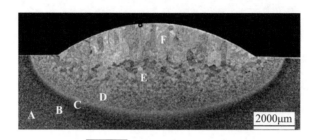

图 3－11　热影响区典型组织

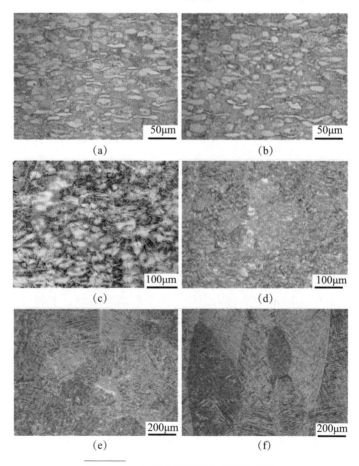

图 3－12　热影响区不同位置显微组织

对于多道多层堆积，"三带两线"结构同样存在；高温热处理后，"三带两线"组织特征减弱或完全消失，如图 3-13 所示。"三带两线"特征消失后，堆积体低倍组织根据晶粒大小和形状表现为 3 个区：母材区、热影响区和堆积区。

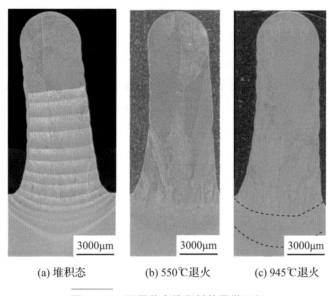

(a) 堆积态   (b) 550℃退火   (c) 945℃退火

图 3-13 不同状态堆积料的显微组织

对图 3-13(a) 中不同位置的显微硬度进行测试，可以发现层带区显微硬度最高，顶部均匀组织区显微硬度次之，基材部位显微硬度最低，热影响区显微硬度由低到高呈过渡状态，层带区层界线处显微硬度略低。热处理后"三带两线"特征消失，各部位显微硬度趋于一致，如图 3-14 所示。

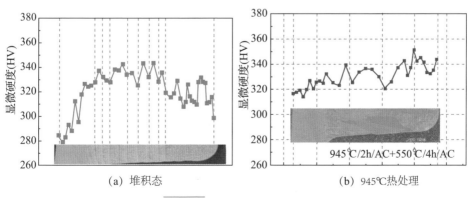

(a) 堆积态   (b) 945℃热处理

图 3-14 各区显微硬度分析

3.2.3　各向异性

电子束熔丝沉积成形材料存在不同程度的各向异性,对钛合金来说,一般表现为沿堆积增高方向强度偏低、塑性偏高,其他两个方向拉伸性能相当,表现为强度偏高、塑性偏低。电子束熔丝沉积成形钛合金的显微组织呈现出明显的定向生长特性,多数情况下沿堆积增高方向为柱状晶结构,即高温 β 相以柱状晶形式存在。对两相钛合金,温度降低到 $\beta/\alpha+\beta$ 相变点以下时,发生 $\beta \rightarrow \alpha + \beta$ 相变,柱状晶 β 相转变为条状或针状 α 相和少量残留 β 相,导致高温 β 相的晶体学取向难以直接确定。但由于 $\beta \rightarrow \alpha + \beta$ 相变过程中生成的 α 子相与其 β 母相存在 Burgers 位向关系(即 $\{0001\}_{\alpha} /\!/ \{110\}_{\beta}$、$\langle 1120 \rangle_{\alpha} /\!/ \langle 111 \rangle_{\beta}$),因此可根据 α 子相的取向关系,采用 EBSD 技术确定 β 母相的晶体学取向。

图 3-15 至图 3-17 为电子束熔丝沉积成形 TC4 钛合金热等静压后不同方向的拉伸性能[55]。图 3-15 为 X-Z 面上 5 组不同方向试样的拉伸性能,横坐标 H-X,H-X-Z-22.5,H-X-Z-45,H-X-Z-67.5 和 H-Z 分别对应于与 X 轴成 0°、22.5°、45°、67.5°夹角和平行于 Z 轴 5 个方向。图 3-16 为 Y-Z 面 5 组不同方向试样的拉伸性能,横坐标 H-Y,H-Y-Z-22.5,H-Y-Z-45、H-Y-Z-67.5 和 H-Y-I-90 分别对应于与 Y 轴成 0°、22.5°、45°、67.5°夹角和平行于 Z 轴 5 个方向。图 3-17 为 X-Y 面上 5 组不同方向试样的拉伸性能,横坐标 H-X-Y-0,H-X-Y-22.5,H-X-Y-45 和 H-X-Y-67.5 和 H-X-Y-90 分别对应于与 X 轴成 0°、22.5°、45°、67.5°和平行于 Y 轴 5 个方向。

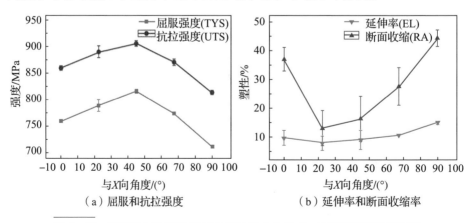

（a）屈服和抗拉强度　　　　（b）延伸率和断面收缩率

图 3-15　热等静压处理后 EBRM TC4 钛合金在 X-Z 面取样的拉伸性能

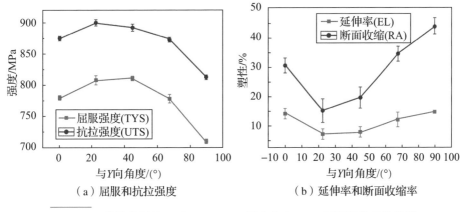

图 3 - 16　热等静压处理后 EBRM TC4 钛合金在 **Y - Z** 面取样的拉伸性能

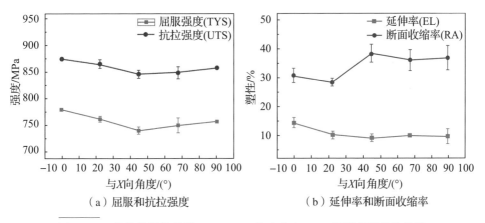

图 3 - 17　热等静压处理后 EBRM TC4 钛合金在 **X - Y** 面取样的拉伸性能

从图 3 - 15 和图 3 - 16 可以看出，电子束熔丝沉积成形 TC4 钛合金存在明显的拉伸性能各向异性。由图 3 - 15 和图 3 - 16 可以看出，随拉伸方向与 X 或 Y 向夹角的增加，强度呈现先增后降的趋势，塑性呈现先降后升的趋势。在 $22.5° \sim 45°$ 范围内，强度和塑性分别达到极大和极小值，拉伸方向与 Z 向平行时，强度出现极小值，塑性出现极大值。

对于 $X - Y$ 面上的拉伸试样，随拉伸方向与 X 向夹角增加，拉伸强度变化较小，拉伸方向与 X 向平行时强度最高，拉伸方向与 X 向夹角接近 $45°$ 时最低，但强度极差，只有 5% 左右。在 $X - Y$ 面上塑性没有呈现出明显的规律性，总体趋势是拉伸方向与 X 向夹角在 $45°$ 以内时塑性波动较大，拉伸方向与 X 向夹角在 $45°$ 以上塑性基本保持稳定，如图 3 - 17 所示。

电子束熔丝沉积成形的其他钛合金，如 TA15、TC11、TC18 等，都具有与电子束熔丝沉积成形 TC4 钛合金相同或相近的规律。如图 3-18 所示，在 X-Z 面上，随拉伸方向与 X 向夹角增大，强度也呈现先升后降趋势，塑性呈现先降后升趋势。与电子束熔丝沉积成形 TC4 钛合金规律相近。

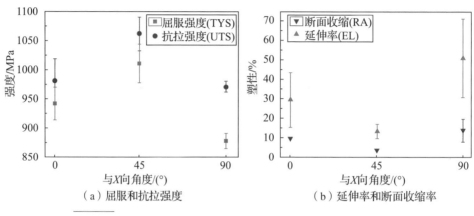

（a）屈服和抗拉强度　　　　　　　（b）延伸率和断面收缩率

图 3-18　电子束熔丝沉积成形 TC18 钛合金不同方向的拉伸性能

需要说明的是，前述各向异性行为与是否热等静压无关。本章选用热等静压后的数据是为了避免因堆积缺陷导致的数据分散，影响各向异性规律的显现。

前述各向异性现象主要归因于电子束熔丝沉积成形过程中形成的特殊显微组织及晶体取向。图 3-19 为电子束熔丝沉积成形 TC4 钛合金柱状晶中由 $\beta \rightarrow \beta + \alpha$ 相变产生的 α 相的晶粒取向分布图，图 3-20 为图 3-19 对应的极图。可以看到，柱状晶中 α 相的基面（晶体 c 轴）集中分布在与基板平面（X-Y 面）成 45° 和 90° 方向上。根据 α 和 β 相之间的 Burgers 位向关系，利用次生 α 相晶体取向得到的原始柱状晶（β 母相）的晶粒取向分布极图，如图 3-21 所示。图 3-22 是图 3-21 对应的柱状晶 β 母相的晶粒取向分布图。由图 3-21 和图 3-22 可见，基体 β 相的 $\{100\}_{\beta}$ 面集中分布在与基板平面（X-Y 面）接近平行和垂直的两个方向上，由此判断 β 柱状晶的生长方向为 $\langle 001 \rangle$ 方向。

图 3-19　柱状晶中 α 相的晶粒取向分布图

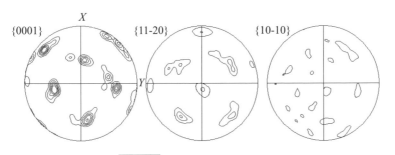

图 3 - 20　柱状晶中 α 相的极图

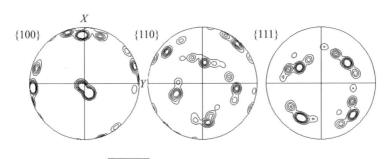

图 3 - 21　图 3 - 19 中 β 母相的极图

图 3 - 22　图 3 - 21 中柱状晶 β 母相的晶粒取向分布图

由图 3 - 21 还可以看出，密排面{111}面集中分布在与基板平面（X - Y 面）接近 25°～55°方向上，与沿柱状晶生长方向拉伸强度偏低、塑性偏高的实验现象相对应。该结果可部分解释沿 c 轴拉伸强度相对偏低的实验现象[17]。然而，由于各向异性涉及复杂的 β 母相和片状 α 子相之间的变形协调性、柱状晶界面 α 相及其取向的影响规律等基础问题，变形机制有待进一步研究。

3.3　电子束熔丝沉积成形钛合金性能调控

由前述分析讨论可知，电子束熔丝沉积成形钛合金具有强韧性匹配难度大、元素烧损和各向异性明显等问题，根源在于成形工艺。因此，需要根据电子束熔丝沉积成形钛合金成分和显微组织特点，优化材料成分及热处理工艺，满足不同应用需要。

3.3.1 成分调控——堆积体成分与性能关系

图 3 - 23 和图 3 - 24 所示为成分对 TC4 钛合金电子束熔丝沉积成形实验料拉伸性能的影响规律，图中 X 轴上的数字代表堆积料编号，编号为 1、2、3 的堆积料 Al 质量百分比含量分别为 5.3%、5.7% 和 6.4%，其余元素含量相同。编号为 1、4、5 的合金 Al 质量百分比含量均为 5.3%，但 Fe 元素质量百分比含量分别为 0.04%、0.25% 和 0.5%。编号为 6 的合金 Al 质量百分比元素含量为 6.4%，Fe 元素质量百分比含量为 0.25%。同一材料对应的 2~3 个数据点分别代表 930℃、950℃ 和 970℃ 三种不同热处理制度。由图可见，在三种热处理工艺下，Al 和 Fe 元素对电子束熔丝沉积成形 TC4 钛合金性能影响表现出相同的影响规律，即 Al 元素质量百分比含量由 5.3% 增加到 5.7%，材料强度明显增加，塑性基本能够得到保持，Al 元素质量百分比含量由 5.7% 增加到 6.4% 后，强度反而略有降低。由图中 1、4、5 材料拉伸强度和断面收缩率的变化规律可知，Fe 元素质量百分比含量由 0.04% 增加到 0.25%，材料强度明显增加，塑性基本能够得到保持。Fe 元素质量百分比含量由 0.25% 增加到 0.5% 后，强度增加不显著，塑性也未见有明显变化。

由图 3 - 23 和图 3 - 24 还可以看出，电子束熔丝沉积成形 TC4 钛合金的 X、Y 方向强度、塑性相当；X、Y 与 Z 方向强度和塑性存在比较明显的各向异性，即 X、Y 方向强度偏高、塑性偏低；Z 方向强度偏低、塑性偏高。Fe 元素质量百分比含量由 0.25% 增加到 0.5%，X 方向强度基本未发生变化，但 Y、Z 两个方向强度增加，可见提高 Fe 元素质量百分比含量可降低 X 和 Z 两个方向的强度各向异性；Al 元素和 Fe 元素质量百分比含量同时增加，三个方向强度显著增加，塑性小幅度降低，如图 3 - 23、图 3 - 24 中的成分 6。

由图 3 - 23、图 3 - 24 还可以看到，当材料成分相同时，在 930℃ ~ 970℃ 范围内，热处理温度对合金强度影响不显著，但塑性表现出比较大的波动。

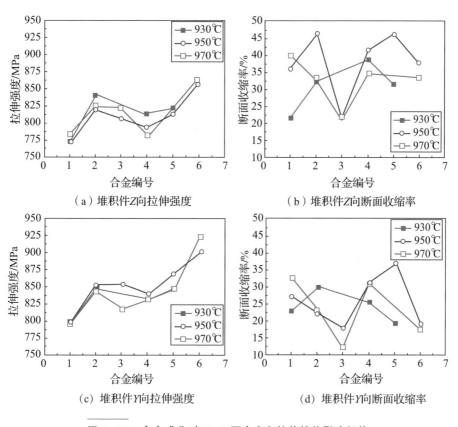

（a）堆积件Z向拉伸强度　　　　　（b）堆积件Z向断面收缩率

（c）堆积件Y向拉伸强度　　　　　（d）堆积件Y向断面收缩率

图 3 - 23　合金成分对 *Y*、*Z* 两个方向拉伸性能影响规律

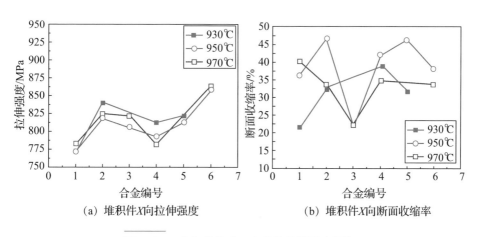

（a）堆积件*X*向拉伸强度　　　　　（b）堆积件*X*向断面收缩率

图 3 - 24　合金成分对 *X* 向拉伸性能影响规律

3.3.2 工艺调控——堆积工艺与组织性能关系

1. 成形工艺对显微组织的影响

图 3-25 是不同成形束流条件下电子束熔丝沉积成形 TC4 钛合金的组织特征，从图中可以发现其组织仍显示出"三区两线"的特征，三区分别是热影响区、循环梯度组织区、均匀组织区，两线分别是熔凝线和层界线。不同的是在大束流（130mA）条件下的热影响区范围和均匀组织区的范围最大，小束流条件下（20mA）热影响区和均匀组织区的范围最小，中等束流条件下（35mA）的热影响区和均匀组织区的范围介于前两者之间。

(a) 束流130mA   (b) 束流35mA   (c) 束流20mA

图 3-25　不同成形束流条件下的低倍组织特征

热影响区的范围与热源形式及线能量密切相关，大束流条件下的线能量密度最大，对基材造成的影响范围最广，小束流条件下的线能量密度最小，故其对基材造成的影响范围最小。

均匀组织区由两部分形成。第一部分为最上层沉积金属。熔池中液态金属凝固，由液相凝固形成高温 β 相；第二部分是靠近熔池的固态金属在热传导作用下，被加热至 β 相区，发生 $\alpha+\beta\rightarrow\beta$ 转变，也形成高温 β 相；两部分 β 相在冷却时均形成 β 转变组织，组织特征相似。由其成因可知，均匀组织区的范围与材料热导率、输入功率、熔池移动速度及基体温度等因素有关。单位时间内局部材料获得的热量越多，则熔池越深，熔池下方达到 β 转变温度的固相区域范围也越大，均匀组织区就越大。故大束流条件下的均匀组织区的范围最大。这与第 3.2.2 节讨论的结果一致。

宏观柱状晶的尺寸同样也和单位时间内获得的热量有关，在大束流条件下的柱状晶宽度最大，且柱状晶几乎都贯穿整个成形体；在小束流条件下，柱状晶的宽度最小，柱状晶发生中断；中等束流条件下的柱状晶特征介于两者之间。

2. 堆积工艺对化学成分的影响

对三种不同工艺条件下成形的试块进行化学成分的分析测试，测试结果如表 3-3 所列，本试验条件下的 Al 元素的含量有一定的烧损，且 Al 元素含量低于 CBQB 903-002 标准规定的下限，束流越大 Al 元素烧损量越明显。电子束熔丝沉积成形相当于真空熔炼的过程，Al 元素的熔点低，在成形过程中易挥发。Al 元素是 α 相稳定元素，其烧损会降低成形体的抗拉强度。为保证成形体中 Al 元素的含量，需要对丝材中 Al 元素进行补充，以弥补成形过程中 Al 元素的烧损。

表 3-3　不同成形工艺下的化学成分质量百分比变化(%)

元素	Al	V	Fe	C	N	H	O	Ti
丝材	5.92	4.0	0.035	0.019	0.012	0.0047	0.13	余量
试块 1♯	5.28	4.06	0.04	0.0094	0.010	0.0022	0.12	余量
试块 2♯	5.48	4.01	0.034	0.013	0.010	0.0028	0.12	余量
试块 3♯	5.49	4.00	0.025	0.013	0.010	0.0030	0.19	余量

O 元素含量变化可以从两方面考虑，一种是丝材中的 O 元素，一种是真空室内环境中的 O 元素。成形所用丝材的表层有一层氧化膜，不同直径丝材表层氧化膜的厚度是一定的，假设氧化膜的厚度为 d，丝材的半径为 R，单位体积氧化膜内的含氧量为 δ，堆积相同尺寸的零件所用丝材的质量是相同的，其体积也是一定的，设体积为 V，氧元素增加的含量为 Ω_O，则

$$\Omega_O = \left[\pi R^2 - \pi(r-d)^2\right] \times V/(\pi R^2)\delta = Vd\delta(2/R - d/R^2)$$

式中，d 的数量级为微纳米级，所以 $-d/R^2$ 这项可以忽略不计，则 $\Omega_O = 2Vd\delta/R$。故堆积相同体积的试块，氧元素的增加量只与丝材的直径有关，丝材的直径越小，氧元素的增加越多。考虑真空室内的环境，则与成形的工艺有关，现建立以下简化模型：

(1) 假设成形时真空室内的真空度一定，则真空室内 O 元素的含量保持

恒定；

(2) 熔积体截面模型简化圆弧形，如图 3 - 26 所示，O 元素的增加只发生在单道熔积体与环境接触的表面，即为图中所示红色界面，且瞬间发生，设单位面积内的增氧量为 δ；

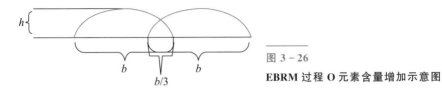

图 3 - 26
EBRM 过程 O 元素含量增加示意图

(3) 设单道熔积体的宽度为 b，搭接量为 $b/3$，层厚为 h，圆弧半径为 R，堆积体的规格为 $L \times W \times H$，该体积下的总增氧量为 Ω_O。则 R 和 b、h 的关系：$(R - h)^2 + (b/2)^2 = R^2$，即 $R = h/2 + b^2/8h$；单道熔积体的弧长：$2R\arcsin(b/2R)$。

进行单一层面的堆积时，发生增氧的表面积：$2\pi R\arcsin(b/2R) \times L \times W/(b - b/6)$，则对整个堆积体来说，总增氧量为

$$\Omega_O = 2R\arcsin(b/2R) \times L \times W/(b - b/6) \times H/h \times \delta$$

采用不同沉积工艺进行堆积成形试验。1♯试块的工艺：束流 130mA，丝材为 $\phi 2.0$mm 粗丝双丝，单道宽度为 10mm，层厚为 1.5mm；2♯试块的工艺：束流 35mA，丝材为 $\phi 2.0$mm 粗丝，单道宽度为 6mm，层厚为 1.2mm；3♯试块的工艺：束流 20mA，丝材为 $\phi 1.2$mm 细丝，单道宽度为 3mm，层厚为 0.3mm，为方便计算，现设定堆积体的尺寸为 $L(250$mm$) \times W(60$mm$) \times H(120$mm$)$，经计算：

1♯工艺增氧量为 $1.52 \times 106\delta$（单位用毫米计算）；

2♯工艺增氧量为 $1.99 \times 106\delta$（单位用毫米计算）；

3♯工艺增氧量为 $7.39 \times 106\delta$（单位用毫米计算）。

在相同的真空条件下，堆积相同体积的试块，1♯工艺和 2♯工艺增氧量差别不大，而 3♯工艺的增氧量是 2♯工艺的 3 倍多，堆积的体积越大，O 元素的差距越大。为了控制沉积体的 O 元素，必须在堆积过程中控制真空室的真空度，成形工艺的单道熔积体宽度越小，就越要提高真空度。

故综合考虑两种因素，成形时所用丝材的直径越小，单道熔积体的宽度越小，试块中 O 元素的增加量越多。

3. 堆积工艺对显微硬度的影响

图 3 - 27 所示为三种工艺条件下的显微硬度值变化曲线，从图中可以看出，在 35mA 和 130mA 大束流条件下，从锻件过渡到熔丝成形本体材料的显微硬度值逐渐变小，束流较小时则相反。

显微硬度与材料的成分和显微组织有关，对比前两种工艺的显微硬度变化趋势，可以发现，两种工艺成形的试块最终的化学成分差别不大，并且其柱状晶内部 α 片的厚度也在同一数量级，故两种工艺条件下显微硬度相当并且呈现同一趋势，快速成形的本体略低于锻件；在第三种工艺条件下，其 O 元素的含量明显高于其他两种，O 元素是 α 稳定元素，O 元素的含量越高，其显微硬度值越高，同时由于在小束流的工艺条件下，熔丝成形本体柱状晶内部的 α 片厚度较小，根据 Hall - Petch 原理，相当于增加了单位体积内的界面能，故材料的显微硬度值较高。

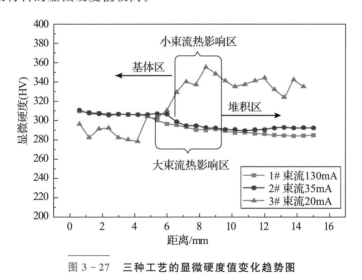

图 3 - 27　三种工艺的显微硬度值变化趋势图

4. 堆积工艺对拉伸性能的影响

表 3 - 4 分别为三种堆积工艺条件下原始态(未经热处理)Z 向、Y 向的室温拉伸性能的测试数据。结果表明，在大束流条件下(130mA)，Z 向抗拉强度只有 780MPa 左右，Y 向抗拉强度在 810MPa 左右，延伸率在 13% 以上，塑性较好但强度很差；在中等束流条件下(35mA)室温拉伸性能较好，Z 向抗拉强度在 830MPa 左右，Y 向抗拉强度在 840MPa 左右，延伸率都在 12% 以

上，具有较好的综合性能；在小束流条件下（20mA），Z 向的抗拉强度达 1000MPa 以上，延伸率在 7% 以上，强度较高塑性较差。

表 3-4　三种工艺条件下的室温拉伸性能

堆积工艺	取样方向	$R_{p0.2}$ / MPa	R_m / MPa	A/%	Z/%
1#	Z	735	781	13.3	50.4
		745	796	14.2	50.3
		730	780	15.2	48.9
	Y	750	809	13.8	45.2
		757	810	13.2	43.1
		755	816	14.1	45.2
2#	Z	777	829	13.3	44.8
		796	831	14.6	46.1
		779	827	13.8	48.4
	Y	781	846	16.9	40.5
		797	831	16.4	44.9
		796	840	16.2	44.3
3#	Z	910	1025	9.5	46.9
		941	1016	10.6	26.9
		917	1000	7.1	18.1

3.3.3　热处理调控——显微组织与性能关系

TC4 钛合金是一种典型的 α+β 两相钛合金，平衡或近平衡状态下主要由 α 相和 β 相组成，α 相以针状、细条状、短棒状或等轴状分布在 β 基体上，不同形态 α 相的比例可通过热处理工艺来调节。图 3-28 所示为电子束熔丝沉积成形 TC4 钛合金堆积态和热等静压态典型显微组织。由图 3-28（a）可见，堆积态显微组织为细条状组织，条状相为 α 相，不同位置条状 α 相形态和排列方式略有差异；由图 3-28（b）可见，热等静压后条状 α 相明显粗化，大部分区域内 α 片呈编织状排列，局部区域 α 片呈平行排列。这种热处理前就存在的 α 相称为一次 α 相，热处理后新产生的 α 相称为二次 α 相。一次 α 相的形态、数量和体积分数可以通过在 α+β 相区热处理调节。根据相率，一次 α 相和二次 α 相的体积分数之和为 100%，因此二者呈此消彼长关系。二次 α 相形态、尺寸及排列方式主要通过 α+β 相区热处理后冷速调节。图 3-29～图 3-32 分别为 930℃/2h、950℃/2h、965℃/2h、985℃/2h 热处理后吹风冷却(AC)组织，可以看到，在上述温度下，发生了不同程度的 α→β 相变，随温度升高，白色条状一次 α 相部分或全部转化为高温 β 相，在随后的冷却过程中，高温 β 相转化为二次 α 相和残留 β 相，转变产物统称为 β 转变组织；热处理过程中剩余的一次 α 相镶嵌在 β 转变组织基体上。随热处理温度升高，一次 α 相数量和体积分数减少，二次 α 相数量及体积分数增加。温度超过 985℃，一次 α 相完全转变为高温 β 相，形成由二次 α 相和残留 β 相组成的片状魏氏组织。

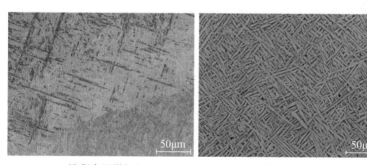

(a) 堆积态显微组织　　　　　(b) 热等静压态显微组织

图 3-28　电子束熔丝沉积成形 TC4 钛合金典型显微组织

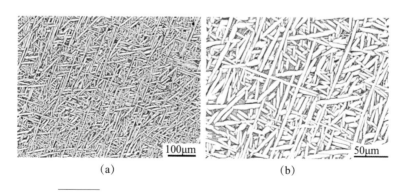

(a)　　　　　　　　　(b)

图 3-29　930℃/2h，风冷+550℃/4h，AC 热处理态组织

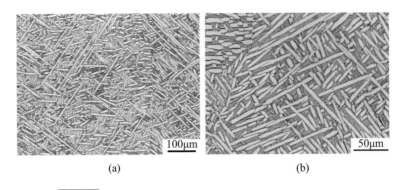

(a)　　　　　　　　　　　　(b)

图 3 - 30　950℃/2h，风冷 + 550℃/4h，AC 热处理态组织

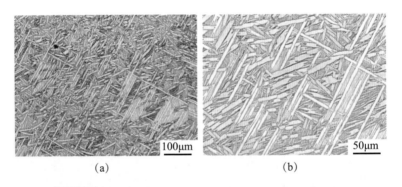

(a)　　　　　　　　　　　　(b)

图 3 - 31　965℃/2h，风冷 + 550℃/4h，AC 热处理态组织

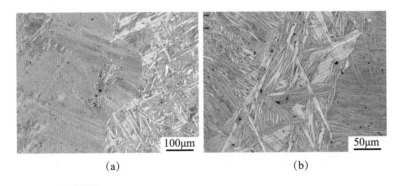

(a)　　　　　　　　　　　　(b)

图 3 - 32　985℃/2h，风冷 + 550℃/4h，AC 热处理态组织

　　图 3-33 所示为风冷条件下退火温度对电子束熔丝沉积成形 TC4 钛合金拉伸和冲击性能的影响规律，由图 3-33（a）可以看到，在 α+β 两相区，随退火温度增加，拉伸强度和塑性变化不大；接近和超过相变点之后，强度小幅增加，断面收缩率明显降低；由图 3-33（b）可以看到，随退火温度增加，冲

击韧性出现先增加后降低的趋势，冲击韧性峰值出现在 950℃ 附近，可见最佳的强韧性匹配温度为 950℃。

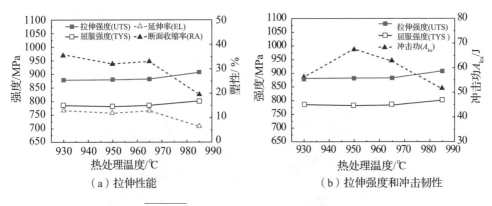

(a) 拉伸性能　　　　　　　　(b) 拉伸强度和冲击韧性

图 3 - 33　热处理温度对力学性能的影响

由图 3 - 29～图 3 - 32 可以看到，通过高温热处理调节一次 α 相体积分数、形态及尺寸的同时，二次 α 相的体积分数和形态也随之变化。可见，采用调节热处理温度的办法，是不能实现一次和二次 α 相两个变量一个变化、另一个相对稳定，但是可以通过控制 β→α 相变过程实现一次 α 相体积分数和形态相对固定、二次 α 相形态和数量变化的目的，同时可知影响 β→α＋β 相变过程的热处理工艺参数为冷速。

图 3 - 34～图 3 - 37 为电子束熔丝沉积成形 TC4 钛合金经 930℃/2h 保温，以不同方式冷却后的显微组织图片。水冷后组织最接近 930℃ 保温条件下的显微组织，白色短棒状一次 α 相均匀分布在深色 β 转变组织基体上，深色 β 转变组织为 β→α＋β 或 β→α′ 相变产物，如图 3 - 34 所示；β 转变组织内部存在

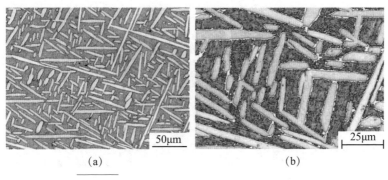

(a)　　　　　　　　　(b)

图 3 - 34　930℃/2h 退火处理后水淬(WQ)组织

细针状第二相，如图 3-34(b)所示，为 β→α′相变产生的马氏体组织。随冷速降低，白色短棒状 α 相体积分数和厚度增加；在油淬条件下 β 转变组织内部存在平行排列的细条状相，可以认定为 β→α+β 相变产物，细条状相为二次 α相，如图 3-35 所示。风冷和空冷条件下，β→α+β 相变结果是一次 α 相尤其是长宽比较小的一次 α 相明显粗化，体积分数增加，相应二次 α 相数量及体积分数明显减少，如图 3-36 和图 3-37 所示。

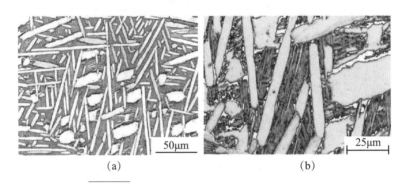

(a)   (b)

图 3-35　930℃/2h 退火处理后油淬(OQ)组织

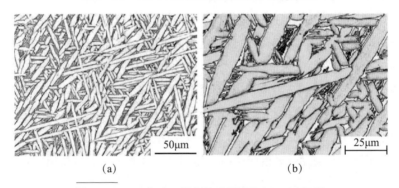

(a)   (b)

图 3-36　930℃/2h 退火处理后风冷(FANC)组织

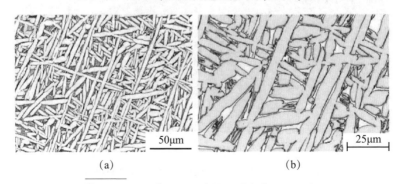

(a)   (b)

图 3-37　930℃/2h 退火处理后空冷(AC)组织

图 3 - 38 为电子束熔丝沉积成形 TC4 钛合金经 965℃/2h 保温后不同方式冷却得到的显微组织。由图 3 - 38(a)水淬组织可见，在 965℃ 退火处理条件下，一次 α 相体积分数明显减少，β→α+β 或 β→α′相变驱动力增大，相变产物更容易识别。在水淬条件下，一次 α 相大小不一，长宽比差异较大，厚度相对较薄，β 转变组织基体内部可以观察到细小的针状马氏体相。随冷速变慢，一次 α 相有一定程度的粗化和长大，但 β 转变组织的变化更显著：水冷条件下 β 转变组织内部的马氏体相在显微条件下难以准确识别，油淬条件下 β 转变组织内二次 α 相依稀可见，如图 3 - 38 （b）所示。在风冷和空冷条件下，β→α+β 相变生成的集束状二次 α 相清晰可见，如图 3 - 38 （c）和图 3 - 38 （d）所示。

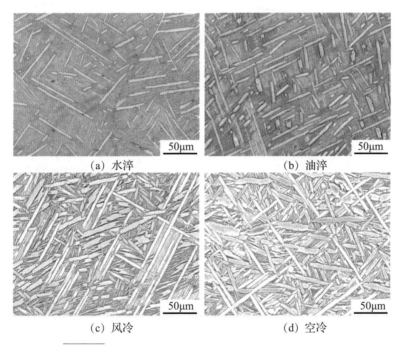

(a) 水淬   (b) 油淬

(c) 风冷   (d) 空冷

图 3 - 38　965℃/2h 退火处理后不同冷却方式显微组织

图 3 - 39 为电子束熔丝沉积成形 TC4 钛合金分别在 930℃/2h 和 965℃/2h 保温后冷却方式对室温拉伸性能的影响，由图可见，随冷速加快，室温拉伸强度有明显的增加趋势，室温塑性有降低趋势；在相同冷速条件下，930℃ 和 965℃ 热处理对电子束熔丝沉积成形 TC4 钛合金强度影响不大，但 930℃ 热处理后塑性高于 965℃ 热处理。该现象再次表明在 α+β 两相区热处理，在其他

参数相同的条件下，热处理温度对拉伸强度的影响很小。但冷速加快，930℃和965℃热处理后的冲击性能表现出不一样的变化趋势：随冷速加快，930℃热处理材料冲击功呈小幅增加趋势，而965℃热处理材料冲击功呈先增加后降低的趋势，如图3-40所示。钛合金冲击性能与显微组织类型及α相的形态有密切关系，一般等轴组织或双态组织冲击性能低于片层组织，细晶组织冲击性能低于粗晶组织；片层状组织冲击性能受α片层厚度影响较大，α片层厚度太薄或太厚对冲击性能均不利。965℃热处理后随冷速加快，一次和二次α片层分别呈现由粗到细变化，风冷组织冲击功最高，说明风冷组织中的α片层厚度对冲击功而言是最佳的。

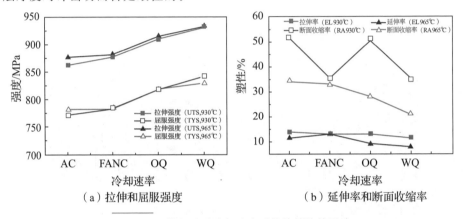

（a）拉伸和屈服强度　（b）延伸率和断面收缩率

图3-39　热处理后冷却速度对拉伸性能的影响

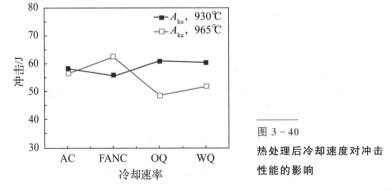

图3-40

热处理后冷却速度对冲击性能的影响

图3-41是热处理工艺参数对电子束熔丝沉积成形TC4钛合金硬度（HRC）的影响规律。图中△数据点为试样在930～985℃范围热处理后空冷状态的硬度测试结果，可见在其他条件相同的情况下，退火温度对HRC影响很小，测试结果偏差在误差范围之内；图中■和□数据点分别为试样在930℃

和 965℃ 热处理后不同冷速条件下的 HRC 测试结果，可见，相同退火温度下，随冷速加快，HRC 呈增加趋势，与拉伸强度变化趋势一致。

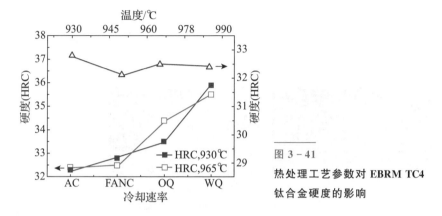

图 3 - 41

热处理工艺参数对 EBRM TC4 钛合金硬度的影响

3.4　拉伸损伤及断裂模式

电子束熔丝沉积成形 TC4 钛合金试样拉伸断裂后，呈现偏韧性穿晶断裂、偏脆性穿晶断裂和晶界 α 相附近断裂等典型断裂模式，分别如图 3 - 42～图 3 - 44所示。图 3 - 42 显示拉伸断口附近呈现明显的塑性变形特征，条状 α 相明显被拉长或变弯折。

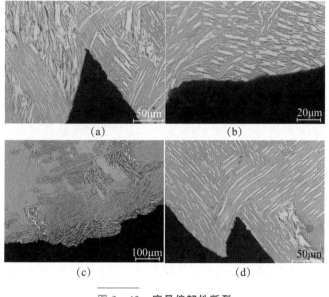

图 3 - 42　**穿晶偏韧性断裂**

图 3-43 显示拉伸断口附近仅局部存在塑性变形特征，断面平坦或起伏很小，表现出相对较低的塑性。图 3-44 显示的拉伸断裂位置在晶界 α 相附近，可见晶界 α 相一侧或两侧晶粒内部发生了明显的塑性变形，在晶界 α 相附近塑性变形得到约束，不协调变形导致断裂发生。因为晶内变形程度不同，这种存在于晶界 α 相附近的断裂并不意味着低塑性。

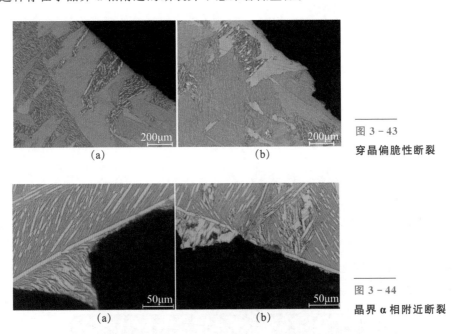

图 3-43
穿晶偏脆性断裂

图 3-44
晶界 α 相附近断裂

针对晶界 α 相两侧原始 β 晶粒变形的不一致性，中国科学院金属研究所刘征等[55]开展了比较系统的研究。图 3-45 所示为电子束熔丝沉积成形 TC4钛合金室温下拉伸变形 2% 后试样表面出现的滑移带，拉伸方向为堆积过程中丝材运动方向，即 X 向，与柱状晶生长方向垂直。图 3-45(a) 和图 3-45(b)为原始 β 晶粒内出现的滑移带，图 3-45(a) 中滑移带出现在 α 板条界面，图 3-45(b) 中滑移带出现在 α 板条内部，图 3-45(c) 中箭头所指为晶界 α（grain boundary α，GB α）相。可见，晶界 α 相两侧出现了不同程度的变形：左侧晶粒内未发现明显的滑移，右侧晶粒内发现了大量的滑移，随变形量增加，右侧晶粒内滑移带数量显著增加，如图 3-45(d) 所示。靠近晶界处，滑移迹线呈现出弯曲的形貌，表明在塑性变形过程中，位错难以穿过晶界，在晶界处大量塞积而形成应力集中，从而使得位错在此处发生大量的交滑移。

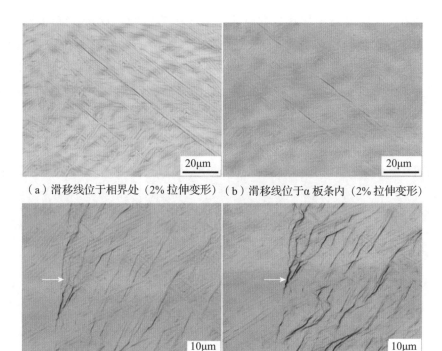

（a）滑移线位于相界处（2%拉伸变形）　（b）滑移线位于α板条内（2%拉伸变形）

（c）GB α 相两侧滑移（2%拉伸变形）　（d）GB α 相两侧滑移（5%拉伸变形）

图 3 - 45　**垂直柱状晶方向的拉伸试样表面滑移带形貌（图中黑色细线为滑移迹线）**

　　对拉伸试样标距段内 β 柱状晶的晶体学取向与变形难易程度的分析比较发现，拉伸方向与柱状晶生长方向垂直时，β 柱状晶变形难易程度与其(001)面与拉伸轴的夹角 φ 有关，如图 3 - 46 所示。由图可见，φ 在 16°以内时表现为易变形晶粒；φ 在 36°以上则表现为难变形晶粒。理论计算的判断晶粒变形难易程度的临界 φ 值为 24°左右。

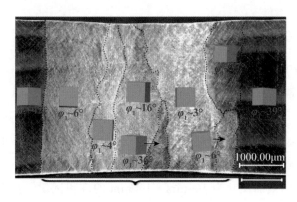

图 3 - 46

滑移带与柱状晶位向关系
（图中黑色细线为滑移迹线，
拉伸方向为水平方向）

图 3 - 47 为平行于柱状晶方向的拉伸试样经 2.0% 塑性变形后的滑移形貌，图中柱状晶和拉伸方向均为水平方向，图中黑色的细线为滑移迹线。图 3 - 47(a)中部箭头所指水平细线为柱状晶界面 α 相。可见，两个原始柱状 β 晶粒内部都形成了明显的滑移，不同的是两个晶粒内滑移迹线的空间走向不同，上方晶粒的滑移迹线较短。这种形貌上的差异主要是因为原始 β 晶粒取向不同，β→α 相变后形成的 α 板条的空间取向不同。

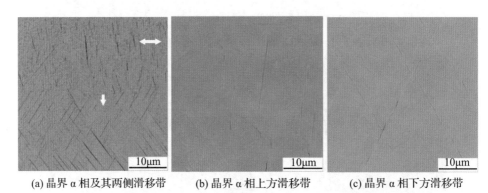

(a) 晶界 α 相及其两侧滑移带   (b) 晶界 α 相上方滑移带   (c) 晶界 α 相下方滑移带

图 3 - 47 平行于柱状晶方向拉伸试样表面滑移形貌(2.0 %塑性变形，拉伸方向为水平方向)

图 3 - 45 和图 3 - 47 中，α 板条内形成的滑移晶面均是以柱面和基面为主，伴随着少部分的锥面滑移，施密特因子较大的 α 晶粒内更易形成滑移。由于绝大部分相邻的 α 板条取向不同，在变形量较小的条件下，滑移被束缚在 α 板条内部，在靠近 α 板条边界处易形成交滑移。

3.5　几种典型丝材及其堆积件性能

3.5.1　TC4EM 钛合金丝材及其堆积件性能

TC4EM 丝材是中国科学院金属研究所根据电子束熔丝沉积成形技术特点研制的一种适用于中强高韧性钛合金零件的电子束熔丝沉积成形专用丝材，其名义成分为 Ti - 6.5Al - 3.5V - 0.15O，对应的专利号为 ZL 2012 1 0243512.1。该合金具有良好的强韧性匹配，采用其制备的电子束熔丝沉积成形样品室温密度为 4.4kg/m³，力学性能接近国外 Ti - 6Al - 4VELI 或国内 TC4DT 锻件水平。

采用 TC4EM 丝材制备的截面尺寸为 100mm×100mm 的堆积试块，其力学性能可达到如下水平。

1）拉伸性能

拉伸性能（$K_t = 1$）如表 3 - 5 所列。

表 3 - 5　TC4EM 堆积件拉伸性能

测试温度	取样方向	R_m/MPa	$R_{p0.2}$/MPa	A/%	Z/%
-60℃	L	1010	960	11.0	25.0
	T	1020	955	10.5	24.0
	ST	965	865	14.5	42.5
23℃	L	875	790	14.0	37.0
	T	875	790	13.5	38.0
	ST	820	745	15.5	53.0
100℃	L	765	660	16.5	47.0
	T	790	675	16.0	48.0
	ST	735	610	19.0	57.5
200℃	L	685	560	18.0	51.0
	T	685	555	19.5	52.5
	ST	625	500	20.0	60.5
300℃	L	590	460	16.5	56.0
	T	605	470	17.0	56.0
	ST	555	420	19.5	63.5
400℃	L	540	415	15.0	58.0
	T	545	415	16.0	58.5
	ST	510	370	19.0	63.0

2）缺口拉伸性能

缺口拉伸性能如表 3 - 6 所列。

表 3 - 6　TC4EM 堆积件室温缺口拉伸性能（σ_{bH}/MPa）

取样方向	L	ST
$K_t = 2$	1338	1337
	1340	1337
	1359	1321
	1343	1326
	1351	1318

（续）

取样方向	L	ST
	1343	1333
	1366	1302
$K_t = 3$	1364	1338
	1352	1331
	1358	1329

3）冲击性能

冲击性能如表3-7所列。

表3-7 TC4EM堆积件不同温度下的冲击性能（A_{KU2}/J）

测试温度	取样方向		
	L	T	ST
	42	48	37
	48	45	33
-60℃	37	35	36
	38	40	39
	39	41	37
	45	54	42
	55	51	42
23℃	43	50	45
	39	50	39
	45	51	43

4）高周疲劳性能

采用TC4EM钛合金丝材制备的堆积件在室温条件下的光滑（$K_t = 1$）和缺口（$K_t = 3$）高周疲劳曲线如图3-48所示。TC4EM钛合金丝材制备的堆积件热等静压后光滑疲劳S-N曲线为上凸形，疲劳极限可达到600MPa，高于相同条件下同类材料锻件水平；缺口疲劳S-N曲线为下凹形，疲劳极限为200MPa。

5）断裂韧度

采用TC4EM丝材制备的堆积件，室温条件下采用CT试样测试的平面应变断裂韧度K_{IC}值在110MPa·$m^{1/2}$左右，L-T和T-L两个方向K_{IC}值差异在5MPa·$m^{1/2}$以内。

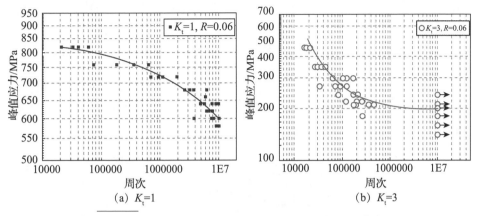

图 3-48　TC4EM 堆积件光滑和缺口室温疲劳 S-N 曲线

6）疲劳裂纹扩展速度

采用 TC4EM 丝材制备的堆积件室温条件下的疲劳裂纹扩展曲线如图 3-49所示，L-T 方向疲劳裂纹扩展门槛值略高于 T-L 方向，两个方向 Paris 公式 C 和 n 值相当。

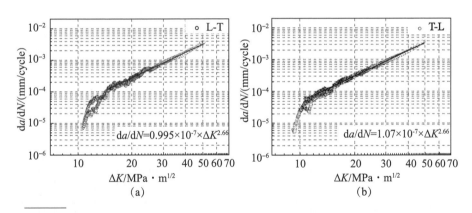

图 3-49　TC4EM 堆积件 L-T 和 T-L 两个方向上的疲劳裂纹扩展 da/dN-ΔK 曲线

3.5.2　TC4EH 钛合金丝材及其堆积件性能

TC4EH 丝材是中国科学院金属研究所根据电子束熔丝沉积成形技术特点研制的一种适用于中高强钛合金零件的电子束熔丝沉积成形专用丝材，其名义成分为 Ti-7.0Al-3.5V-0.2O-0.5Fe，对应的专利号为 ZL 2012 1 0243121．X。该合金具有良好的强韧性匹配，采用其制备的电子束熔丝沉积成形样品室温密度为 4.4kg/m³。零件力学性能接近国外 Ti - 6Al - 4V 或国内 TC4 钛合金锻件水平。

采用 TC4EH 合金丝材制备的典型样品的物理、力学性能可达到如下水平。

1）弹性性能

TC4EH 堆积件的杨氏模量、剪切模量和泊松比随温度变化结果如图 3 - 50 所示。

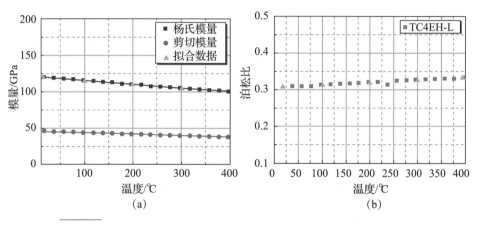

（a）　　　　　　　　　　　　（b）

图 3 - 50　TC4EH 堆积件杨氏模量、剪切模量和泊松比随温度变化曲线

2）拉伸性能

TC4EH 堆积件的拉伸性能结果参见表 3 - 8。

表 3 - 8　TC4EM 堆积件拉伸性能

测试温度	取样方向	R_m/MPa	$R_{p0.2}$/MPa	A/%	Z/%
-60℃	L	1102	1044	10.8	21.7
	T	1110	1050	10.3	22.2
	ST	1019	926	17.3	41.9
室温	L	958	865	11.1	29
	T	965	867	12.5	27.6
	ST	886	773	17.4	49.4
100℃	L	875	761	15.4	43.1
	T	868	746	15.3	45.1
	ST	795	669	19.4	56

（续）

测试温度	取样方向	R_m/MPa	$R_{p0.2}$/MPa	A/%	Z/%
200℃	L	760	619	15.9	51.7
	T	768	613	18	48.5
	ST	688	553	21.6	58.8
300℃	L	667	529	16.3	60.9
	T	691	528	17.2	52.1
	ST	609	463	23.4	65.6
400℃	L	624	488	15.9	61.3
	T	635	483	17.1	59.7
	ST	565	416	19.8	63.7

3）冲击性能

TC4EH 堆积件不同温度下的冲击性能参见表 3 - 9。

表 3 - 9　TC4EH 堆积件不同温度下的冲击性能，A_{KU2}/J

测试温度	取样方向		
	L 向	T 向	ST 向
- 60℃	47	39	47
	21	38	51
	29	45	50
	39	47	47
	38	45	46
室温	57	53	57
	62	59	59
	67	56	60
	57	57	57
	61	58	57

4）高周疲劳性能

采用 TC4EH 丝材制备的堆积件在室温条件下的光滑（$K_t = 1$）和缺口（$K_t = 3$）高周疲劳曲线如图 3 - 51 所示。TC4EH 丝材制备的堆积件热等静压后光滑疲劳 S‐N 曲线略凹向左下方，疲劳极限可达到 625MPa，高于相同条件下同类材料锻件水平；缺口疲劳 S‐N 曲线为下凹形，疲劳极限为 220MPa。

5）低周疲劳性能

采用 TC4EH 丝材制备的堆积件在室温、$R=0.1$ 和 $R=-1$ 两个应变比条件下的应变控制低周疲劳 ε‐N 曲线如图 3‐52 所示。$R=0.1$ 条件下 TC4EH 丝材制备的堆积件低周疲劳 ε‐N 曲线与 TC4 锻件 ε‐N 曲线重合，在铸造 TC4 低周疲劳 ε‐N 曲线之上，表明其低周疲劳性能与锻件相当，高于铸件。$R=-1$ 条件下 TC4EH 堆积件低周疲劳 ε‐N 曲线与 TC4 锻件 ε‐N 曲线重合。

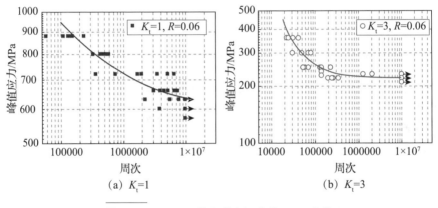

(a) $K_t=1$ (b) $K_t=3$

图 3‐51 TC4EH 堆积件室温疲劳 S‐N 曲线

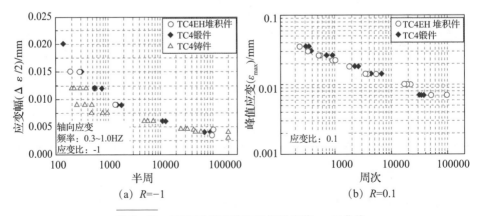

(a) $R=-1$ (b) $R=0.1$

图 3‐52 TC4EH 堆积件室温低周疲劳 ε‐N 曲线

3.5.3　A-100 合金钢丝材及其堆积件性能

AerMet 系列合金是根据美国海军 F/A-18E/F 型战斗机起落架用料需求研发的一类新型超高强度钢，通过 $(Mo，Cr)_2C$ 碳化物析出强化。其热处理工艺：硬化或固溶温度为 885～968℃，时效处理 441～496℃，3～8h；深冷处理 -73℃，1h；淬火采用空冷或油冷。目前 AerMet 合金成员包括 A-100、A-310 和 A-340。其中 A-100 最小极限抗拉强度为 1930MPa、最小断裂韧性为 110MPa·$m^{1/2}$；A-310 最小极限抗拉强度为 2137MPa；A-340 最小极限抗拉强度为 2344MPa。与航空业常用的高强度 18Ni 马氏体时效钢系列 M-250、M-300、M-350 以及钛合金 Ti-6Al-4V 和 Ti-10V-2Fe-3Al 相比，高强度下，AerMet 合金具有无可比拟的韧性和至关重要的疲劳寿命，这是该合金系列的突出优点。

目前，A-100 钢已成功用于 F/A-18、F-22 飞机起落架。国内鲜有 A-100钢综合性能达到 $\sigma_b \geqslant 1950$MPa、$K_{IC} \geqslant 120$MPa·$m^{1/2}$ 的报道。目前抚钢针对该合金棒材已建立了技术条件，编号为 QJ/DT01.53039-2008，该技术条件等效于 11-CL-401A 技术条件。

试验所用的材料尺寸：长 155mm，宽 81mm，高 80mm。试验采用了 3 种热处理工艺，第一种基本参照了 QJ/DT01.53039-2008 标准推荐的工艺，即正火：890℃/1h，空冷；回火：650℃/不少于 8h，空冷；淬火：885±15℃，保温 60±15min，油淬；冷处理：-73±8℃，60±5min，空气中回温；回火：482℃±5℃，保温 5～8h，空冷。与第一种相比，第二和第三种热处理工艺最后一重热处理温度不同，详见表 3-10。A-100 合金钢电子束熔丝沉积成形试件不同热处理条件下的力学性能见表 3-10～表 3-13。

表 3-10　A-100 合金钢电子束熔丝沉积成形试件采用的热处理工艺

序号	正火	回火	淬火	冷处理	回火
1	890℃/1h，AC	650℃/不少于 8h，AC	885±15℃/60±15min，OQ	-73±8℃/60±5min，AC	482℃±5℃/5～8h，AC
2	同上	同上	同上	同上	465℃±5℃/5～8h，AC
3	同上	同上	同上	同上	450℃±5℃/5～8h，AC

表 3-11 为电子束熔丝沉积成形 A-100 合金钢在 1♯热处理条件下的拉伸性能，可以看到，3 个取样方向的塑性均满足 QJ/DT01.53039-2008 技术条件要求，但屈服和抗拉强度低 200MPa 左右，X、Y 和 Z 三个方向性能差异不大。

表 3-11 电子束熔丝沉积成形 A-100 合金钢在 1♯热处理条件下的室温拉伸性能

热处理制度	拉伸方向	R_m/ MPa	$R_{p0.2}$/ MPa	A/%	Z/%
482℃±5℃ /5～8h，AC	X	1735	1485	12.3	61.5
	Y	1780	1470	12.0	61.5
	Z	1760	1465	12.2	63.5
技术标准	纵向/L	≥1930	≥1620	≥10	≥55
	横向/T	≥1930	≥1620	≥8	≥45

表 3-12 和表 3-13 分别为 2♯和 3♯热处理条件下的室温拉伸性能，可以看到，2♯热处理工艺拉伸性能全部满足 QJ/DT 01.53039-2008 技术条件要求，3♯热处理工艺拉伸和屈服强度满足 QJ/DT 01.53039-2008 技术条件要求，延伸率也满足要求，断面收缩率不能稳定满足纵向技术指标要求，但满足横向技术指标要求。

表 3-12 电子束熔丝沉积成形 A-100 合金钢在 2♯热处理条件下的室温拉伸性能

热处理制度	拉伸方向	R_m/MPa	$R_{p0.2}$/MPa	A/%	Z/%
465℃±5℃ /5～8h，AC	X	1970	1753	11.8	60.0
	Y	1980	1782	11.0	59.0
技术标准	纵向/L	≥1930	≥1620	≥10	≥55
	横向/T	≥1930	≥1620	≥8	≥45

表 3-13 电子束熔丝沉积成形 A-100 合金钢在 3♯热处理条件下的室温拉伸性能

热处理制度	拉伸方向	R_m/MPa	$R_{p0.2}$/MPa	A/%	Z/%
450℃±5℃ /5～8h，AC	X	2095	1830	11.5	53.5
	Y	2080	1790	11.5	53.0
技术标准	纵向/L	≥1930	≥1620	≥10	≥55
	横向/T	≥1930	≥1620	≥8	≥45

可见，最后一道回火处理温度对电子束熔丝沉积成形 A-100 合金钢强度-塑性匹配有明显影响，回火温度降低，强度升高，塑性有降低的趋势。

表 3-14 为电子束熔丝沉积成形 A-100 合金钢实验料 1♯热处理条件下的 HRC 和冲击性能，HRC 测试所用样品为 X 向冲击试样坯料，HRC 的方向定义为其测量平面的法向。Y 和 Z 两个方向的硬度值分别为 49HRC 和 48HRC，不满足 QJ/DT 01.53039-2008 的技术条件要求，冲击功在 65~118 之间，波动较大，但总体趋势是 X 和 Y 方向冲击韧性相当，但低于 Z 向冲击韧性。

表 3-14　HRC 和冲击性能

取样方向		HRC	A_{ku2}/J	$\alpha_{ku2}/J/cm^2$
X		—	59	73.5
Y		49.0	63	78
Z		48.0	73	90
技术标准	纵向/L	≥53	—	—
	横向/T	≥53	—	—

第4章
电子束熔丝沉积成形技术基础

4.1) 电子束熔丝沉积成形过程熔池行为研究

　　电子束熔丝沉积成形过程，实质是熔融金属液滴过渡到堆积平面所产生的熔池发生液态到固态转变的全过程，其行为变化规律与成形过程工艺参数、环境条件以及工况状况具有密切的联系，开展熔池行为研究、掌握熔池行为规律，对于成形过程稳定进行和顺利完成具有重要的作用。本部分针对电子束熔丝沉积成形过程优化需求，采用数值模拟分析与实验验证相结合的方法，开展了电子束熔池行为研究[56]。

4.1.1　电子束堆积成形过程数值模拟

　　采用长 100mm、宽 30mm、厚 15mm 的尺寸大小作为基材的几何模型。选用均匀网格剖分，网格步长是 0.5mm。约定电子束相对于基材移动的方向为 X 轴正向、熔池深度方向是 Z 轴正向，如图 4-1 所示。

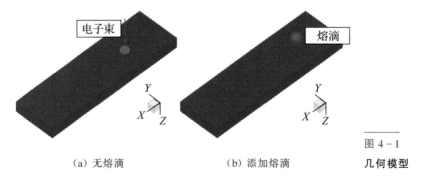

（a）无熔滴　　　　　　　（b）添加熔滴

图 4-1

几何模型

　　为了验证数学模型的可靠性，进行单道无送丝电子束熔丝沉积成形实验并进行数值模拟，将模拟结果与实验结果进行对比研究。

对比算例在熔池宽度与深度大小方面的实验结果和模拟结果，如图 4－2
所示。由图 4－2 可知，模拟结果在熔池深度与宽度数值的大小和变化趋势上
都与实验结果吻合良好。

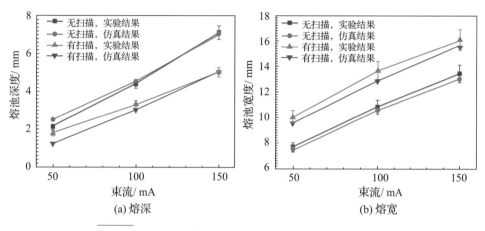

图 4－2　熔池深度与宽度大小的实验结果与模拟结果对比

图 4－3 是将实验得到的熔池横截面形貌的显微图片与数值模拟结果进行
对比的情况，可看出熔池横截面的形状也吻合较好。

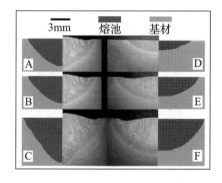

图 4－3

熔池横截面形貌的实验结果
与模拟结果对比

为了研究钛合金电子束熔丝沉积成形过程中熔池的传热以及流动行为，
对电子束单道无送丝以及熔丝沉积成形传热流动行为进行了研究。

图 4－4 是模拟工艺参数（束流 130mA、运动速度 15mm/s、椭圆扫描、
无送丝）的单道无送丝沉积成形过程中熔池的演变过程。由图 4－4 可知，在
0.2s 时，加工起始位置由于受到电子束的持续加热作用，迅速熔化，形成一
个倒驼峰状熔池。在 1.0s 时，随着基材的运动，电子束相对于基材沿着 X 轴
正方向移动，熔池也跟随移动。同时，熔池的深度、宽度与长度不断增加，

分别达到 6.5mm、14.5mm 和 21mm。从图 4−4(c)熔池的侧视图可以看出，在熔池的前沿产生了一个小台阶。这是因为电子束的扫描作用，在扫描区域内会首先形成一个 1 级熔池。然后伴随着电子束向前移动的作用，1 级熔池在电子束移动经过的部分，会继续受热吸收能量，使得熔宽和熔深进一步增加形成 2 级熔池。台阶就是两级熔池的分界点。此时，熔池深度与宽度已经稳定，不再变化，但熔池长度还在不断增加。在熔池的前端因为反冲压力与热毛细力的作用，熔池液面会向下产生一定的凹陷。凹陷的位置会一直处于熔池的前端，跟随熔池同步向前移动。随着成形的继续进行，熔池前沿形状基本保持不变，熔池长度会继续增加，这是由于基材传热与散热的作用使得熔池尾部变窄变浅，这个过程一直持续至熔池达到稳态。

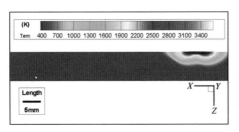

(a) 0.2s 时侧视图　　　　　　　　(b) 0.2s 时俯视图

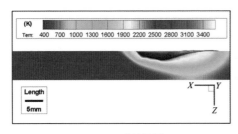

(c) 1.0s 时侧视图　　　　　　　　(d) 1.0s 时俯视图

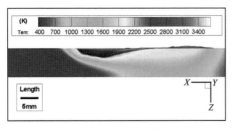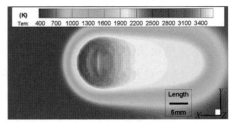

(e) 6.0s 时侧视图　　　　　　　　(f) 6.0s 时俯视图

图 4−4　熔池的演变过程与温度场分布

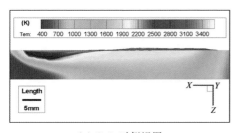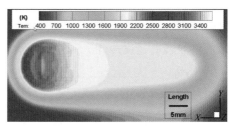

（g）3.0s 时侧视图　　　　　　　　　（h）3.0s 时俯视图

图 4 - 4　熔池的演变过程与温度场分布（续）

4.1.2　无送丝工艺熔池的温度场特征

为了方便研究无送丝工艺熔池的温度场特征，在距离熔池表面 1mm 的平面，沿加工方向的中轴线上，距离起始加工位置 15mm 处，沿 Y 轴方向取 10 个点，相邻两点间隔 1.5mm，标记如图 4 - 5 所示。

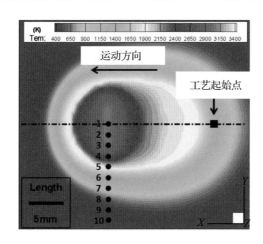

图 4 - 5

标记点示意图

1）热循环曲线

图 4 - 6 是不同标记点的热循环曲线，从图中可以看出当电子束开始作用于标记区域时，靠近电子束能量中心位置的标记点 1～6 的温度会迅速升高至最高温度。距离中心位置越远，最高温度越低，标记点 1～6 的最高温度分别是 3127K、3103K、3049K、2762K、2123K、1606K。在达到最高温度之后，点 1～5 会以较快的速度降低至 2000K 左右，此时冷却速度开始减小，直至冷却到固相标记线温度 1878K 时冷却速度得到了小幅度的增加。但是随着进一

步的冷却，冷却速度又开始缓慢减小。距离中心较远的标记点 7~10，温度一直处于缓慢增加的状态，之后与处于冷却状态的点 1~6 在 1200K 左右汇合，最后以较慢的速度冷却。

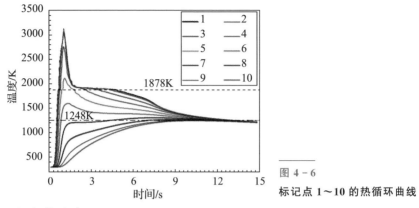

图 4 - 6

标记点 **1~10 的热循环曲线**

2）加热速度

标记点 1~6 从开始升温至最高温度的平均加热速度如图 4-7 所示。由图 4-7 可知，熔池中心的标记点 1 是升温速度最快的位置，达到 3127K/s。随着远离熔池中心（Y 向）的距离增加，其余标记点的加热速度会逐渐降低，标记点 2~6 的加热速度分别是 3121K/s、3021K/s、2850K/s、2014K/s、1236K/s，并且降低幅度是不断增加的。

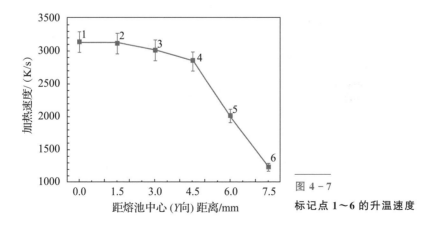

图 4 - 7

标记点 **1~6 的升温速度**

3）熔池表面垂直加工方向的温度梯度

不同标记点在 1.0s 时的温度值如图 4-8 所示。可以看出，它们的温度以处于中轴线上的标记点 1 为最高，随着远离中心的距离增加温度不断降低，分别为 3098K、3078K、3038K、2745K、2114K、1548K、1053K、653K、427K、340K。相邻两个位置的温度差值分别是 20K、40K、293K、631K、566K、495K、400K、226K、87K。可以看出，熔池表面垂直加工方向的温度梯度首先随着远离中心的距离增加而不断增加，超过标记点 5 之后的温度梯度开始逐渐减小。

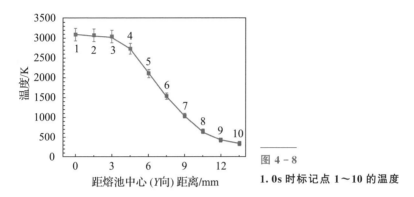

图 4 - 8

1.0s 时标记点 1~10 的温度

4）高温区停留时间

在电子束熔丝沉积成形过程中，基材不同位置处于高温（β 相变温度 1248K 以上）状态的时间长短，会影响原始 β 相柱状晶的生长以及 α→β 相的转变程度。图 4 - 9 是不同的标记点在高温区的停留时间。由图可知，熔池中心位置处于高温区的时间最长，随着远离熔池中心距离的增加，高温区停留时间是逐渐减小的。

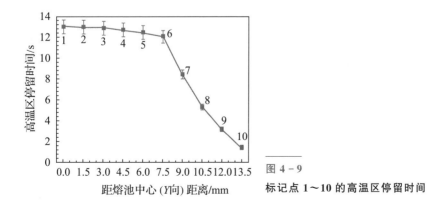

图 4 - 9

标记点 1~10 的高温区停留时间

5）冷却速度

标记点 1~6 从最高温度冷却至 β 相变温度的平均冷却速度如图 4 - 10

所示。由图 4 - 10 可知，距离熔池中心位置越远，平均冷却速度越小，并且冷却速度的值均在 20～410K/s 的范围内，这与已知的实验分析结果吻合。

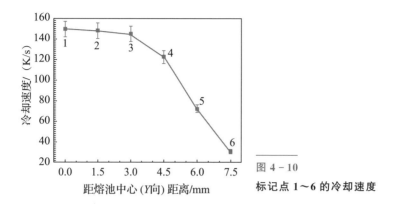

图 4 - 10
标记点 1～6 的冷却速度

4.1.3　熔丝沉积对熔池温度场的影响

为了研究熔丝沉积对熔池传热的影响，以工艺参数(束流 130mA、运动速度 15mm/s、椭圆扫描、添加双送丝、单道送丝速度 35mm/s)动态模拟电子束熔丝沉积成形过程，熔滴开始滴落的时间是 6.0s，下端距离熔池表面 1mm，在加工方向上滞后热源中心 5mm，自带温度 2000K，熔滴沉积过程如图 4 - 11 所示。

由图可知，在熔滴沉积前，熔池的温度场分布与图 4 - 11 中(e)和(f)相同。6.09s 时，熔滴刚好完全进入熔池。熔滴的沉积使气 - 液界面的形貌发生了改变，因为有一部分的熔滴填入了凹陷液面的后部。自带温度的熔滴在沉积进入熔池之后，通过传导传热与对流传热的方式，使接触区域的温度迅速向着其自带温度变化。与 6.00s 时的温度场分布相比，此时的熔池 2000K 左右温度的范围明显增加，几乎覆盖了整个熔池的中部和后部。6.16s 时，熔池的表面高度得到了一定的增加，在凝固之后将会形成沉积层。此时熔滴沉积的效果开始慢慢减弱，熔池温度场的分布向着熔滴沉积前的状态恢复。因此，随着成形过程的进行，熔池的温度场会完全恢复到熔滴沉积之前的状态，然后伴随着新熔滴的沉积，开始温度场上述变化的下一次循环。

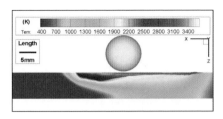
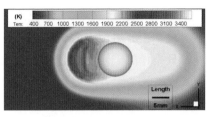

(a) 6.00s 时侧视图　　　　　　　　(b) 6.00s 时俯视图

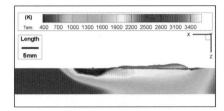
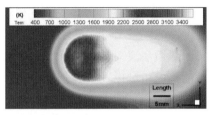

(c) 6.09s 时侧视图　　　　　　　　(d) 6.09s 时俯视图

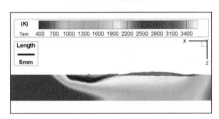
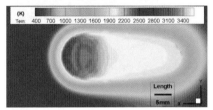

(e) 6.16s 时侧视图　　　　　　　　(f) 6.16s 时俯视图

图 4 - 11　熔丝沉积过程的温度场分布

4.1.4　无送丝工艺熔池的流动场分布

图 4 - 12 是模拟工艺参数（束流 130mA、运动速度 15mm/s、椭圆扫描、无送丝）的电子束沉积成形过程中熔池流动场的分布。

由图可知，在 0.2s 时，熔池很浅，所以在深度方向上基本没有速度。在熔池表面，因为基材的移动比较小，所以电子束持续作用于初始的区域，使得速度沿熔池中心向四周发散，如图 4 - 12(b)所示。1.0s 时，伴随着熔池在深度、宽度、长度方向上的同时生长，速度场有了明显变化。从图 4 - 12(c)和(d)可以看出，熔池内的流动过程被凹陷液面分隔成了两个部分，第一部分是熔池最前端有沿着两边绕过凹陷液面向后流动的速度，这是因为此处的熔液受到电子束与凹陷液面挤压的作用。第二部分从凹陷液面后壁底部位置开始，这里会有沿着凹陷液面后壁向上的速度，来到熔池表面之后会有较大的向后流动的速度，在熔池尾部会向下产生一个回流，从熔池底部流回凹陷液面后壁底部，然后汇合从熔池最前端绕流过来的熔液继续沿着凹陷液面后壁向上流动，途经熔池表面向后进入下一次流动循环。2s 时，流动的趋势保持不变，只是伴随着熔池在长度方向上的生长，熔池凹陷液面以后流动循环路线的长度变长了。在熔池表面可以明显地看到熔池前端存在绕过凹陷液面和电子束向后流动的趋势以及熔池中部有较大向后流动的速度。3s 时，虽然熔池的长度继续增加，但因为熔池尾部逐渐变浅变窄，使得流动的循环路线只是随着熔池向前移动，长度基本稳定，不再增加，而熔池尾部基本上没有流动速度。回顾整个熔池的流动场分布，可以发现流动场的第二部分即在深度方向上的循环流动具有较强的规律性和稳定性，6.0s 以后路径的长度以及和熔池前端的相对位置基本上保持不变。

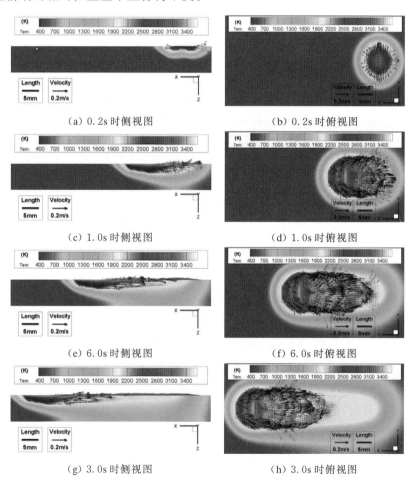

图 4-12　熔池演变过程中的流动场分布

4.1.5　熔丝沉积对熔池流动场的影响

为了研究熔滴沉积对熔池流动的影响，以工艺参数(束流 130mA、运动速度 15mm/s、椭圆扫描、添加双送丝、单道送丝速度 35mm/s)动态模拟电子束熔丝沉积成形过程，其中熔滴沉积过程的流动场分布如图 4 − 13 所示。由图 4 − 13 可知，在熔滴沉积前，熔池的流动场分布与图 4 − 13 中(e)和(f)相同。6.09s 时熔滴刚好完全进入熔池。可以看出，熔滴的沉积改变了熔池中凹陷液面位置以后的流动场分布。熔滴进入熔池之后，会向着熔池尾部流动，同时使整个熔池表面和内部同时具有较大的向后速度。当熔液流动到熔池尾部后，与基材的冲击使其开始折返向着熔池前部流动，但是在回流过程中会与流向熔池尾部的熔液遭遇，这时在熔池表面和内部均会出现沿着熔池长度方向的前后振荡流动。随着熔滴沉积对熔池流动影响效果的减弱，振荡的速度会逐渐减小。6.16s 时，熔池底部的流动已经恢复至熔滴沉积前的状态，而熔池表面的速度还比较紊乱，但是速度值已经明显减小。随着成形过程的继续进行，熔池表面的速度分布会逐渐恢复至熔滴沉积前的状态，之后伴随着新熔滴的沉积，开始流动场上述变化的下一次循环。

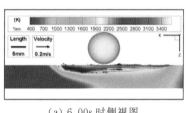

（a）6.00s 时侧视图

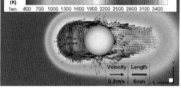

（b）6.00s 时俯视图

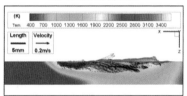

（c）6.09s 时侧视图

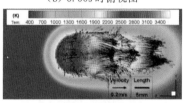

（d）6.09s 时俯视图

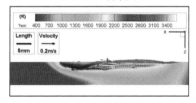

（e）6.16s 时侧视图

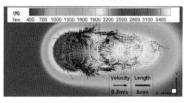

（f）6.16s 时俯视图

图 4 − 13　熔滴沉积过程的流动场分布

4.2 电子束熔丝沉积成形工艺基础

4.2.1 数据处理

1. 模型再建

电子束熔丝沉积成形通常用于制造大型金属构件的精确毛坯，成形后需要精加工来保证零件精度，所以需要对零件最终数模进行再建作为成形的工艺数模。工艺数模的建立一般要注意以下几点：

(1) 保证加工余量。由于电子束熔丝沉积成形后制件表面不平整，成形速度越快，尺寸精度及表面平整度越差，并且在成形过程中极易发生变形，因此需要在成形之前，根据成形工艺及零件外形，预留加工余量，一般简单平面结构规划单面余量 1~5mm。

(2) 添加工艺支撑。电子束熔丝沉积成形是分层增材制造工艺，需要前一层面为后续层面提供支撑，在加工悬臂结构时，如果没有多轴联动的机构保证束流处于加工曲面的法线方向，就需要在零件悬臂处添加支撑体。

(3) 填充微孔。电子束熔丝沉积成形技术可成形的精度一般在毫米级，对于一些微孔无法保证尺寸精确性，还需要后期精加工，故在数模再建时通常将一些微孔填充成实体，既减少成形路径的复杂性，又提高成形的效率。根据零件尺寸和工艺参数，对于直径小于 8mm 的通孔或盲孔一般进行填实处理。

(4) 添加理化测试料。为了验证制件的组织与性能，需要在制造零件的同时制造出用于测试的理化料。

(5) 添加工艺块。有些零件形状复杂，在进行数控加工时，装夹及检测困难，可以在成形时预先做出用于装夹定位的工艺块。

(6) 适应无损检测需求。超声波检测方法对制件的形状有一定的要求，为了减少检测盲区，提高检测效果，一般希望结构较为规则，尽量减少变厚度、台阶、大曲率等形状。

(7) 适应力学性能方向性的要求。电子束熔丝沉积成形钛合金制件力学性能具有方向性，需要根据承受载荷特点规划合适的加工方向，数模也要进行相应修改。

2. 数模分层切片

数模分层是加工路径规划的基础。因此，每个零件模型必须进行分层处理后，才可以进行加工路径的规划。

分层算法是增材制造中的重要环节。增材制造技术中的分层算法按数据格式可分为 CAD 模型的直接分层和基于 STL 模型的分层。按照分层方法可分为等厚分层和自适应分层。

CAD 模型直接切片具有文件数据量小、精度高、数据处理时间短以及模型没有错误等优点，但也有明显的缺点，如依赖特殊的 CAD 软件、难以对模型自动添加支撑等。基于 STL 模型的分层方法具有模型容易出错、数据量大、精度不高等缺点，但其具有不依赖于 CAD 软件的特点，同时，精度水平可根据零件的复杂程度设定，因此，当前仍然是研究的主流。

STL 模型是 CAD 模型三角形离散化处理的结果，实际上是一个多面体模型。分层处理的结果即一系列多边形轮廓。增材制造是一种分层制造技术，因此在零件表面会造成台阶效应。为了提高精度，降低台阶效应，需要减小层厚(图 4 - 14)，但这样会大幅降低制造效率，增加零件的制造成本。为了在制造精度和制造成本之间取得平衡，目前，增材制造领域采用了比较先进的自适应分层方法。其原理是软件能根据三维模型表面的曲面形状信息，自动确定分层厚度，以保证用户指定的零件表面精度，并达到成形速度快、精度高的目的。但采用自适应分层时，工艺参数必须根据层片厚度不同而大幅改变，对工艺参数的控制柔性要求较高，需要工艺库支持。传统的分层方法为等厚分层，即沿模型高度方向各层片厚度一致。对电子束熔丝沉积成形技术而言，各层除路径不同外，其他工艺参数是不变的，有利于简化工艺，提高加工过程的稳定性与可靠性。对轮廓复杂的结构采用等厚分层方法难以达到高精度与高效率的兼顾。

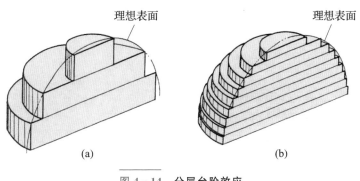

(a)　　　　　　　　　　(b)

图 4 - 14　分层台阶效应

对电子束熔丝沉积成形工艺，既不能采取自适应分层，也不能都使用等厚分层。结合两种分层方法的优势及电子束熔积丝材加工的特点，本书提出一种分段分层方法，作为一种介于自适应分层与等厚度分层之间的折中方案。其特点是沿三维模型高度方向，设定数个分段，各段高度或沿 Z 向的起始层坐标可以根据零件复杂程度人工设定，各段的分层厚度也可分别设定，即将一个零件设定为多个等厚分层段，以达到既能提高加工效率又兼顾成形精度的目的。在等截面或近似等截面部分，层厚值可设大些，以提高成形速度，在非等截面段，层厚值可设小些，以减小堆积台阶，提高轮廓精度。

3. 路径规划

由零件 STL 模型分层处理后得到多边形的截面轮廓，这些多边形是由顺序连接的顶点链构成。生成路径的过程就是填充多边形截面轮廓的过程。路径规划是保证成形质量的关键，路径规划的合理与否直接关系着制件的内部质量、变形及性能等。

路径填充影响着构件的内部质量和应力变形，路径填充包括填充方式、路径间距等。

1）填充方式

路径填充的基本方法有轮廓偏置和网格填充。通常截面形状规则和面积较小时采用轮廓偏置，截面面积复杂且面积较大时采用网格填充。如平板筋条类结构，一般腹板采用网格填充的方式，筋条则采用轮廓线偏置的方式，如图 4 - 15 所示。

腹板成形路径示意图

筋条成形路径示意图

图 4 - 15

平板筋条类结构填充方式的选择

不同的路径填充方式对制件的应力及变形有较大的影响，本部分主要讨论不同填充路径对残余应力和残余变形的影响，路径填充方式如图 4 - 16

所示。

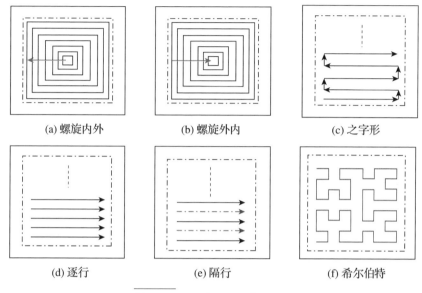

(a) 螺旋内外　　　　　(b) 螺旋外内　　　　　(c) 之字形

(d) 逐行　　　　　　　(e) 隔行　　　　　　　(f) 希尔伯特

图 4-16　六种不同的填充方式

采用如图 4-16 所示的 6 种不同的路径填充方式，堆积成方形平板，堆积 3 层后，其残余应力云图如表 4-1、表 4-2 所列。

表 4-1　不同路径成形 *XX* 残余应力云图(单位：Pa)

填充方式	第一层	第二层	第三层
之字形			
逐行			

（续）

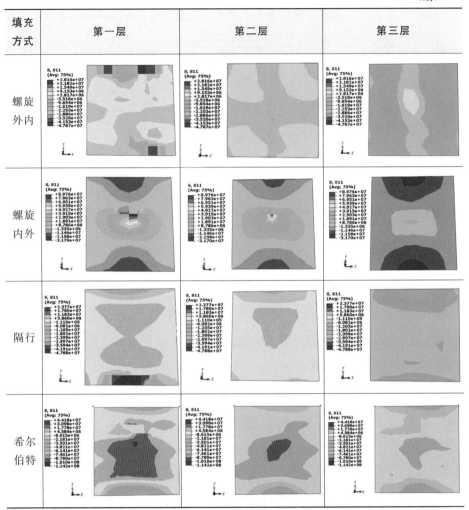

表4-2 不同路径成形 *YY* 残余应力云图（单位：Pa）

（续）

填充方式	第一层	第二层	第三层
逐行	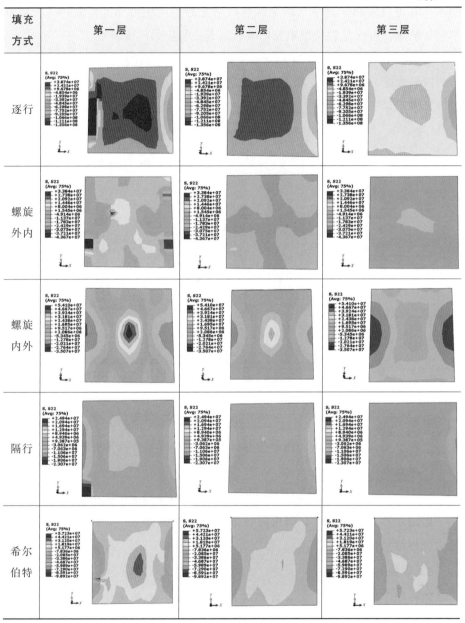		
螺旋外内			
螺旋内外			
隔行			
希尔伯特			

横向观察图 4-15、图 4-16，可以看出随着沉积层数的增加，面内残余应力逐渐减小，且面内内应力梯度降低。这是由于随着沉积层数的增加，先前填充固化的钛合金能够迅速传热，从而有效降低了层内的温度和温度梯度。

另一个值得注意的特征是层间应力梯度，即层间的残余应力差。从图 4-15、图 4-16 可以看出，之字形填充和逐行填充的层间应力梯度最大，其次是希尔伯特填充，再次是螺旋型填充，隔行填充层间应力梯度最小。

为了便于对比，图 4-17 给出了 6 种不同填充方式的残余应力对比图，包括面内最大应力 σ_{XX}、σ_{YY} 和最大等效应力 Mises 应力。按照应力的大小将不同填充方式排序如下：

$$\sigma_{之字} \approx \sigma_{逐行} > \sigma_{希尔伯特} > \sigma_{螺旋内外} > \sigma_{螺旋外内} > \sigma_{隔行}$$

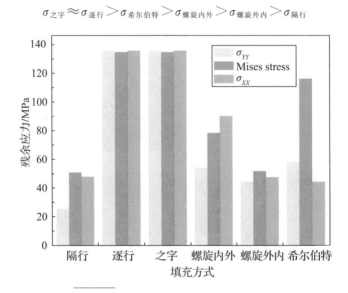

图 4-17 不同填充方式残余应力对比图

不同填充方式下的最大翘曲位移如图 4-18 所示。按照翘曲位移的大小将不同填充方式排序如下：

$$U_{之字} > U_{逐行} > U_{希尔伯特} > U_{螺旋外内} > U_{螺旋内外} > U_{隔行}$$

由图 4-18 可以看出，采用隔行填充时翘曲位移最小，这与前面的残余应力分析结果相一致。

2）路径间距

路径间距的设定与工艺参数和截面特点相关，既要考虑当前工艺参数下的单道熔积体形态，也要考虑不规则截面边缘处的特殊处理。

单道熔积体间距（与搭接率相关）直接影响成形稳定性，同时影响内部缺陷。在工艺参数研究中，主要考虑成形稳定性因素。一般采用经验公式"间距＝熔积路径半宽＋丝材半宽"，如图 4-19 所示。

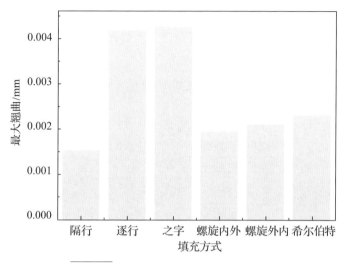

图 4 - 18　不同填充方式下最大翘曲对比

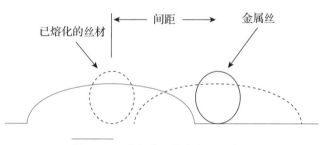

图 4 - 19　选择合理熔积间距示意图

在截面边缘处通常不容易保证填充线和轮廓线的间距与设定的一致，因此需要进行特殊处理，处理的原则是确保不出现路径间距大于设定值，同时尽量将间距控制在设定值的 80% 以内。

4.2.2　成形过程控制

电子束熔丝沉积成形的关键技术问题是如何实现丝材的高速稳定熔凝，而不致出现烧塌、粘丝、丝材与工件的干涉、凸凹不平、头尾的尺寸累计效应等。其中任何一个问题足以使成形过程中断或造成成形失败。通常有两种参数控制方式：一种以位移（或坐标）作为基准，一种以时间作为基准。

1. 以位移为基准的参数控制方式

需控制的成形工艺参数主要有加速电压 U、聚焦电流 I_f、束流 I_b、工作

台行走速度 v、圆弧插补速度 v_{XY}、送丝速度 v_f、束流上升位移 a、束流衰减位移 b、送丝提前位移 c、送丝滞后位移 d、送丝反抽量 e、送丝角度 θ、丝端伸出距离 l_s、扫描波形、扫描频率等。实际工艺过程逻辑关系如图 4-20 所示。在路径 AB 上，工艺过程描述如下：

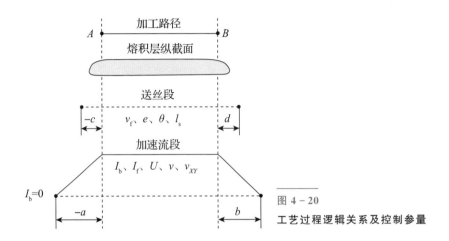

图 4-20

工艺过程逻辑关系及控制参量

（1）在距离起点 A 为 $-a$ 的地方，开始起动束流，在工作台从 $-a$ 到 A 的运动过程中，束流由 0 增到设定值 I_b；

（2）在距起点 A 为 $-c$ 的地方，开始起动送丝，速度为设定值 v_f；

（3）从路径终点 B 处，束流开始衰减；由 B 到 $-b$ 过程中，束流衰减到 0；

（4）过 B 处，经过距离 d，送丝停止并立即反抽，反抽量为 e。

综合控制工作台 X、Y、Z 三轴及束流 I_b、聚焦电流 I_f、送丝轴六个自由度，以保证各自由度动作发生的同步性。

2. 以时间为基准的参数控制方式

需控制的成形工艺参数主要有加速电压 U、聚焦电流 I_f、束流 I_b、工作台行走速度 v、圆弧插补速度 v_{XY}、送丝速度 v_f、束流上升时间 t_1、送丝开始时刻 t_2、送丝领先运动时间 t_3、运动提前停止时间 t_4、束流衰减时间 t_5、Z 轴各阶段的运动位移 $Z_1 \sim Z_4$ 和速度 $F_1 \sim F_4$，正反向送丝速度 S_1、S_2，送丝角度 θ、丝端伸出距离 l_s、扫描波形、扫描频率等。以时间为基准时部分变量及关系见表 4-3。

表 4 - 3 以时间为基准时部分变量及关系表

(T)	(Z)	(F)	
t_1	Z_1	F_1	(W) I_b
t_2	Z_2	F_2	(F) V_w
t_3	Z_3	F_3	(S) V_{s1}
t_4	Z_4	$F_4 = \dfrac{z_4\, v_{s2}}{(t_1 - t_2)\, v_{s1}}$	(S) V_{s2}
t_5	$Z_5 = 15 - Z_1 - Z_2 - Z_3 - Z_4$		h（层厚已有）

　　实际工艺过程逻辑关系如图 4 - 21 所示。以一条路径的加工为例，在时间轴上，工艺过程描述如下：

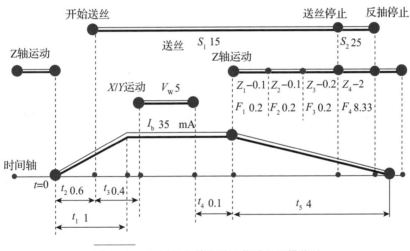

图 4 - 21 以时间为基准时工艺过程逻辑关系

（1）0 时刻，束流启动并上升，经过时间 t_1，束流达到设定值 I_b；

（2）从 0 经过时间 t_2，开始送丝，此时束流还在上升；

（3）又经过时间 t_3，工作台开始运动，此时束流已到达最大值一段时间；

（4）运动停止后，经过时间 t_4，束流开始衰减，Z 轴同时配合运动；

（5）送丝又持续一段时间，开始反向抽丝，脱离熔池；

（6）经过短暂时间的反向抽丝，脱离熔池；

（7）经过时间 t_5，束流衰减至 0，路径加工完毕；

（8）Z 轴迅速下降，工作台移至下一路径起点，并上升到加工面。

4.3 典型缺陷及其控制

4.3.1 缺陷类型

电子束熔丝沉积成形制件存在的典型缺陷一般为气孔、未熔合及微裂纹等，钛合金中常见缺陷为气孔和未熔合，超高强度钢中常见缺陷除了气孔和未熔合外还存在着微裂纹。

1. 气孔

1）气孔宏观形貌

图 4 - 22 为钛合金电子束熔丝沉积成形件横截面的低倍光学照片。可以看出，钛合金电子束熔丝沉积成形过程中，较容易形成气孔，根据成形位置，一般均为熔合线气孔，气孔形状大多呈圆球形[57]。

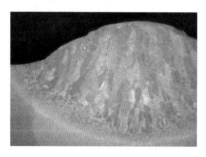

图 4 - 22　单道熔积体横截面宏观形貌

2）气孔微观形貌

图 4 - 23 为宏观气孔的 SEM 照片及其内部形貌。

根据实验所得气孔形态特点，可将气孔主要分为内壁光滑 I 型气孔、内壁球状组织 II 型气孔、内壁不规则组织 III 型气孔三种类型。

根据实验结果分析可知，钛合金电子束熔丝增材制造过程中气孔问题突出，所形成的气孔大多数内壁光滑，少数粗大的气孔形状不规则，但三种类型均具有连续球形轮廓，为气体所致气孔。由于成形过程中，氢、氧、氮、碳等对气孔形成的具体影响程度未知，因此下文中将以氢为主进行研究分析。

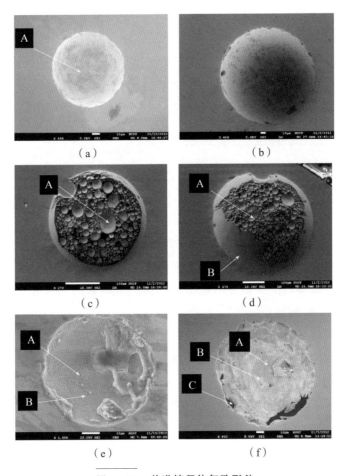

图 4 - 23　单道熔积体气孔形貌

　　许多研究提出，成形工艺过程中从保护气体中吸收氢、氧、氮、碳等气体，然而，钛合金电子束熔丝增材制造在真空环境下进行，与保护气体无关。但电子束熔丝增材制造过程仍然有气体的存在，因此气孔内气体来源主要考虑材料本身内在的氢或者基材表面未被除去的污染物、氧化膜及其吸附的水分等。另一部分来自于成形过程的气体侵入熔池。材料所含碳氢化物以及氧化膜中吸附的水分，在高温下会分解或与液态合金中的成分发生反应产生碳、氢、氧、氮等气体。同时，钛合金基板本身也含有一定量的碳、氢、氧、氮元素。在熔丝沉积过程中，当电子束轰击在基板之上，基板熔化形成高温熔池，如图 4 - 24 所示。碳、氢、氧、氮等通过扩散进入到熔池中，由于气体在液态和固态合金液中的溶解度不同，随着高温液态熔池的冷却凝固，大量的气体析出，在熔池中形成局部过饱和，当气体的分压大于气泡形成压力时，气泡将依附于柱状晶、夹杂物和成形件的裂纹、孔洞或者凹槽处等形核。气泡在随后的过程中长大，若不能上浮逸出，便会以气孔的形式留在沉积体中。

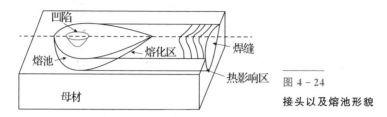

图 4 - 24
接头以及熔池形貌

（1）内壁光滑Ⅰ型气孔。

对于钛以及钛合金来说，氢是影响气孔数量的主要因素，钛的冶金气孔主要是氢致气孔。钛合金电子束熔丝增材制造过程中，熔池中的氢来源有两部分，一部分是母材中原始含氢量（自带氢），一部分是成形过程中从外部环境中引入的氢（外来氢）。

从氢的溶解度方面，即氢在高温钛中的溶解度随温度变化曲线而言，氢由熔池和母材向熔合线扩散，熔池中的氢逸出大气，这取决于它们在钛中的溶解度和成形过程中的温度场。图 4 - 25 所示为氢在钛中的溶解度曲线。从图中可以看出，在熔池形成到凝固过程中，氢在液相以及固相钛中的溶解度均会随着温度升高而降低，这并不会导致凝固过程中氢的析出，进而形成气孔。然而在凝固温度范围内，当液相钛凝固时，氢的溶解度有个突变点急剧下降，氢的溶解度降低约40%，这表明，钛合金的凝固过程是一个释放氢的过程，因此凝固过程很容易形成气泡。但是同时也可以看出，氢在低温度区间（大约1200℃）的固相中的溶解度远大于氢在液相中的溶解度。因而，在液态金属凝固过程中，某一时刻，氢的含量超过其溶解度，氢会逐渐从接头中心向熔合线及其附近扩散析出，形成气泡。当气泡在熔池中形成时，氢会从氢富集区域向气泡扩散，并使气泡长大。图 4 - 26 所示为熔池上截面图，基材熔化时，氢会从试件接头中心 A 处向熔合线 C 及其附近处扩散。所以，最终熔合线附近处，氢会达到过饱和而析出形成气泡。由于成形过程快，接头凝固时间很短，多数的气泡聚集而形成气孔，来不及上浮到接头表面，就已被凝固前沿捕获，凝固成为内部气孔。在熔池边缘，包括接头两侧熔合线和未穿透的熔池底部，即在刚刚熔化的金属中，氢的溶解度相当高，结晶前沿的液态金属被氢过饱和。因此，熔合线处被氢过饱和，形成了产生气孔的重要条件。

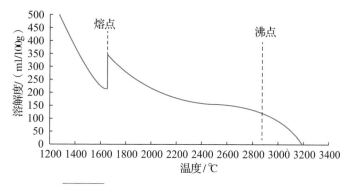

图 4 - 25　氢在钛中的溶解度随温度变化曲线

就熔池存在时间而言，从图 4 - 26 中可以看出，A，B，C 三个位置液态金属存在时间 $T_A > T_B > T_C$，即熔合线附近液态金属存在时间很短，对于气泡逸出极为不利。时间足够时，熔合线气泡也能长大和逸出，使气孔数量略有减少。因此，增加熔池温度，延长熔池的凝固时间，尤其是熔合区温度，理论上可以有效减少或者消除气孔。但是，在正常成形条件下，因熔池存在时间有限，因此熔合线气孔随熔池存在时间的增加而减少的可能性不大，在诸多因素共同作用下，导致气孔在熔合线处析出。

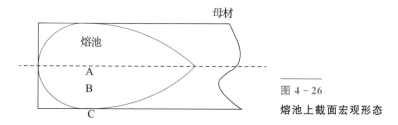

图 4 - 26

熔池上截面宏观形态

从气泡形核来讲，熔合线处于熔池内的凝固界面，在此处气泡形核所需能量大大低于熔池中心气泡所需的能量，气泡极易在熔合线处形核。内壁光滑的气孔即是在成形件凝固过程的凝固前沿的糊状区域形成的。

气孔形成过程示意图如图 4 - 27 所示。图 4 - 27(a)显示了电子束作用所形成的凹坑区域以及熔池分布，图 4 - 27(b)中显示为气泡的形成过程示意图，图 4 - 27(c)为枝晶间气孔形成过程示意图。根据图中所示气孔形成过程示意图，推测钛合金电子束熔丝增材制造气孔形成过程如下：在母材熔化过程中，位于熔融区金属内的氢进入熔池形成气体。同时，储存于母材部分区域缺陷内的氢将通过晶界扩散进入凝固前沿，并形成氢气，进入到熔池。当熔池开始凝固时，由于氢的溶解度突变而析出，溶解于金属液中的气体不断地被排斥到液/固界面前沿，析出的氢在凝固前沿富集，随着凝固过程的进行，凝固前沿必将成为富氢区域，使得气体的浓度不断增加，与之相平衡的气体的分压也不断增加，直至达到过饱和状态，最终将以气泡的形式析出。气泡的形成要经历形核和长大两个过程。研究结果显示，气泡往往在枝晶的根部形核。

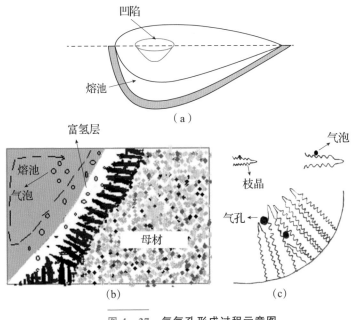

图 4-27　氢气孔形成过程示意图

在熔池金属的凝固过程中，随着枝晶的不断长大，枝晶间的气泡通过扩散不断吸附周围液相中过饱和的气体并不断长大，以降低其界面自由能，并在浮力和外部对流的作用下缓缓地向外脱离。当多个枝晶生长碰到一起时，若气泡来不及浮出熔池表面，最终即在枝晶间形成分散性的显微气孔。由于电子束熔丝沉积成形过程速度快，这种气体析出机制所形成的气孔，形状一般比较规则，呈球状或者椭球状。

（2）内壁球状组织Ⅱ型气孔。

图 4-28 显示的是内壁球状组织Ⅱ型气孔的局部放大图形。图 4-28（a）

显示了图 4 - 23(c)中所示气孔 A 区域的局部放大图形，图 4 - 28(b)、(c)显示了图 4 - 28(a)中对应的 B 以及 C 位置分别放大 11000 倍和 20000 倍图形。从图 4 - 28(a)中可以看出，Ⅱ型气孔内壁附着有颗粒状球形组织，并且球形组织大小不一，呈不均匀分布。图 4 - 28(b)中显示为球状组织表面微观形貌，可以看到，球状组织的表面上组织规则稍显光滑。图 4 - 28(c)显示为球状组织周围位置微观形貌，高倍显微照片显示，此区域组织呈不规则状，表面分布较多小颗粒状物质。

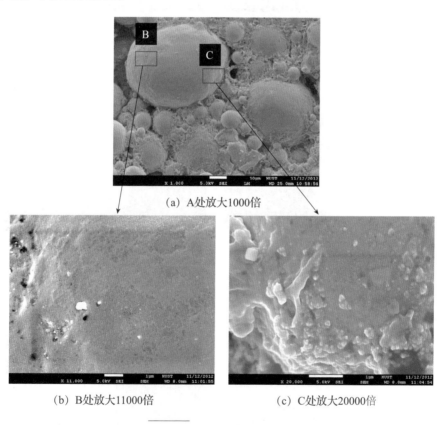

(a) A处放大1000倍

(b) B处放大11000倍　　　　　　　(c) C处放大20000倍

图 4 - 28　气孔内部球状组织

对图 4 - 23 中的内壁球状组织Ⅱ型气孔进一步分析，分别对气孔周围基体区域、气孔内壁以及气孔内的球状组织表面进行能谱扫描分析，能谱分析位置以及分析结果如图 4 - 29 所示。图 4 - 29(a)至(f)为图 4 - 23(c)以及图 4 - 23(d)中气孔的能谱分析结果。

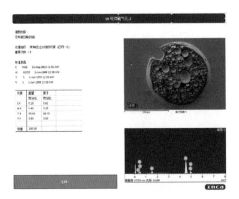

（a）基体能谱分析

元素	质量 百分比	原子 百分比
C K	0.16	0.61
Al K	5.46	9.28
Ti K	90.46	86.58
V K	3.93	3.53
总量	100.00	

（b）基体分析结果

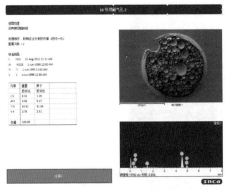

（c）球形组织上表面能谱分析

元素	质量 百分比	原子 百分比
C K	0.33	1.28
Al K	3.00	5.17
Ti K	93.91	91.04
V K	2.76	2.51
总量	100.00	

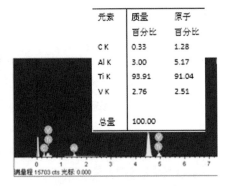

（d）球形组织上表面分析结果

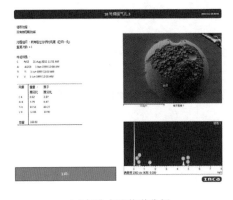

（e）气孔内壁能谱分析

元素	质量 百分比	原子 百分比
C K	0.62	2.37
Al K	3.79	6.47
Ti K	83.53	80.27
V K	12.06	10.90
总量	100.00	

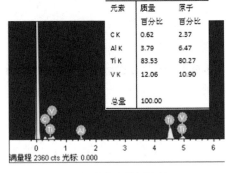

（f）气孔内壁分析结果

图 4-29　球状组织气孔能谱分析

图 4-29(a)显示为气孔周围基材进行能谱分析的结果。图 4-29(b)显示为所得到的气孔周围基材元素的质量百分比对比 TC4 钛合金丝材、基材的化学成分，结果与之相符，母材区域的能谱分析结果也与材料化学成分一致。表明母材为 TC4 钛合金，合金组成为 Ti-6Al-4V，其中 Al 元素所占的原子质量百分比约为 6%，V 所占原子质量百分比约为 4%，而气孔周围基体与母材的组成成分大致相同。这是由于所使用基材为 TC4 钛合金板，而沉积过程中所使用的丝材与基材成分相同，所以成形之后的接头与基材成分差异不大。图 4-29(c)、图 4-29(d)显示为球状组织上的元素含量分布能谱分析结果。其结果表明 Al 的含量相对于基材成分含量大大减少，所占原子质量比例降为 3%，原子含量减少一半。图 4-29(e)、图 4-29(f)显示为内壁球状组织 II 型气孔壁面上的元素分布结果。从能谱分析结果可以看出，在球状组织气孔的内壁上，Al 元素的平均含量也大量减少，约为 3.8%，相比基材 Al 元素含量的 6%，减少约 36%。

从上述分析结果可知，对于球状组织气孔，气孔周围接头部位元素含量基本不变，与母材成分保持一致。气孔内部，不论孔壁还是球状组织表面上，其 Al 元素的含量均大大减少。根据元素质量守恒，可推断，Al 元素存在于气孔内的球状组织内部。

在大气环境下，Ti、Al、V 三种元素的基本物理性质见表 4-4。可以看出，易蒸发元素 Al 的熔点以及沸点比 Ti 和 V 都低得多，Al 的沸点为 2519℃，Ti 的沸点为 3287℃，V 的沸点为 3407℃，Al 的沸点比 Ti、V 均低 700℃ 以上。

表 4-4　Ti、Al、V 的物理性质

元素	密度 ρ/(g · cm^{-3})	熔点 T_m/℃	沸点 T_b/℃
钛/Ti	4.5	1678	3287
铝/Al	2.7	660.3	2519
钒/V	6.11	1910	3407

在真空环境中，材料的沸点相对于大气环境下均大大降低。对于 TC4 钛合金，当 Ti 元素开始熔化的时候，Al 元素已经开始蒸发，成为金属蒸气状态。

因此，TC4 钛合金中，Al、Ti、V 会顺序蒸发，然后反序冷凝。Al 元素最有可能蒸发，进而从高温熔池中逸出，V 蒸发逸出的可能性最小。因此，金属蒸气中 Al 的质量分数增加而 V 的质量分数将降低。这个现象解释了 Al

元素的含量在气孔内壁降低到 3.00%，在球形组织上降低到 3.79%。Ⅱ型气孔中，V 的含量没有均匀增加，气孔内壁 V 的含量增加到 12.06%，球形组织上 V 的含量降低到 2.76%。这表明，在球形组织形成之前，V 最开始在气孔内壁沉积。同时，最先开始在气孔内壁凝结的 V 提供了大量的异质形核的核心。而电子束熔丝增材制造的冷却速度快，具有较大的过冷度，这为核心在凝固前沿生长提供了强大的驱动力。在两方面的作用下，导致了Ⅱ型气孔的产生。

在高温熔池中，气体气泡以及金属蒸气均满足以下压力平衡公式：

$$P_G = P_L + P_{ENV} + 2\sigma/r \tag{4-1}$$

式中，P_G、P_L 和 P_{ENV} 分别为气泡、金属蒸气的压力，液态金属的压力和环境的压力，σ 为界面的表面张力，r 为气泡的半径。由于电子束熔丝增材制造过程在真空环境下进行，因此环境压力为 0。随着快速成形过程进行，电子束向前移动时，熔池开始凝固，因此液态金属的压力逐渐趋于 0。随着温度下降，液态金属以及金属蒸气之间分子作用力趋于相同，因此液态金属与金属蒸气之间表面张力趋于 0，而气泡与液态金属之间的表面张力不为 0。根据方程，这意味着，金属蒸气在冷凝过程中，可能经历压力突然降为 0 的情形。而气泡在凝固过程中，由于表面张力的存在不会产生这样的变化。这表明，Ⅱ型气孔不可能从纯粹的不包含气体的金属蒸气中形成。

同时，Ⅱ型气孔的尺寸一般大于Ⅰ型冶金气体气孔也可以说明这个Ⅱ型气孔是由气体气泡和金属蒸气混合形成的。

综合以上分析，提出了电子束熔丝沉积成形过程中的新型Ⅱ型气孔的形成机理。

①在电子束的轰击下，基材或者已沉积体形成高温熔池，液态熔池内的金属开始蒸发，形成金属蒸气。金属蒸气中易挥发元素 Al、Ti 可能蒸发，而后逸出熔池。熔池中所溶解的气体析出形成气体气泡，如图 4-30(a)所示，金属蒸气和气体气泡在熔池内液体和浮力作用下运动。

②运动的金属蒸气遇到气体气泡，碰撞形成较大的混合气泡，如图 4-30(c)所示。混合气泡包含 Al、Ti、V 以及各种气体原子，为了便于观察，分别用红色、绿色、蓝色以及紫色表示。

③随着成形过程进行，电子束向前移动，熔池开始冷却凝固。在混合气

泡内部，沸点最高的 V 最先开始冷凝，并在气泡内部沉积，如图 4 - 30(d)所示，这也解释了根据能谱分析，气孔内壁 V 的含量增加的原因。

④最先开始沉积的 V 也提供了大量的异质形核的核心。同时，熔池内的较大凝固速度为核心在凝固前沿的生长提供了较大的驱动力，如图 4 - 30(e)所示。随后，所有的核心生长成为各种尺寸的球形组织，因此形成 II 型气孔。

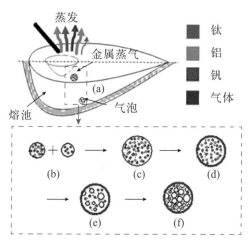

(a) 产生金属蒸气和气泡；(b) 熔池里的气泡和金属蒸气相互接近；(c) 金属蒸气和气泡融合；
(d) V 元素沉积在气孔表面；(e) 异质形核形成微球；(f) 快速冷却中长大形成气孔。

图 4 - 30 II 型球状组织气孔形成示意图

(3) 内壁不规则组织 III 型气孔。

图 4 - 31 显示的为图 4 - 23(f)中 III 型气孔内部不规则组织的微观形貌局部放大图。从图 4 - 23(f)中可以看出，此种类型的气孔，外围轮廓大致呈球形，且边缘不连续。内部如图 4 - 31 所示，具有撕裂状不规则组织。

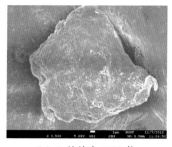
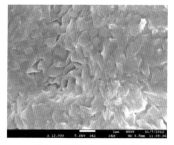

(a) A 处放大 3500 倍　　　　(b) A 处放大 12000 倍

图 4 - 31 气孔内部不规则组织

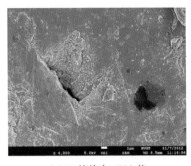 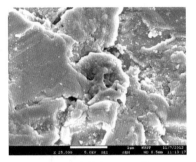

（c）B处放大4000倍　　　　　　　（d）C处放大25000倍

图4-31　气孔内部不规则组织（续）

根据气孔的球形外轮廓，推测初始时刻所形成的气泡仍然为气体气孔，氢的富集析出，形成氢气泡。随着凝固过程的进行，氢气泡在凝固前沿进入枝晶臂中，如图4-32所示。

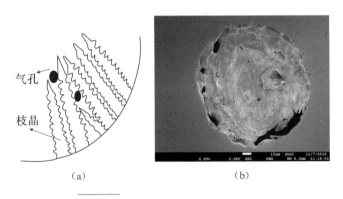

（a）　　　　　　　　　　　（b）

图4-32　不规则气孔形成过程示意图

2. 未熔合

由于电子束熔丝沉积成形的分层堆积三维成形特点，成形过程中，受工艺参数控制不当或操作不规范等因素的影响，就会使上下各沉积层之间或相邻沉积层之间不能形成致密冶金结合而产生熔合不良或者未熔合缺陷。

在简单的单道金属零件成形过程中，上一层的沉积体逐渐冷却，而后下一层成形时，在电子束的作用下，对上一层沉积体继续加热，同时丝材受热熔化形成熔滴，前一层沉积体再次熔化形成熔池，熔滴进入熔池后逐渐冷却凝固，形成冶金结合。但是由于液态熔滴向四周流淌形成凹陷，使得此层的厚度低于平均层厚，如图4-33所示。亦或滴落的熔滴在表面张力的作用下形成凸起，如图4-34所示。随着成形过程持续进行，在某一层沉积体形成时，使得在这些凹陷或者凸起部位附近的温度没有上升到足以形成冶金结合的程度，下一层沉积体只是覆盖在上一层沉积体之上，在这些位置就会形成部分结合，或者只形成不连续的部分结合，而大部分区域未熔合，从而产生缺陷。

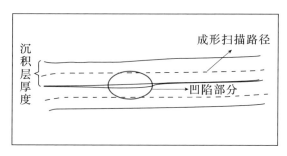

图 4 - 33

上下层沉积体之间形成凹陷部位

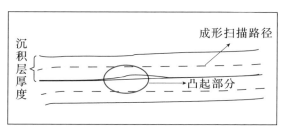

图 4 - 34

上下层沉积体之间形成凸起部位

同时，对于较为复杂的零件，其成形过程中，液态金属熔化形成熔池，而后金属熔敷在上一层沉积体之上。针对不同的成形路径，液态金属凝固过程中收缩将导致相邻的沉积层收缩之后出现间隙，若在此之间的金属液温度较低，则无法形成冶金结合，易于形成未熔合缺陷。如图 4 - 35 所示，其中虚线表示扫描路径，即电子束或熔融的熔滴中心移动的线路，实线代表冷却凝固形成的沉积体轮廓。图中所示为两水平方向沉积层与一不平行于此水平方向的沉积层。在这种路径成形过程中，在三条路径交汇处，液态金属

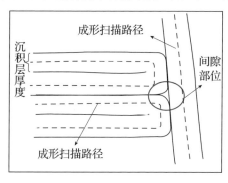

图 4 - 35

相邻沉积体之间间隙

冷却后形成间隙，当下一层沉积体继续成形时，此处的液态金属将很快冷却，导致其温度较低，熔滴不能滴落进入空隙部位或者滴落的熔滴温度与下一层沉积层达不到结合标准，即会形成未熔合。

对于不同的成形路径，液态金属在凝固收缩形成沉积体的过程中也可能会流淌至相邻沉积层，导致该部位的金属过剩，从而出现重叠部位。导致在后续沉积成形过程中，在出现液态金属流淌重叠的位置产生凸起，在凸起附近金属液未能达到预期温度（局部温度过低），从而产生未熔合。如图 4－36 所示，其中虚线表示扫描路径，即电子束或熔融的熔滴中心移动的线路，实线代表冷却凝固形成的沉积体轮廓。图中所示仍然为两水平方向沉积层与一不平行于此水平方向沉积层。与之上的情况相类似，在此路径成形过程中，在三条路径的交会处，冷却后沉积层发生重叠形成凸起，下一层沉积体继续成形时，凸起部位将导致液态金属向四周流动而快速冷却，温度过低，形成未熔合。

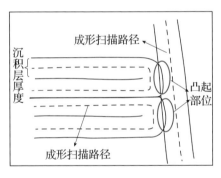

图 4－36

相邻沉积层之间重叠

3. 微裂纹

在沉积强度高、塑性差的材料时容易在沉积过程中产生微裂纹，图 4－37 是电子束熔丝沉积成形 A－100 合金钢材料时产生的典型微裂纹显微组织图片，从图中可以发现，裂纹尺寸很小且沿树枝晶晶界分布。

熔池的金属熔体在冷却过程中要经过液相、液－固共存、固相阶段。当熔体温度降至液相线时，主体液相中析出固相（即固溶枝晶），熔体即进入液－固态，大量液相分割包围固相，并可在固相间流动，因此焊缝金属将表现一定塑性并可发生形变，而固相仅可随之发生位移而自身不会发生变形。当温度进一步降低，直至固相枝晶开始互相交织长合时，形成枝晶骨架，熔体即进入脆性温度区间和固－液态阶段。在固－液态阶段初期，枝晶骨架开始发生

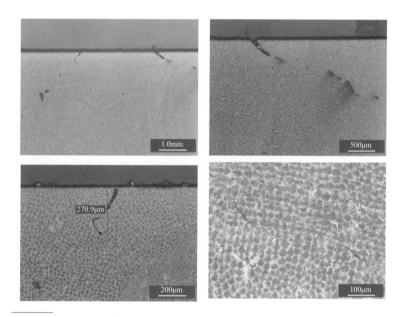

图 4 - 37　A - 100 合金钢电子束熔丝沉积成形检测样件裂纹缺陷显微组织图

形变。当枝晶骨架发生形变开裂时，如液相的体积和数量尚可通过液相的流动而流入并填充枝晶骨架的裂隙，此即为裂纹愈合现象；但到了固 - 液阶段后期，固相枝晶骨架已长成刚性网络，应变高度发展，残余液相数量锐减，流动性减弱并被排挤到枝晶之间并就地滞留，形成液态薄膜，其强度低、塑性差，易发生断裂，在收缩应力的作用下即形成结晶裂纹。

电子束沉积成形过程是逐层沉积的过程，与多层多道填丝焊接的过程十分相似，已沉积金属经历升温、冷却、再升温、再冷却……这样的热循环，当冷却速度过快时，枝晶骨架生长的速度也变得十分快，液态薄膜越容易形成，而且熔体冷却速度越快产生的收缩应力也越大，结晶裂纹产生的趋势也越严重。

4.3.2　缺陷控制方法

1. 气孔缺陷控制方法

防止气孔缺陷的方法主要有对原材料进行严格清理；选择恰当的线能量和参数匹配；增加丝材送进的稳定性；如果金属表面不平整，有较多瘤状凸起或较深的凹陷，应进行重熔消除隐患；热等静压可以有效消除零件内部的气孔缺陷。

2. 未熔合缺陷控制方法

未熔合是一种面积缺陷，减少了结构的有效厚度，而且未熔合边缘易于产生应力集中，进而扩展为裂纹，影响整个成形件的质量。因此，必须采取一定的措施避免未熔合缺陷的产生。未熔合的因素主要有：

（1）电子束功率，即加速电压、束流以及聚焦电流；

（2）成形速度；

（3）电子束以及丝材的稳定性；

（4）成形参数、丝材直径以及送丝速度；

（5）成形路径。

因此，在这里对上面讨论的未熔合的影响因素提出了相应的避免未熔合缺陷的措施，旨在对以后的成形工艺设计和未熔合的理论研究给予帮助，从而避免未熔合的形成，实现成形工艺的最优化。具体措施如下：

（1）适当选择电子束束流大小。电子束束流大小要适当，这样就可以防止电子束流过小时，在熔池边缘形成未熔合，而电子束流过大时，成形过程中形成凹陷或凸起。因此，适当选择电子束束流大小能有效避免未熔合缺陷的形成。

（2）选择合适聚焦电流。聚焦电流与束斑直径有着密切联系，而束斑直径直接影响作用于沉积体或者基材之上的电子束作用区域，进而使得其能量密度分布不同。所以应该根据材料的性能、设备的条件以及成形要求等因素来综合考虑选择合适的聚焦电流。

（3）适当选择成形速度。成形速度受各种因素的综合作用，与电子束的移动速度、基材的移动等有关，在电子束熔丝沉积成形过程中，应该选择合适的成形速度，调整电子束、丝材以及基体或者沉积体的运动，从而使整个成形过程平稳进行。同时，应该保证沉积过程中熔池的温度分布均衡，以避免未熔合缺陷的产生。

（4）控制电子束以及丝材的稳定性。电子束束斑直径较小，其照射范围很小；成形过程中的丝材由送丝系统控制，可能会产生丝材摆动的情况。因此，需提高电子束运动系统的灵敏度和送丝装置的精度，保证丝材摆动幅度，要求丝材能够稳定送进并精确对准束斑中心。可以采用配置较高的成形设备，灵活调节送丝精度，以满足需要。

(5)选择合适送丝速度。在电子束熔丝沉积成形过程中，送丝速度直接影响到单位时间内滴入熔池熔滴的量以及熔池吸收电子束能量的多少。当送丝速度较小时，熔滴较少，但此时电子束作用于熔池时间较长，熔池吸收热量多造成熔池流淌。若送丝速度较大，则丝材未完全熔化进入熔池，造成部分区域熔池热量低。两种情况都有可能形成未熔合缺陷。

成形中，分层堆积时，每一层都是在前一层上堆积而成的，前一层对当前层起到定位以及支撑作用。随着前一层堆积，沉积体的高度不断增加，每一沉积层的面积和形状都会发生变化，当形状发生较大变化时，就会使得沉积体发生倾斜或弯曲等情况，使界面的形状发生变化，影响零件的成形精度。

因此，必须充分考虑单层沉积体的厚度，选择合适的丝材直径以及送丝速度，只有每一层沉积体精确成形，才能保证整个堆积过程按照要求成形，使得零件自底向上"生长"成形过程顺利实现。因而，在实际成形过程中应该根据成形要求选择合适的送丝速度和丝材直径。

(6)成形路径选择。成形路径选择的方法有往返直线扫描法、调整路径法、轮廓扫描填充法、扫描分区细化法。减少加速减速过程，即减少丝材的跳转。成形时应有较好的温度分布，有利于增强层间相互有效熔合，避免未熔合缺陷的形成。优化扫描机构的运行状态，减少噪声和振动，缩短成形时间。好的扫描路径应保证有较少的成形时间，较高的成形质量，并有效避免熔合缺陷的形成。

(7)材料质量。电子束熔丝沉积成形过程中，丝材和基体的质量与成形过程中未熔合等缺陷的形成有着密切关系。故而，应该根据实际要求选择合适的成形材料和丝材。

3. 微裂纹控制方法

1) 电子束参数控制

单道熔积体成形系数 ψ（$\psi = B/H$，B 为熔宽，H 为高度）越小，熔池相对越呈窄而深的形状，这样对结晶方向不利，易在熔积体中心位置产生裂纹。从金属结晶理论可知，在结晶过程中，杂质多富集在晶界周围，使这些部位形成熔点较低的共晶"液态薄膜"，在金属冷却收缩时沿晶界开裂。所以，要通过合理的控制电子束参数，调整聚焦电流和扫描波形获得尽可能浅而宽的熔池，单道熔积体尽可能扁平，同时形状复杂的电子束扫描图形和合理扫描参数可以使熔池的搅拌更加剧烈，有助于细化沉积体晶粒，可有效提高试验件的抗裂性和力学性能。

2）运动速度控制

较慢的运动速度可以延长电子束在熔化区域停留的时间，一方面可以改善成形系数；另一方面随着运动速度的减小，在其他条件不变的情况下，热输入量增加将使熔宽明显增加，晶粒主轴生长方向与熔积体中心界面的垂直趋势将减缓，不易形成脆弱结合面，抗裂性增强。

3）成形过程控制

可在成形前适度预热，在成形过程中采用电子束大束斑扫描的方式预热已沉积部分，使零件处于较高的温度，以减小裂纹产生的可能性。

4.4 变形控制

4.4.1 变形原理

在电子束熔丝沉积成形过程中，电子束对丝材和工件产生加热效果。其中，工件表面会受热熔化形成熔池，丝材会受热熔化形成熔滴，熔滴在重力的作用下会沉积进入熔池。随着电子束热源的移动，熔池尾部的金属逐渐凝固，逐渐堆积成工件形状。在这个物理过程中，除熔融区以外，工件经历迅速加热再迅速降温以及往复循环的过程，钛合金工件产生不均匀热膨胀，并且这种热膨胀产生的热应力足以让工件达到屈服点从而产生永久塑性应变，并在堆积完成后形成残余应力，对工件性能造成影响。

变形和开裂是电子束熔丝沉积成形零件的技术难题，随着结构增大，变形开裂问题也更趋严重。其技术矛盾是，在加工大型零件时，如果用刚性夹具固定基板，强制其减小变形，则可能导致基板或零件开裂；如果使基板呈自由状态，则零件产生很大变形，导致零件局部尺寸不足，使得成形过程难以进行。另外，在零件结构尺寸突变的地方也是应力集中区，极易发生开裂。

应力变形根本原因是成形过程中零件内部温差较大，具有较大的温度梯度，冷却过程中收缩不均匀形成内应力，经过反复热循环，应力累积至一定程度即可引起变形或开裂。大型结构变形及开裂的情况如图 4 - 38 所示。

（a）基板开裂 　　　　　　　　　　　（b）零件变形

图 4 - 38　电子束熔丝沉积成形零件的开裂与变形

4.4.2　变形控制方法

在大型结构的应力变形控制方面，通常的解决手段、优点及局限性见表4 - 5。

表 4 - 5　变形控制常用方法

序号	方法	优点	局限性
1	夹具刚性固定	简单方便	有可能导致零件应力集中区开裂
2	多次去应力退火	去应力效果较好	中断成形过程，增加工艺复杂性，增加成本和周期
3	分块成形再连接成整体	效果良好，尤其适宜工业应用	增加工艺的复杂性，弱化零件的整体性，增加成本和周期
4	模拟仿真，优化成形工艺，包括参数、加工顺序等	方便，成本低，不会中断成形过程	技术难度大，可以改善，但目前尚不能从根本上解决应力累积问题
5	分区成形，改变填充路径方向和大小	方便，成本低，不会中断成形过程	技术难度大，降低成形效率，可以改善，但尚不能从根本上解决应力累积问题
6	辅助滚压、冲击等	效果好	机床结构特殊，材料适用范围有限
7	热处理校形	—	仅对部分低刚性结构有效，增加成本和周期

以上各种方法均可在一定程度上减小应力，但也都有很大的局限性，都不能单独从根本上解决应力和变形问题。在实践中，往往是将多种方法结合起来使用。应力变形控制仍然是快速成形领域的重大技术难题，但从工业应用上，已经有了一些成功的实践。北京航空航天大学采用分块成形、再快速成形连接的办法，制造了投影面积达 5m² 的大型钛合金框；美国 Sciaky 公司采用工艺仿真对应力和变形进行预测，进而对成形工艺进行主动调整，进行了多次去应力退火，起到了很好的效果。英国克莱菲尔德大学利用滚压方法处理电弧堆积成形的铝合金壁板，效果良好。

电子束熔丝沉积成形工艺既有与其他成形工艺相同的地方，又有鲜明的特点，在应力变形控制方面，也有独特的优势。首先，电子束熔丝沉积成形过程是在真空环境下进行的，热量的传导方式和在惰性气体环境中有所不同，主要靠对基体的热传导和制件整体的热辐射，导致制件冷却速度比在惰性气体中更慢，所以制件的温度能够较为容易的维持在较高水平；其次，电子束的能量密度大，并且能够利用磁场对电子束斑进行控制，所以可以利用电子束对制件进行局部加热，改变制件的温度分布，有利于控制应力产生和制件变形。

电子束熔丝沉积成形工艺的变形控制方法通常会在成形前通过数值模拟进行预测，进而调整工艺参数和成形路径，另外在成形过程中利用电子束大束斑扫描加热零件控制整个零件的温度分布，随形退火，降低应力变形倾向。下面结合具体的零件对变形控制方法进行介绍。

4.4.3 变形预测

1. 基本假设

本部分针对大型平板筋条结构件的温度场和应力-应变场进行了模拟仿真，预测其变形行为，研究其成形过程变形规律，为典型结构电子束堆积成形工艺提供重要理论参考和依据。针对工艺特点及构件结构进行了如下假设：

（1）金属材料一直处于准固态且整个变形过程为小变形，忽略金属液滴流动等物理现象，不考虑金属材料的微观性能。

（2）换热现象只考虑热传导，把对流和热辐射都用等效热传导考虑。

（3）温度场计算为瞬态计算，应力场计算为准静态计算。

有限元分析需要先构建控制方程，然后通过 Galerkin 法将待求问题演化为代数方程组。

各向同性材料的非稳态导热微分方程为

$$\rho c(T) \frac{\partial T(x,\ y,\ z,\ t)}{\partial t} - \frac{\partial}{\partial x}\left(\lambda\, \frac{\partial T(x,\ y,\ z,\ t)}{\partial x}\right) -$$

$$\frac{\partial}{\partial y}\left(\lambda\, \frac{\partial T(x,\ y,\ z,\ t)}{\partial y}\right) - \frac{\partial}{\partial z}\left(\lambda\, \frac{\partial T(x,\ y,\ z,\ t)}{\partial z}\right) = 0 \quad (4-2)$$

式中，x，y，z 为空间坐标；t 为时间；$T(x,\ y,\ z,\ t)$ 为温度场；$\lambda = \lambda(t)$ 为材料导热率；ρ 为材料密度；$c(T)$ 为材料比热容。

该控制方程的定解边界条件归为三类：

第一类边界(Γ_1)条件为给定温度型边界条件，即

$$T(x,\ y,\ z,\ t) = \overline{T}(x,\ y,\ z,\ t) \quad (4-3)$$

式中，$\overline{T}(x,\ y,\ z,\ t)$ 为给定的边界温度。

第二类边界(Γ_2)条件为给定热流密度型边界条件，即

$$\frac{\partial T(x,\ y,\ z,\ t)}{\partial x}n_x + \frac{\partial T(x,\ y,\ z,\ t)}{\partial y}n_y + \frac{\partial T(x,\ y,\ z,\ t)}{\partial z}n_z = \frac{q}{\lambda}$$

$$(4-4)$$

式中，q 为在边界上给定的热流密度，$[n_x,\ n_y,\ n_z]$ 为边界外法线单位向量。

第三类边界条件(Γ_3)为给定对流换热型边界条件，即

$$\frac{\partial T(x,\ y,\ z,\ t)}{\partial x}n_x + \frac{\partial T(x,\ y,\ z,\ t)}{\partial y}n_y + \frac{\partial T(x,\ y,\ z,\ t)}{\partial z}n_z = \frac{h}{\lambda}(T_a - T)$$

$$(4-5)$$

式中，T_a 为外界环境温度，h 为对流换热系数。

金属在凝固过程中会释放大量结晶热（或称潜热）。潜热计算中使用等效比热容处理，如图 4-39 所示。

由于对流换热和辐射换热计算量较大，所以工程计算中经常将对流换热和辐射换热使用等效传导率或者等效传导系数代替，本研究也采用了这一近似。

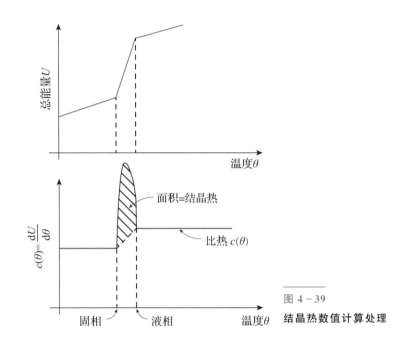

图 4 - 39
结晶热数值计算处理

有限元方法将微分方程(4-2)在空间离散为网格，用形函数 N 为基，时域上则离散为常微分方程：

$$C\dot{T} + KT = P \qquad (4-6)$$

式中，C 为热容矩阵，K 为热传导矩阵，P 为温度荷载向量，T 为节点温度向量，$\dot{T}$ 为温度向量对时间的导数。C，K，P 由单元热容矩阵 C^e、单元热传导矩阵 K^e 和单元温度荷载向量 P^e 集成。

$$C_{ij}^e = \int_\Omega \rho c N_i N_j \, d\Omega, \qquad (4-7)$$

$$K_{ij}^e = \int_\Omega \left(\lambda \frac{\partial N_i}{\partial x} \frac{\partial N_j}{\partial x} + \lambda \frac{\partial N_i}{\partial y} \frac{\partial N_j}{\partial y} + \lambda \frac{\partial N_i}{\partial z} \frac{\partial N_j}{\partial z} \right) d\Omega + \int_{\Gamma_3} h N_i N_j \, d\Gamma_3$$

$$(4-8)$$

$$P_i^e = \int_\Omega \rho Q N_i \, d\Omega + \int_{\Gamma_2} q N_i N_j \, d\Gamma_2 + \int_{\Gamma_3} h T_a N_i \, d\Gamma_3 \qquad (4-9)$$

数值计算方程(4-6)最常用的方法是直接积分法的两点循环公式，为了保证解的稳定，避免振荡，有限元方法一般采用后差分的方式。ABAQUS 默认积分方案为后差分方式。

2. 应力场的有限元模拟

小变形条件下应变与位移场的关系为

$$\varepsilon_{ij} = (u_{i,j} + u_{j,i})/2 \qquad (4-10)$$

式中，ij 为张量指标。

应变 ε 由弹性应变 ε_{el}、塑形应变 ε_{pl} 和热应变 ε_{th} 三部分构成，即

$$\varepsilon = \varepsilon_{el} + \varepsilon_{pl} + \varepsilon_{th} \qquad (4-11)$$

由温度变化产生的热应变 ε_{th} 的分量为

$$\varepsilon_{th_{ij}} = \alpha(T - T_0)\delta_{ij} \qquad (4-12)$$

式中，α 为材料的热膨胀系数。

力平衡条件为

$$\sigma_{ij,j} + f_i = 0 \qquad (4-13)$$

式中，σ 为应力张量，f 为体力。

在力边界上需要满足的边界条件为

$$\sigma_{ij,j}n_i = \bar{p}_i \qquad (4-14)$$

式中，$\bar{p}_i$ 为给定的边界力。

在位移边界上需要满足的边界条件为

$$u = \bar{u} \qquad (4-15)$$

式中，$\bar{u}$ 为给定的边界位移。

应力-应变关系也称为本构方程。弹性应力率与弹性应变率满足胡克定律：

$$\dot{\sigma}_{el} = D : \dot{\varepsilon}_{el} \qquad (4-16)$$

式中，D 为弹性张量，对于各向同性材料，D 只有杨氏模量 E 和泊松比 μ 两个独立参数。

3. 有限元模型

1）模型描述

针对典型验证件的结构形式和基本成形工艺建立有限元模型：筋条类型

为双面、对称筋条，即在平板正反面均堆积筋条，将两个面的筋条定义为正面筋条、反面筋条，如图 4-40 所示。堆积次序为先堆积正面筋条，完成后，在对应变形量的基础上继续堆积反面筋条。

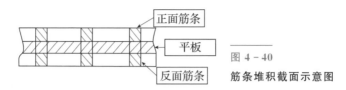

图 4-40
筋条堆积截面示意图

考察筋条堆积过程的变形情况，筋条在平板上堆积。

假设平板为无应力、平整状态。试验用平板尺寸为 1500mm×500mm×30mm。筋条高度为 30mm，宽度为 23mm，示意图如图 4-41(a)所示。其中，绿色为筋条，白色为平板。筋条堆积高度为 30mm，堆积 15 层。每层筋条宽度为 23mm，由四道次堆积而成，每道次间距 4.5mm，如图 4-41(b)所示。第一道次，即外轮廓包边，距实际外轮廓距离为 3.2mm，其他 3 个道次以第一道次为基准定位，各道次间隔为 4.5mm。四个道次堆积次序：先堆积外围道次，再堆积最内围方格道次，最后堆积中间道次。6 个块体按随机顺序逐个包边。

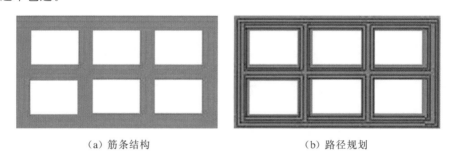

(a)筋条结构   (b)路径规划

图 4-41 **平板筋条结构成形示意图**

（绿色为筋条，白色为 30mm 厚的平板，红色为成形路径）

反面筋条是在正面筋条堆积基础上进行的，堆积前保留变形状态，去除内应力状态。其堆积方式、次序等与正面筋条堆积相同。

2）物性参数

选用的材料为 TC4 钛合金，熔化温度范围为 1630～1650℃，密度为 4.44g/cm³，其他物性参数分别如表 4-6～表 4-10 所列。

表 4 - 6 TC4 钛合金弹性模量

温度 $\theta/℃$	杨氏模量 E/GPa	剪切模量 G/GPa	泊松比 μ
25	119	44.5	0.34
100	115	42.8	0.34
200	110	40.6	0.35
300	105	38.7	0.36
400	101	36.9	0.36

注：升温速度为 400～3℃/min；测试气氛为高真空

表 4 - 7 TC4 钛合金拉伸性能

温度 $\theta/℃$	抗拉强度 σ_b/MPa	屈服强度 σ_s/MPa
20	967	860
100	846	736
200	741	613
300	690	543
350	665	532
400	645	508
500	583	401
600	413	212
700	245	89

表 4 - 8 TC4 钛合金热导率

$\theta/℃$	100	200	300	400	500	600
$W/(m \cdot ℃)$	7.86	8.64	9.42	10.1	10.8	11.5

表 4 - 9 TC4 钛合金比热容

$\theta/℃$	100	200	300	400	500	600
$c/(J/kg \cdot ℃)$	577	577	578	579	580	580

表 4 - 10 TC4 钛合金膨胀系数

$\theta/℃$	100	200	300	400	500	600
$\alpha \times 10^6/℃$	8.47	9.12	9.60	9.93	10.2	10.4

3）网格划分

模型有限元网格划分如图 4-42 所示，在热分析和力学分析阶段分别采用 DC3D8 单元和 C3D8R 单元。

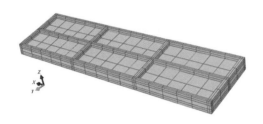

图 4-42

有限元网格划分示意图

4）模拟流程

基于商用有限元软件 ABAQUS 进行热力解耦数值模拟，模拟过程分两个阶段进行：

第一阶段为热分析。在第一个分析步中将平板单元杀死，只保留基板单元。采用 ABAQUS 中的单元激活功能，逐个激活单元。每激活一个单元，设置一个分析步，赋予一定的体热流。体热流即为单位体积单位时间内通过的热量。通过试算，确定一个合理的体热流数值，使得单元激活时的温度略高于材料的熔点。每层激活完毕，设置冷却步，冷却 30min。全部单元激活完毕后，冷却至室温。

第二阶段为力学分析。将热分析结果文件中各个分析步的温度场逐次导入，作为相应力学分析步的初始条件，从而得到应力场和应变场。

4. 计算结果

1）瞬态温度场

图 4-43 给出了正面筋条与反面筋条堆积完成时的瞬态温度场。从图中可以看出，筋条的温度明显高于平板温度。平板高温区主要分布在靠近筋条的部位，低温区围绕筋条构成的方格中心呈菱形分布。另外，在反面筋条堆积完成时，平板瞬态温度高于正面筋条完成时的瞬态温度。

2）残余应力

正面筋条堆积完成并冷却至室温后，两个方向主应力分布如图 4-44 所示。可以看出，XX 主要沿纵向筋条分布，YY 主要沿横向筋条分布。在靠近筋条根部的平板上，产生一定的残余应力，但其大小和分布范围均较小。

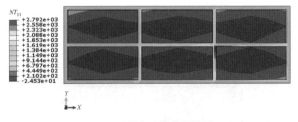

（a）正面筋条堆积成形完成

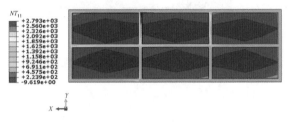

（b）反面筋条堆积成形完成

图 4 - 43　双面筋条堆积成形瞬态温度场（单位：℃）

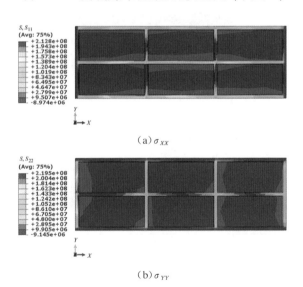

（a）σ_{XX}

（b）σ_{YY}

图 4 - 44　正面筋条堆积完成并冷却至室温后的残余应力分布（单位：Pa）

反面筋条堆积完成并冷却至室温后，正反面两个方向上的主应力分布如图 4 - 45 所示。从图中可以看出，平板上的残余应力 σ_{XX} 和 σ_{YY} 分别沿纵向和横向筋条呈条带分布，且平行于筋条方向。

与单面筋条堆积完成时平板上的应力相比，双面筋条堆积完成后平板上的残余应力大小和分布范围均变大，且平板反面上的应力大于正面上的应力。这是由于在反面筋条堆积时，平板继续受到由反面筋条传来的热，从而使平板内应力继续增大。

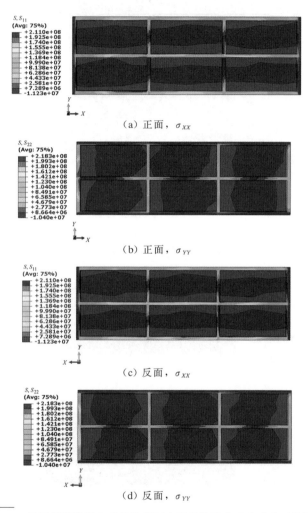

（a）正面，σ_{XX}

（b）正面，σ_{YY}

（c）反面，σ_{XX}

（d）反面，σ_{YY}

图 4-45　反面筋条堆积完成并冷却至室温后的残余应力分布（单位：Pa）

图 4-46 给出了在正面筋条和反面筋条堆积完毕时平板残余应力分布对比，考察路径如图所示。由先前的图 4-44 和图 4-45 的计算结果可知，平板应力主要集中在筋条的下方，因此这里仅给出了典型路径上的平板应力分布情况。由图 4-46 可以看出，反面筋条堆积完成时，平板应力较正面筋条堆积完成时有所增大。在筋条交叉点位置处，呈现应力集中现象。

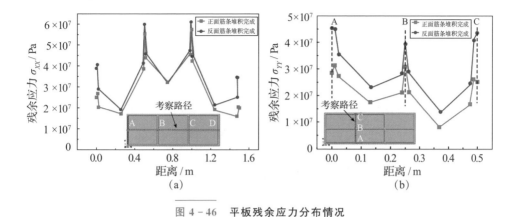

图 4 - 46 平板残余应力分布情况

3）残余变形

在正面筋条堆积完成后，冷却至室温，得到单面筋条壁板。单面筋条堆积壁板的残余变形分布如图 4 - 47 所示。从图中可以看出，单面筋条壁板筋条的变形量与平板的变形量基本一致。平板翘曲的方向与筋条堆积厚度方向相反，最大变形量为 $U_3 = 3.36 \times 10^{-4}$ m，发生在壁板中央位置。高变形区沿矩形壁板长度方向呈长条形分布。

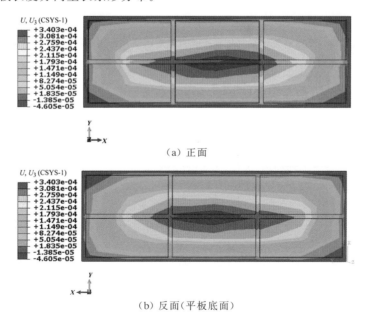

（a）正面

（b）反面（平板底面）

图 4 - 47 单面筋条堆积壁板的残余变形分布（单位：m）

单面筋条壁板冷却至室温后，在平板的反面继续堆积对称的反面筋条。反面筋条堆积完成后，冷却至室温，得到双面对称筋条壁板，最终的变形情况如图 4 - 48 所示。可以看出，双面筋条壁板最大变形量仍发生在壁板中央位置处，高变形区沿壁板长度方向近似呈椭圆形分布。

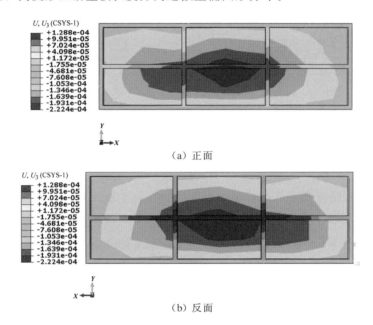

（a）正面

（b）反面

图 4 - 48　反面筋条堆积完成并冷却至室温后的残余变形情况（单位：m）

值得注意的是正面筋条变形方向和壁板变形方向一致，而反面筋条变形方向与壁板变形方向相反。这是由于正反筋条引起的平板变形方向相反，两者相互抵消所致。

图 4 - 49 给出了单面筋条堆积与双面筋条堆积下，平板在厚度方向的变形

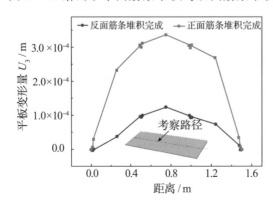

图 4 - 49

单面筋条堆积与双面筋条
堆积平板变形对比

情况对比。由图可以看出，双面筋条堆积后，平板变形量显著降低。单面筋条堆积情况下，平板最大变形量为 3.36×10^{-4} m；双面筋条堆积情况下，平板最大变形量为 1.24×10^{-4} m。这是由于在反面筋条堆积后，平板产生了与正面筋条堆积情况下方向相反的变形，从而抵消了一部分单面堆积情况下产生的变形。双面筋条堆积情况下，平板最大变形量约为单面筋条堆积情况下的 1/3。

4.4.4　分块分形加工法

通过分块分形加工的办法可以减小应力及变形的累积。分块是把大型结构根据结构特征分解成数个小型结构。分形是指在一个加工平面内，规划多个加工区域分别加工，每个加工区域的路径、方向均须特别规划，以利于应力相互抵消。

目前分块的原则是根据零件的受力特点和尺寸规格，尽可能把分块位置设计在零件受力最小的地方。

分形加工主要是为了将应力分散改善变形，需要综合考虑成形效率与截面特征，为考察分区对变形的影响规律设计了分区成形试验，进行了模拟仿真。

采用分形方法堆积，即依据平板结构尺寸(长和宽)，将成形平面分成若干个相同尺寸小块，每个小块内用单一路径填充，相邻小块路径的方向垂直。同一位置，相邻层之间路径垂直。为了简化物理模型，每个小块的起点均为固定的：路径为竖向时从左下起，向上堆积；路径为横向时从左上起，向右堆积。分块堆积路径规划示意图如图 4-50 所示。堆积完一块后，移动到另一块，堆积次序为随机函数。

试验用基板为 TC4 钛合金板材，基板尺寸 1660mm×620mm×6mm；成形平板结构尺寸为 1500mm×500mm×30mm，采用分块方法堆积，即依据平板结构尺寸(长和宽)，将成形平面分成若干个相同尺寸小块，每个小块内用单一路径填充，相邻小块路径的方向垂直。同一位置，相邻层之间路径垂直。为了简化物理模型，每个小块的起点均为固定的：路径为竖向时从左下起，向上堆积；路径为横向时从左上起，向右堆积。小块路径规划示意图如图 4-50(a)所示。堆积完一块后，移动到另一块。小块的堆积次序为随机函数。

（a）小块路径规划示意图

1	2
3	4

（b）4块编号

1	2	3	4
5	6	7	8

（c）8块编号

	4块	8块
第1层	1，3，2，4	6，1，8，3，2，5，4，7
第2层	1，4，3，2	1，7，4，3，2，5，8，6
第3层	3，4，1，2	3，5，8，7，6，4，2，1
第4层	3，4，1，2	5，6，8，3，4，1，7，2

（d）随机生成的小块填充顺序

图 4 - 50　分块堆积路径规划

考虑不同的分块数量，建立了两个有限元模型，分别将平板划分为 4 个小块和 8 个小块，每个小块划分为 3×3 个单元。由于填充路径的复杂性，该模型采用手动建模，按照设计好的填充路径逐个激活单元。

图 4-51 给出了不同填充阶段平板的瞬态温度分布。首层填充完毕后冷却 30min，温度冷却至 454℃ 左右。末层填充完毕后，冷却至室温 20℃。由图 4-51可以看出，瞬态温度随着填充块数的增加而提高。

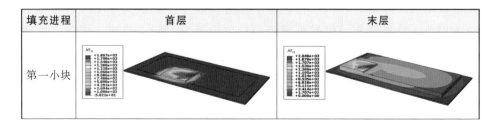

填充进程	首层	末层
第一小块		

（续）

填充进程	首层	末层
第四小块		
填充完毕		
冷却(首层冷却30min,末层冷却至室温)		

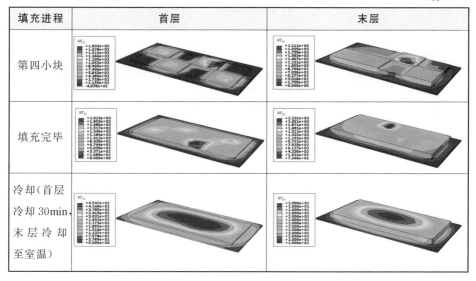

图 4-51　带基板矩形平板分块填充瞬态温度场(单位:℃)

分块填充矩形平板残余应力分布如图 4-52 所示。可以看出，长度方向应力 σ_{XX} 集中在基板横向边缘，宽度方向应力 σ_{YY} 集中在基板纵向边缘。平板内沿长度方向的应力 σ_{XX} 高于宽度方向应力 σ_{YY}。

	σ_{XX}	σ_{YY}
基板		
首层		
末层		

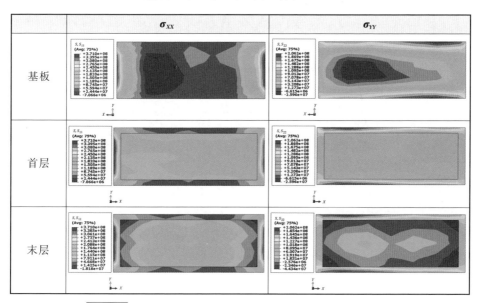

图 4-52　带基板矩形平板分块填充残余应力分布(单位：Pa)

图 4-53 给出了分块填充矩形平板残余变形图。可以看出，变形集中在板的长度方向的中心线附近，最大变形量为 1.524×10^{-3} m。

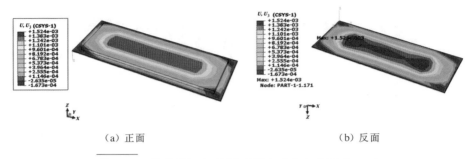

（a）正面　　　　　　　　　　　　（b）反面

图 4-53　带基板矩形平板分块填充残余变形(单位：m)

考虑单一路径填充、分 4 块填充和分 8 块填充三种平板填充方式，图 4-54 给出了这三种填充方式下，平板变形沿长度方向中心线的变化情况。可以看出，采用分块填充后，平板翘曲量降低。分块越多，平板翘曲量越小。采用单一路径填充，最大翘曲量为 1.68×10^{-3} m；分成 4 个小块填充，最大翘曲量为 1.52×10^{-3} m；分成 8 个小块填充，最大翘曲量为 1.19×10^{-3} m。

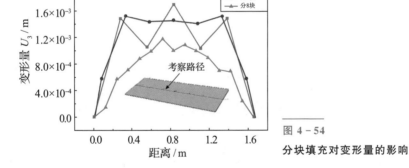

图 4-54
分块填充对变形量的影响

第 5 章
电子束熔丝沉积成形制件的无损检测

5.1 电子束熔丝沉积成形 TC4 钛合金超声检测技术

5.1.1 电子束熔丝沉积成形 TC4 钛合金材料无损检测技术方案

对 TC4 钛合金电子束熔丝沉积成形试样,分别选择与成形方向一致(水平)和垂直两种声束入射方向进行超声 C 扫描检测试验,研究声束入射方向对电子束熔丝沉积成形制件缺陷检测结果的影响。

针对 TC4 钛合金电子束熔丝沉积成形试样(图 5-1),采用分区聚焦 C 扫描超声检测方法,从不同方向进行声束入射,对材料的噪声水平进行评定,并测定各试样不同区域的声速和衰减。

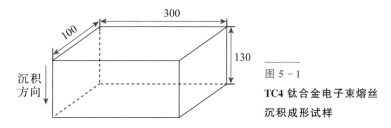

图 5-1
TC4 钛合金电子束熔丝沉积成形试样

5.1.2 电子束熔丝沉积成形 TC4 钛合金材料声特性及缺陷特征

1. TC4 钛合金材料声特性

电子束熔丝沉积成形工艺是利用高能电子束熔融丝材逐层沉积,其组织结构和变形钛合金存在较大差异,因此对于电子束沉积成形工艺声学特性的研究从材料的组织开始着手。

1)声速测量

针对 TC4 钛合金材料,对沿平行和垂直于沉积方向的声速分别进行测量,结果见图 5-2 和表 5-1。

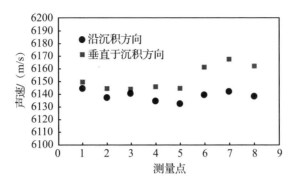

图 5-2
电子束熔丝沉积成形 TC4
钛合金试样声速测量结果

表 5-1　TC4 钛合金电子束熔丝沉积成形材料声速测量结果

测量点	声束沿沉积方向入射(平行)		测量点	声束垂直于沉积方向入射(垂直)	
	厚度/mm	声速/(m/s)		厚度/mm	声速/(m/s)
1	130.18	6144	1	99.34	6149
2	130.04	6139	2	99.40	6144
3	130.00	6141	3	99.42	6144
4	129.92	6134	4	99.40	6144
5	129.86	6134	5	99.34	6146
6	129.92	6139	6	99.32	6162
7	129.96	6141	7	99.36	6167
8	129.94	6139	8	99.50	6159
平均值	—	6138.9	平均值	—	6151.9

由表 5-1 和图 5-2 可见，对于 TC4 钛合金电子束熔丝沉积成形材料，在同一声束入射方向随机选取不同区域测量声速，最大差异为 23m/s，相对偏差不超过 0.4%；声束分别从平行和垂直于沉积方向的两个方向入射，声速相差 13m/s，相对偏差不超过 0.2%。可见，TC4 钛合金电子束熔丝沉积成形材料不同区域、不同沉积方向的声速差异很小，可忽略不计。

2）衰减测量结果

分别测量试样不同方向底波达到 80% 满屏波高时的增益值，并与同厚度试块比较底波增益值。对应的锻件试块选用 Ti-6Al-4V，测量结果如表 5-2 所列。

表 5 - 2　电子束熔丝沉积成形材料衰减测量结果

试样材料	对比试块材料	声束沿沉积方向			声束垂直于沉积方向		
		试样	同厚度试块	Δ	试样	同厚度试块	Δ
TC4	Ti - 6Al - 4V	45dB	37dB	8dB	41dB	36dB	5dB

由表 5 - 2 可见，对于不同声束入射方向，TC4 钛合金材料沿着沉积方向衰减大；另外，与所采用的对比试块相比，TC4 钛合金试样在两个方向上的衰减都大于锻件 Ti - 6Al - 4V 试块（分别为 5dB 和 8dB）。可见，目前所使用的锻件 Ti - 6Al - 4V 试块与熔丝沉积成形材料的声特性有一定差异，可能对检测结果的准确性产生一定影响，设计和制作相同材料的对比试块是十分必要的。由于不同声束入射方向、不同牌号材料之间的声特性差异也较大，需要针对不同牌号和声束入射方向分别制作试块。

3）噪声水平测量结果

对 TC4 钛合金材料不同深度、不同声束入射方向的噪声水平进行比较，测量结果如图 5 - 3 所示。

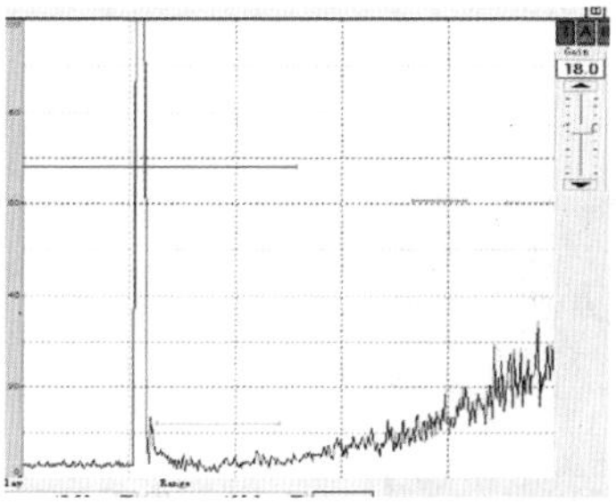

沿沉积方向
（深度 4～27mm，扫查灵敏度 φ0.8＋18dB）

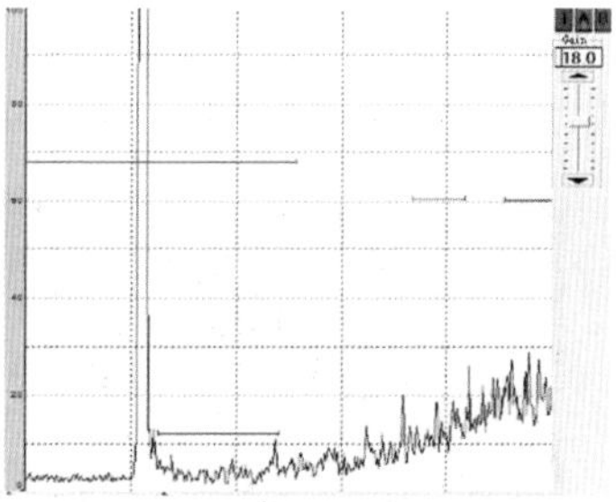

垂直沉积方向
（深度 4～27mm，扫查灵敏度 φ0.8＋18dB）

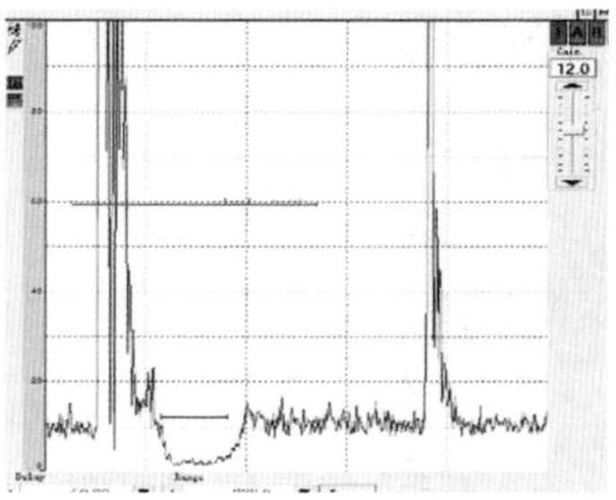

沿沉积方向
（深度 25～51mm，扫查灵敏度 φ0.8＋12dB）

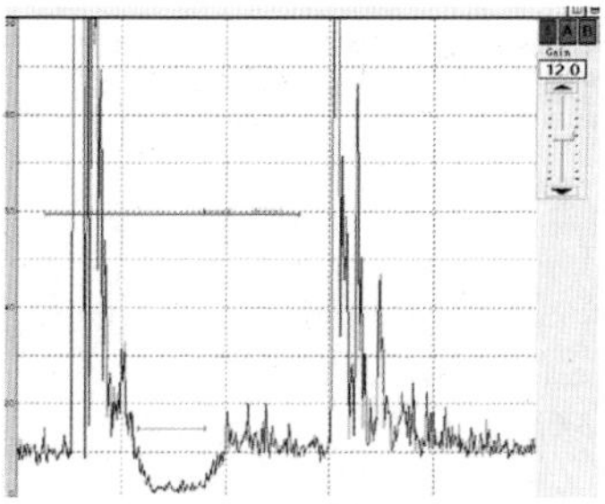

垂直沉积方向
（深度 25～51mm，扫查灵敏度 φ0.8＋12dB）

图 5 - 3　TC4 钛合金电子束熔丝沉积成形材料噪声水平

由图 5-3 可见，对于 TC4 钛合金电子束熔丝沉积成形材料，无论沿着沉积方向或垂直于沉积方向，噪声水平都不高于 $\phi 0.4-24dB$ 平底孔当量，垂直沉积方向噪声水平略高。

2. 不同沉积方向电子束熔丝沉积成形材料缺陷特征研究

使用 $Ti-6Al-4V-\phi 0.8mm$ 对比试块制作 DAC 曲线用于 TC4 钛合金电子束熔丝沉积成形材料的超声检测，探头距离-幅度曲线如图 5-4 所示。不同声束入射方向的 C 扫描结果如图 5-5 和图 5-6 所示。

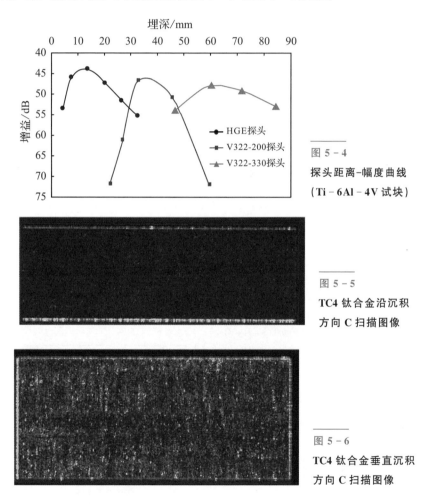

图 5-4

探头距离-幅度曲线

（Ti-6Al-4V 试块）

图 5-5

TC4 钛合金沿沉积

方向 C 扫描图像

图 5-6

TC4 钛合金垂直沉积

方向 C 扫描图像

由图 5-6 可见，在相同的扫查灵敏度（$\phi 0.8-18dB$）下，声束垂直于沉积方向入射时，C 扫描图像上可见大量点状、链状显示，当量尺寸在 $\phi 0.8-$

19.5dB 和 ϕ 0.8 – 25dB 之间。这些显示可能是由于组织异常引起的，其典型
A 扫描波形如图 5 – 7 所示。由于钛合金熔丝沉积成形材料制造工艺及组织特
征的复杂性，不能仅仅根据 C 扫描图像和 A 扫描波形断定是否为缺陷显示，
需要结合显微实验的结果进行进一步分析。

　　声束沿着沉积方向入射的 C 扫描图像（图 5 – 5）上未见明显的异常显示。
由以上结果可见，TC4 钛合金电子束熔丝沉积成形材料具有明显的方向性，
将对超声检测产生影响。

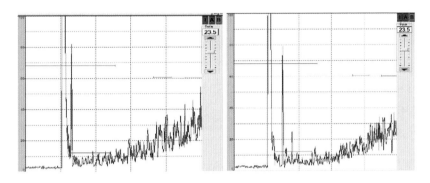

显示 1（埋深 5.5mm，当量 ϕ 0.8 – 23.5dB）　显示 2（埋深 9mm，当量 ϕ 0.8 – 23.5dB）

图 5 – 7　典型 A 扫描波形

　　采用 5MHz 平探头对试样进行底波监控，C 扫描结果如图 5 – 8 和图 5 – 9
所示。由检测结果可见，无论声束从哪个方向入射，底波幅度都具有明显的
变化，说明材料组织不均匀，衰减变化大。其中，沿着沉积方向底波损失较
大的区域多呈点状、面状分布，与良好部位的幅度差值最大可达 13dB。垂直
于沉积方向底波明显降低的区域则主要呈链条状，且具有明显的层状分布规
律，底波幅度差值最大可达到 20dB。

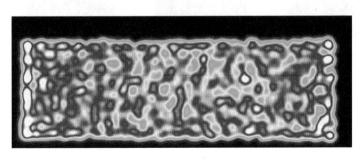

图 5 – 8

TC4 钛合金沿沉积
方向底波监控结果

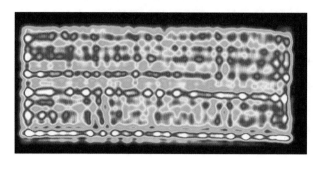

图 5 - 9
TC4 钛合金垂直沉积方向底波监控结果

3. 电子束熔丝沉积成形 TC4 钛合金材料不同方向平底孔检测试验

制作两块 65mm×65mm×65mm 规格的 TC4 钛合金电子束熔丝沉积成形材料，并在不同方向制作平底孔，随后进行水浸法和接触法检测试验。表 5 - 3 和表 5 - 4 分别列出了平底孔 C 扫描图像、水浸法和接触法的平底孔波形以及不同成形方向的显微照片。表 5 - 5 汇总了不同方向、不同衰减位置平底孔的灵敏度水平。

表 5 - 3　1♯ 试样不同方向平底孔超声检测结果

试验面	*Y - Z* 面(*X* 向检测)	*X - Z* 面(*Y* 向检测)	*X - Y* 面(*Z* 向检测)
1♯ 试样平底孔打孔位置	61dB(56~83dB/80%)	61dB(53~84dB/80%)	59dB(55~81dB/80%)
1♯ 试样平底孔 C 扫描图像			
1♯ 试样平底孔水浸法波形	灵敏度：61.5dB	灵敏度：59.5dB	灵敏度：65dB

（续）

试验面	Y-Z 面（X 向检测）	X-Z 面（Y 向检测）	X-Y 面（Z 向检测）
1#试样平底孔接触法波形	灵敏度：53dB	灵敏度：52dB	灵敏度：52dB
宏观显微照片（1∶1）			
低倍照片（7.8∶1）			

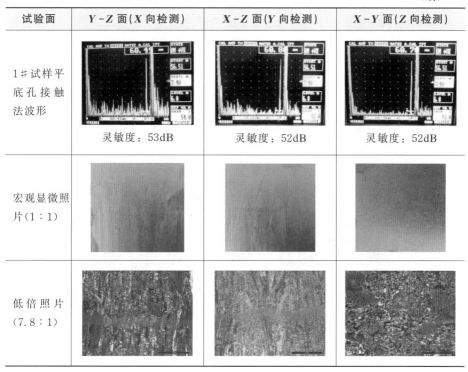

表 5-4　2#试样不同方向平底孔超声检测结果

试验面	Y-Z 面（X 向检测）	X-Z 面（Y 向检测）	X-Y 面（Z 向检测）
2#试样平底孔打孔位置	61dB（59～77dB/80%）	61dB（53～84dB/80%）	59dB（59～81dB/80%）
2#试样平底孔 C 扫描图像			

(续)

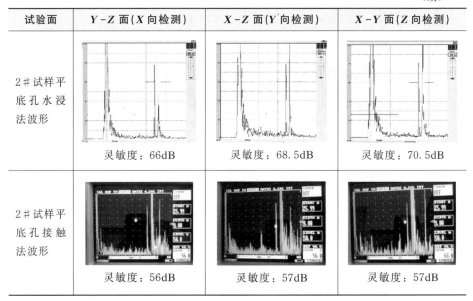

试验面	Y-Z 面(X 向检测)	X-Z 面(Y 向检测)	X-Y 面(Z 向检测)
2#试样平底孔水浸法波形	灵敏度：66dB	灵敏度：68.5dB	灵敏度：70.5dB
2#试样平底孔接触法波形	灵敏度：56dB	灵敏度：57dB	灵敏度：57dB

表 5-5   不同方向上平底孔的灵敏度

检测方法	试样编号	X 向检测	Y 向检测	Z 向检测
水浸法	1#	61.5dB	59.5dB	65dB
	2#	66dB	68.5dB	70.5dB
接触法	1#	53dB	52dB	52dB
	2#	56dB	57dB	57dB

由表 5-3~表 5-5 可见：

(1)TC4 钛合金电子束熔丝沉积成形材料的水浸法检测信噪比整体优于接触法。

(2) 水浸法检测时，不同入射方向，衰减小部位(1#)的平底孔灵敏度最大相差 5.5dB，衰减大部位(2#)最大相差 4.5dB，均为 Z 向灵敏度最低；同一方向入射，衰减不同部位，衰减小部位的灵敏度比衰减大部位最大高 9dB（Y 向）。

(3) 接触法检测时，不同方向、衰减类似部位，灵敏度几乎无差异；衰减小部位(1#)比衰减大部位(2#)灵敏度高，最大相差 5dB。

(4) TC4 钛合金电子束熔丝沉积成形材料的组织具有明显不均匀性，X、Y 向截面可见粗大柱状晶，穿过多个沉积层甚至贯穿整个截面；Z 向粗晶、细晶分布不均匀，无明显规律性；材料组织与底损扫查结果具有对应性。

4. 对比试块试验料的超声检测

1）试块料概况

电子束 TC4 钛合金对比试块试验料示意图如图 5 - 10 所示。

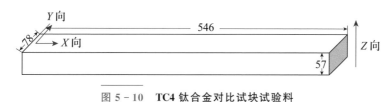

图 5 - 10　TC4 钛合金对比试块试验料

2）试块料检测结果

首先对试块料进行超声检测，检测参数如下：

对比试块试验料采用 USIP40 超声波探伤仪、探头 HGE5827A（10MHz 聚焦探头）、5MHz 水浸平探头进行。

HGE5827A 探头检测时水距 50mm，检测灵敏度为 ϕ 0.8mm，采用 Ti - 6Al - 4V - ϕ 0.8mm 对比试块调整检测灵敏度。灵敏度调整参数如表 5 - 6 所列。

表 5 - 6　Ti - 6Al - 4V - ϕ 0.8 锻件 TCG 曲线数据

序号	埋深/mm	增益/dB
1	3.8	67.8
2	6.8	60.8
3	9.7	57.3
4	16.8	55.5
5	16	55.4
6	19	56.2
7	22	57.5
8	25	59
9	31.5	61.5
10	44	66.9

Ti - 6A1 - 4V - ϕ 0.8mm 距离 - 幅度曲线如图 5 - 11 所示。

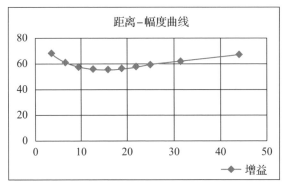

图 5 - 11

Ti - 6Al - 4V - ϕ 0.8mm

距离 - 幅度曲线

超声 C 扫描结果如图 5 - 12 所示，典型缺陷波形如图 5 - 13 所示，底损扫查结果如图 5 - 14 所示。

图 5 - 12

超声 C 扫描结果

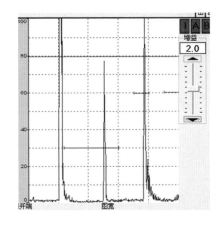

图 5 - 13

典型缺陷波形

（埋深 30mm，当量大小 ϕ 0.8 - 2dB）

图 5 - 14

底损扫查结果

从图 5 - 12、图 5 - 13 和图 5 - 14 可以看出，试验料除小部分区域外，未发现明显异常，底波损失均匀，试块制作时应避开缺陷区。

3）对比试块的设计与制作

根据典型钛合金制件的厚度，设计了相应的对比试块，共制作了两组平底孔阶梯试块，孔径为 0.8mm。制作完成的阶梯平底孔试块如图 5‐15 所示。

图 5‐15

自行研制的电子束熔丝沉积成形平底孔对比试块

对制作完成的对比试块平底孔采用硅橡胶进行覆型检验，所制作平底孔试块的孔径及倒角均满足要求，检验结果如图 5‐16 所示。

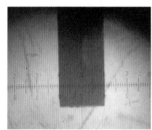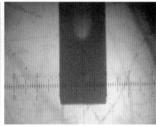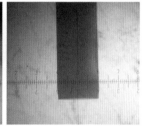

图 5‐16　**典型平底孔覆型图**

通过对试块试验料的超声检测，设计制作了 TC4 钛合金超声检测用对比试块，经检验满足检测要求，可用于实际零件检测。

分别采用 5MHz 平探头和 10MHz 聚焦探头在对比试块上开展灵敏度试验，探头的距离‐幅度曲线如图 5‐17 所示。

从图 5‐18 A 扫描波形上可以看出，埋深 35mm 平底孔采用 5MHz 平探头幅度达到 80% 时设备增益为 83.5dB，信噪比为 $\phi 0.8-18$dB；采用 10MHz 探头时设备增益为 72dB，信噪比高于 $\phi 0.8-18$dB。10MHz 聚焦探头灵敏度和信噪比均优于 5MHz 平探头，且均能满足 $\phi 0.8$mm 当量平底孔检测要求。

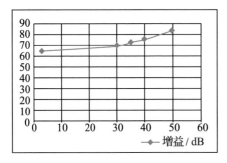

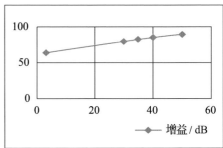

(a) 10MHz 聚焦探头距离－幅度曲线　　　(b) 5MHz 平探头距离－幅度曲线

图 5－17　探头的距离－幅度曲线

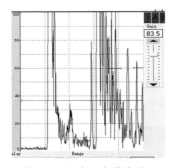

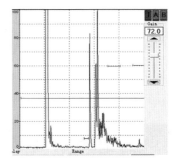

(a) 埋深 35mm 超声 A 扫描波形（5MHz）　　(b) 埋深 35mm 超声 A 扫描波形（10MHz）

图 5－18　不同探头 A 扫描信噪比对比波形

5.1.3　不同成形工艺对比试块和锻件 TC4 钛合金试块的比较

1. 不同成形工艺试块的接触法对比

在制件检测过程中，为了明确电子束熔丝沉积成形工艺和变形 TC4 钛合金试块、激光熔丝沉积成形 TC4 钛合金试块的检测灵敏度差异，对三种试块进行接触法距离－幅度曲线的对比分析，试验采用 5MHz 接触法探头。试验结果如图 5－19 所示。

从图上能够看出，用接触法试验三种试块的总体衰减规律是一致的，但锻件 TC4 钛合金试块的平底孔反射幅度低于两种熔丝沉积成形工艺的试块。接触法在检测深度范围内，激光熔丝沉积成形工艺和锻件试块最大差值为 4dB，电子束熔丝沉积成形工艺 TC4 钛合金和锻件试块最大差值为 5dB。两种熔丝沉积成形工艺在平行于沉积方向上 30mm 的深度范围内检测灵敏度基本一致。

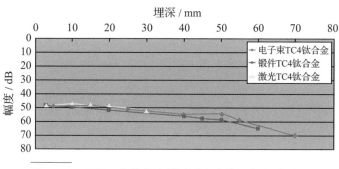

图 5 - 19　不同工艺的超声检测对比试块距离-幅度曲线

2. 三种试块的水浸法对比试验

使用 HGE、V322 - 200 和 V322 - 250 三种探头进行超声分区聚焦试验。试验结果距离 - 幅度曲线如图 5 - 20 所示。

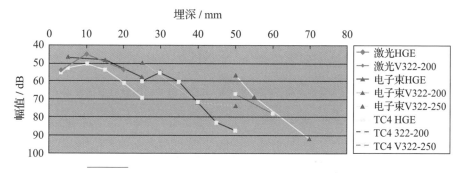

图 5 - 20　三种试块超声水浸分区聚焦试验距离-幅度曲线

从图 5 - 20 可以看出，在整体趋势上，变形 TC4 钛合金试块的平底孔反射幅度低于两种熔丝沉积成形工艺的试块，但个别数据仍具有一定分散性。在 25mm 的深度区范围，变形 TC4 钛合金和电子束熔丝沉积成形试块最大差值为 11dB，和激光熔丝沉积成形的最大差值为 7.5dB。这个结果和接触法检测趋势是一致的，但水浸法试验的差值更大。

接触法和水浸法的试验结果说明，整体比较而言，两种熔丝沉积成形工艺 TC4 钛合金对比试块与变形 TC4 钛合金的灵敏度均存在一定差异。但根据前期试验结论可知，熔丝沉积成形材料不同区域衰减差异很大，若在衰减不同的位置打孔，其灵敏度将有一定差异。如果综合考虑打孔位置的衰减差异带来的影响，则激光熔丝沉积成形与变形 TC4 钛合金试块灵敏度差异相对较小，电子束熔丝沉积成形与变形 TC4 钛合金试块灵敏度差异稍大。采用变形 TC4 钛合金试块是在不具备同工艺试块的情况下的代用措施，为确保检测结果的准确，对于两种熔丝沉积成形工艺制件的检测，应要求制作与被检制件同材料、同工艺、相同成形方向的试块。

5.1.4　电子束熔丝沉积成形不同无损检测方法检测灵敏度比较

针对 TC4 钛合金电子束熔丝沉积成形试验料，选择典型缺陷试样，开展不同检测方法检测试验及缺陷解剖分析，分析比较不同检测方法的灵敏度。

1. 超声检测

针对 TC4 钛合金电子束熔丝沉积成形解剖试样，声束分别从 Z 向、X 向、Y 向入射进行超声 C 扫描检测，同一缺陷不同方向的 C 扫描图及缺陷当量如表 5-7 所列。

由表 5-7 可见，同一缺陷在不同声束入射方向的超声显示差异很大。在所有解剖试样中，声束沿沉积方向入射时，超声检测的信噪比最高，缺陷当量尺寸均大于声束垂直沉积方向入射，差值均在 10dB 以上。

表 5-7　TC4 钛合金电子束熔丝沉积成形解剖试样超声 C 扫描结果

试样编号	Z 向埋深/mm	Z 向入射	X 向入射	Y 向入射
2#	19.93	当量 $\phi 0.8 + 9$dB	当量 $\phi 0.8 - 7.5$dB	当量 $\phi 0.8 - 7$dB
3#	8.24	当量 $\phi 0.8 + 6$dB	当量 $\phi 0.8 - 8$dB	当量 $\phi 0.8 - 3$dB

（续）

试样编号	Z 向埋深/mm	Z 向入射	X 向入射	Y 向入射
4#	16.18	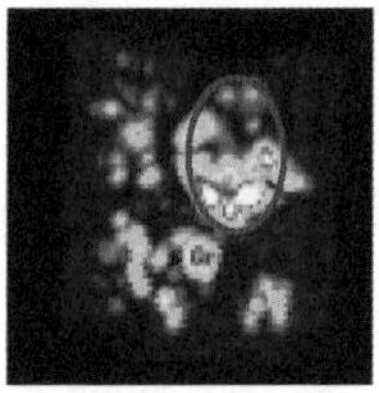 当量 $\phi 0.8 + 7.5$dB	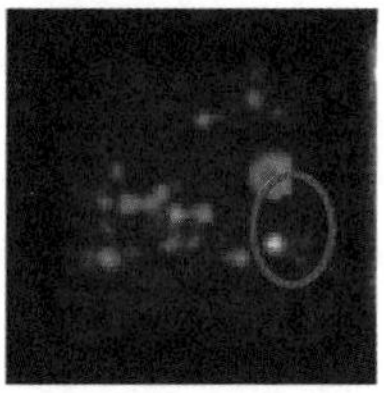 当量 $\phi 0.8 - 10$dB	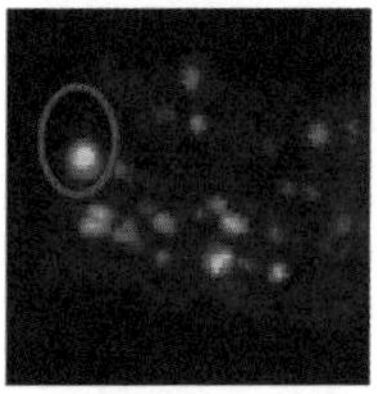 当量 $\phi 0.8 - 10$dB
5#	8.9	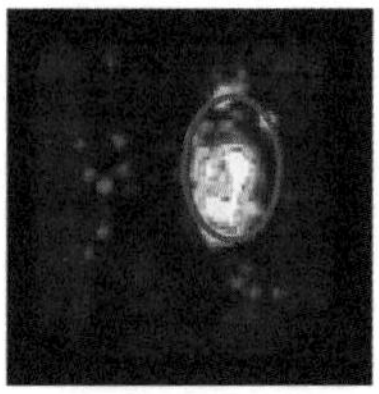 当量 $\phi 0.8 + 9.5$dB	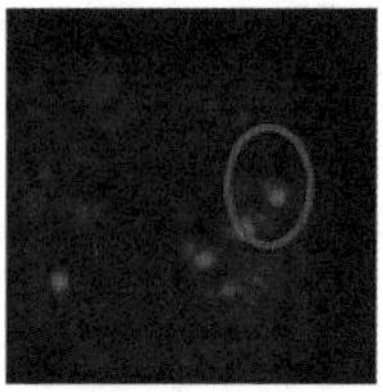 当量 $\phi 0.8 - 13$dB	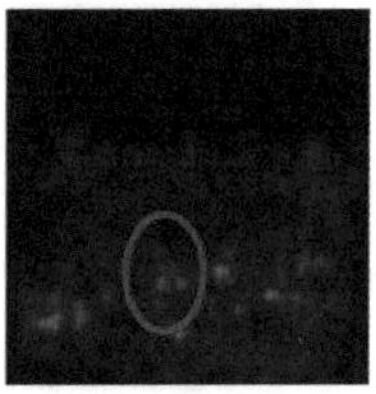 当量 $\phi 0.8 - 16$dB
6#	10.8	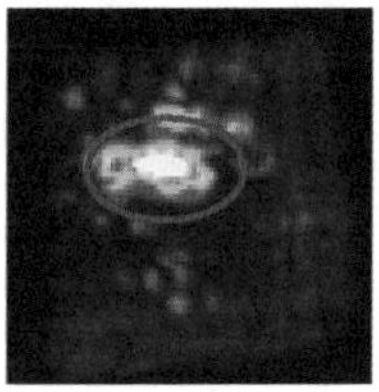 当量 $\phi 0.8 + 9.5$dB	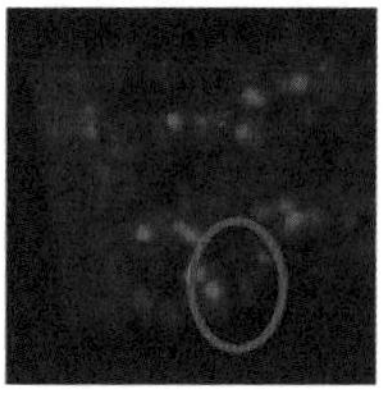 当量 $\phi 0.8 - 15$dB	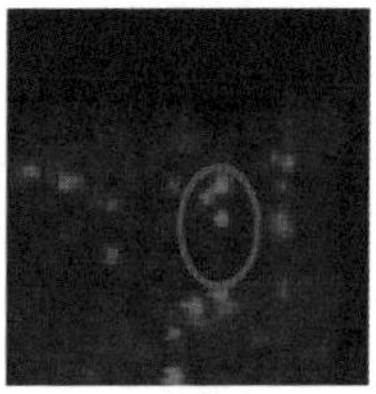 当量 $\phi 0.8 - 14$dB
7#	12	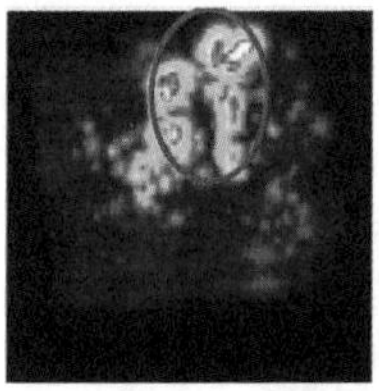 当量 $\phi 0.8 + 5$dB	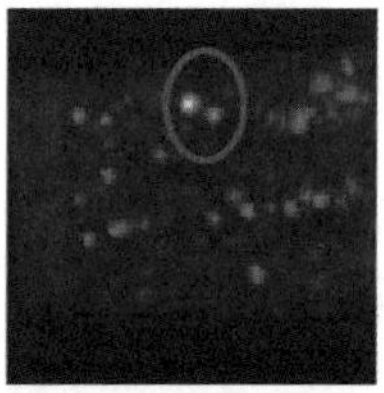 当量 $\phi 0.8 - 10$dB	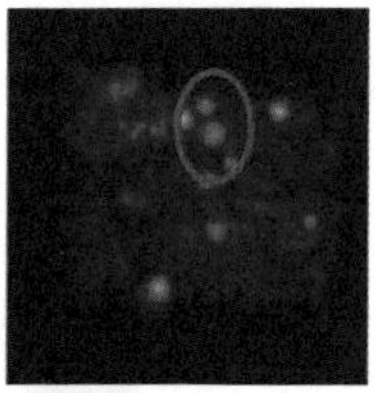 当量 $\phi 0.8 - 12$dB

2．X 射线检测

对上述试样进行 X 射线检测，检测结果见表 5-8 和图 5-21。

表 5 - 8　超声检测与 X 射线检测结果对比

试样编号	试样厚度/mm	超声当量尺寸(Z 向)/mm	X 射线检测	缺陷性质
1#	21	φ1.5	未检出	—
2#	20	φ1.34	未检出	—
3#	8.5	φ1.13	检出，尺寸φ1.2mm	气孔
4#	13	φ1.2	检出，尺寸φ1mm	气孔，熔合不良
5#	10	φ1.38	检出，尺寸φ0.4mm	气孔，组织异常
6#	12	φ1.38	检出，尺寸φ0.5mm	气孔，组织异常
7#	16.5	φ1.06	检出，尺寸φ1.2mm	气孔

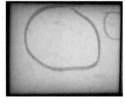

3#试样　　　　　4#试样　　　　　7#试样

图 5 - 21　典型缺陷 X 射线检测结果

由表 5 - 8 可见，采用 X 射线检测时，材料厚度对检测灵敏度影响明显。当厚度为 20~21mm 时，X 射线未能发现超声当量为 φ1.3mm~φ1.5mm 缺陷；当厚度减小至 13mm 以下时，X 射线可检出的最小缺陷尺寸为 φ0.4mm（超声当量为 φ1.4mm）。

3. 荧光渗透检测

对上述试样进行荧光渗透检测，检测结果如图 5 - 22 所示，荧光检测可以清晰显示表面气孔类缺陷。

图 5 - 22

荧光检测显示

4. CT 检测

选取表 5-8 中的 2♯、3♯ 和 5♯ 试样，进行 CT 检测试验。检测结果如图 5-23～图 5-25 所示。

（a）未熔合

（b）条形未熔合缺陷　　　　　　（c）密集气孔

图 5-23　2♯试样

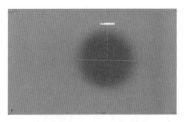

（a）垂直 Z 向（1.15mm）

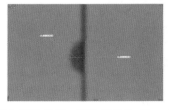

（b）平行 Z 向，垂直 X 向（1.15mm）　　（c）平行 Z 向，垂直 Y 向（1.08mm）

图 5-24　3♯试样

CT检测方法可以对材料进行"切片式"成像检测，检测缺陷更全面，位置显示更精确。在图5-23中，可以看到2#试样经CT检测，检测出两处未熔合和多处气孔缺陷；在图5-24中，3#试样检测出一个大气孔缺陷，从三个方向测量，其气孔尺寸均在1mm左右；在图5-25中，5#试样检测出多处气孔缺陷。

图 5 - 25

5#试样

5. 解剖显微观察

对缺陷试样切割并打磨至缺陷深度后，采用扫描显微镜对缺陷的形态、特征、大小等进行了分析。典型缺陷的形貌如图5-26所示。

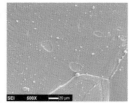

（a）1#试样

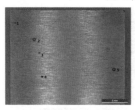

（b）2#试样

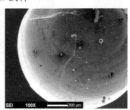

图 5 - 26

（c）3#试样

各试样缺陷形貌

由上述缺陷试样扫描照片可见，1♯试样缺陷形状不规则，可能是未熔合缺陷；2♯试样表面存在多个小气孔；3♯试样为气孔型缺陷。

6. 各检测结果比较

对表 5-8 中试样采用上述检测方法检测，检出的缺陷情况对比如表 5-9 所列。

表 5-9　不同检测方法检出缺陷对比

试样编号	试样厚度/mm	超声当量尺寸/mm	X 射线检测结果	荧光渗透检测结果	CT 检测结果	金相检测结果
1	21	1.5	未检出	表面未熔合	—	未熔合，7.5mm×4.3mm
2	20	1.34	未检出	表面气孔	气孔、未熔合	多个气孔、未熔合
3	8.5	1.13	气孔，尺寸 $\phi 1.2$mm	表面气孔	气孔	单个大气孔，$\phi 1.17$mm
4	13	1.38	气孔，尺寸 $\phi 1.0$mm，熔合不好	表面气孔	—	—
5	10	1.38	气孔，尺寸 $\phi 0.4$mm	表面气孔	气孔	—
6	12	1.06	气孔，尺寸 $\phi 0.5$mm	表面气孔	—	—
7	16.5	1.34	气孔，尺寸 $\phi 1.2$mm	表面气孔	—	—

由表 5-9 分析，对电子束熔丝沉积成形材料，超声检测方法具有较高的检测灵敏度，尤其在厚度较大制件的检测中具有优势，但其表现形式为某一深度下整体缺陷的集合，不能给出缺陷性质，且当同一位置不同深度下存在缺陷时，不能对不同深度的缺陷进行良好的分辨；射线检测方法适合厚度较小的制件，在此试验中，对 13mm 厚度以下试样内的气孔缺陷具有较好的检测效果，对 20mm 厚度以上的试样检测效果不好，另外，该方法对沿透照方

向厚度尺寸较小的未熔合缺陷，检测效果不佳；荧光渗透检测对电子束熔丝沉积成形材料表面缺陷具有较好的检测效果；CT 检测方法检测灵敏度较高，能够精确检测缺陷的位置、尺寸，并对缺陷性质具有一定的体现，但 CT 检测耗时长，成本高，且不适合较大体积制件。

综上所述，在进行检测方法的选择时，应综合分析各种无损检测方法的优缺点，并充分考虑被检对象的尺寸、成形方向、缺陷性质、缺陷位置及检测灵敏度要求等，将各种无损检测方法结合使用。

5.1.5 电子束沉积成形实际制件检测

1. 制件经热等静压处理前检测

对典型制件进行超声检测，检测面及声束入射方向如图 5-27 所示，检测结果如图 5-28～图 5-31 所示以及如表 5-10～表 5-13 所列。

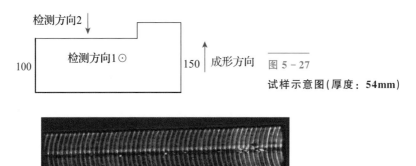

图 5-27
试样示意图(厚度：54mm)

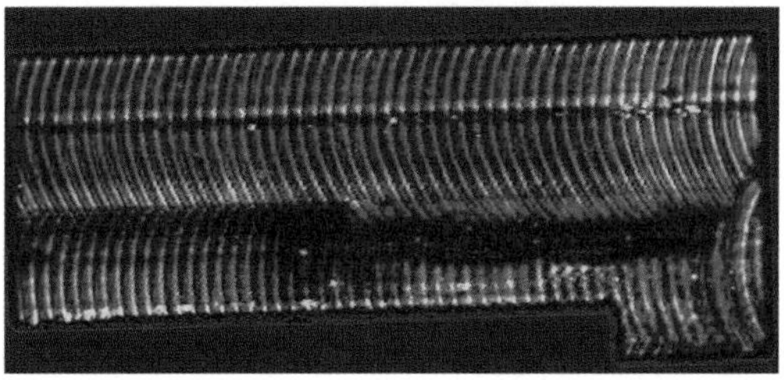

图 5-28
声束垂直成形方向
检测结果(正面)

表 5-10 声束垂直成形方向检测数据(正面)

序号	缺陷埋深/mm	缺陷当量
1	25	$\phi 0.8-4dB$
2	20	$\phi 0.8-9\,dB$
3	38	$\phi 0.8-8.5\,dB$
4	9	$\phi 0.8-1.5\,dB$
5	5	$\phi 0.8-1.5\,dB$

图 5 – 29
声束垂直成形方向
检测结果(反面)

表 5 – 11　声束垂直成形方向检测数据(反面)

序号	缺陷埋深/mm	缺陷当量
1	12	$\phi 0.8 + 4$ dB
2	26	$\phi 0.8 + 4$ dB
3	6	$\phi 0.8 - 3.5$ dB
4	33	$\phi 0.8$ dB
5	7	$\phi 0.8 - 6.5$ dB
6	5	$\phi 0.8 + 4.5$ dB
7	5	$\phi 0.8 + 0.5$ dB

图 5 – 30　声束平行于成形方向检测结果(正面)

表 5 – 12　声束平行于成形方向检测数据(正面)

序号	缺陷埋深/mm	缺陷当量
1	28	$\phi 0.8 + 5.5$ dB
2	29	$\phi 0.8 + 5.5$ dB
3	28	$\phi 0.8 + 6$ dB
4	29	$\phi 0.8 + 9.5$ dB
5	9	$\phi 0.8 + 7.5$ dB

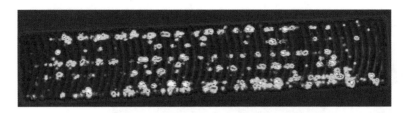

图 5 - 31　声束平行于成形方向检测结果(反面)

表 5 - 13　声束平行于成形方向检测数据(反面)

序号	缺陷埋深/mm	缺陷当量
1	34	$\phi 0.8 + 5$ dB
2	31	$\phi 0.8 + 3$ dB
3	31	$\phi 0.8 + 16.5$ dB
4	30	$\phi 0.8 + 5.5$ dB
5	30	$\phi 0.8 + 4.5$ dB

从上述检测结果可以看出，沿成形方向检出的缺陷数量远大于沿垂直方向检出的，其缺陷尺寸也远大于沿垂直方向。这也证明沿成形方向为缺陷的最佳检测方向。

2. 制件经热等静压处理后检测

制件经热等静压处理后沿沉积方向检测结果如图 5 - 32 所示。

(a)正面检测结果

(b)反面检测结果

图 5 - 32　热等静压处理后沿沉积方向检测结果

对比后发现，经过热等静压处理，在同一灵敏度下（$\phi 0.8mm$ 当量）检测，制件内部未发现明显异常。由此可见，热等静压处理可以大幅改善制件内部质量。

通过以上工作，可以得出如下结论：

（1）电子束熔丝沉积成形 TC4 钛合金材料具有明显的方向性，不同成形方向以及同一成形方向上不同位置的声速、衰减以及显微组织差异大。

（2）在三个方向上均可满足当前典型件所要求的 $\phi 0.8mm$ 检测灵敏度，其中，声束沿成形方向入射时检测灵敏度和信噪比最高。在实际检测中，应优先采用水浸聚焦法进行检测，对于特殊部位无法使用水浸法时，可考虑使用接触法。

（3）对于电子束熔丝沉积成形 TC4 钛合金材料，缺陷主要为气孔和未熔合，超声、X 射线、CT、荧光渗透检测方法均可在一定程度上对其进行检测。超声检测方法受材料厚度限制较小，但在缺陷性质判断和纵向检测分辨率方面具有局限性；X 射线检测方法受被检件厚度限制，厚度越大，检测灵敏度越低，且对开口较小的未熔合缺陷检测效果不佳；荧光渗透检测方法灵敏度高，适合于表面缺陷检测；CT 检测方法也具有灵敏度高、分辨率好、可判断缺陷性质的特点，但其耗时长、成本高、可检测制件小。

5.2　电子束熔丝沉积成形 A‐100 合金钢无损检测方法及缺陷判定

5.2.1　电子束熔丝沉积成形 A‐100 合金钢超声检测试验研究

1. 电子束熔丝沉积成形 A‐100 合金钢研究技术方案

针对 A‐100 合金钢电子束熔丝沉积成形试样进行超声检测试验，确定 A‐100 合金钢的超声可检性。使用 5MHz 平探头（MATEC）和 USIP40 设备，分别测量试样不同方向底波达到 80％满屏波高时的增益值，并与同厚度试块比较底波增益值，从而对材料的声衰减特性进行评价。

由于试验料尺寸为 $150mm \times 150mm \times 15mm$，声束仅能从平行于沉积方向入射进行检测试验，试验采用 HGE 探头进行缺陷检测，采用 5MHz 水浸平探头进行底波损失检查，检测结果如图 5‐33 所示。

图 5 – 33

A – 100 合金钢超声 C 扫描图像

图中异常显示最大当量为 $\phi 0.8 + 8dB$，埋深在深度范围内随机分布，A – 100合金钢噪声水平及典型异常显示波形如图 5 – 34 所示。

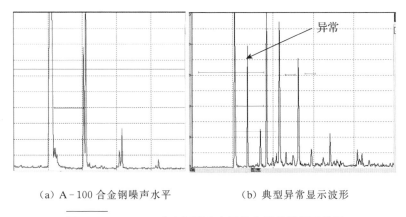

（a）A – 100 合金钢噪声水平　　　（b）典型异常显示波形

图 5 – 34　**A – 100 合金钢噪声水平及典型异常显示波形**

由上述试验结果可以看出，A – 100 合金钢在 $\phi 0.8mm$ 灵敏度下，噪声水平不超过探伤仪满屏幕的 5%（图 5 – 34（a）），底损扫查显示均匀（图 5 – 35），采用 10MHz 聚焦探头可以有效发现该材料中的异常显示（图 5 – 34（b）），从而证明了该材料具有较好的超声可检性。

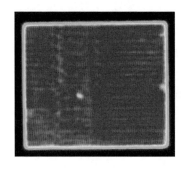

图 5 – 35

A – 100 合金钢底损扫查显示

2．电子束熔丝沉积成形 A‐100 合金钢对比试块制作

根据典型 A‐100 合金钢制件的厚度，设计了相应的对比试块，制作了平底孔阶梯试块，孔径为 0.8mm，如图 5‐36 所示。

图 5‐36

A‐100 合金钢电子束熔丝沉积成形平底孔试块(Z 向检测)

对试块进行覆型检验，由覆型检验结果(图 5‐37)可见，所有平底孔孔壁光滑，孔底无明显倒角，孔径尺寸基本符合要求。所制作试块的距离‐幅度曲线如图 5‐38 所示。

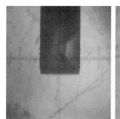 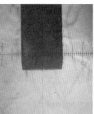 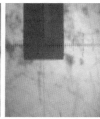 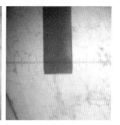

（a）埋深 3mm　　（b）埋深 10mm　　（c）埋深 20mm　　（d）埋深 30mm

图 5‐37　平底孔覆型照片

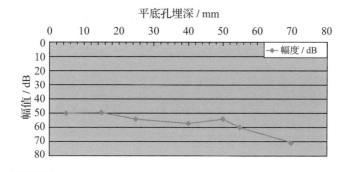

图 5‐38　**A‐100 合金钢电子束熔丝沉积成形试块距离‐幅度曲线**

由图 5 - 38 所示的距离 - 幅度曲线可以看出，平底孔幅值分布规律没有完全符合平探头的声场分布规律，结合上面的试验结果，分析认为这是由于电子束熔丝沉积成形 A - 100 合金钢材料组织不均匀造成的。

5.2.2 电子束熔丝沉积成形 A - 100 合金钢磁粉检测研究

1. 磁粉检测工艺试验

检测设备采用 2000 型交直流磁粉探伤机，检测方法为连续湿法，磁化方法为直流纵向磁化，检测材料为荧光油悬液，磁化电流值为 10A。

通过采用灵敏度 30/100 试片显示清晰，如图 5 - 39 所示。

图 5 - 39

灵敏度试片显示情况

在对试样进行检测时，发现贯穿条状显示，如图 5 - 40 所示。

图 5 - 40

贯穿条状显示

以上试验结果说明，磁粉检测可以有效发现零件表面缺陷。

2. 磁特性参数测定

通常情况下，磁粉检测工艺是根据材料的磁特性参数（最大磁感应强度 B_s，剩磁场强度 B_r，矫顽力 H_c，最大磁导率 μ_m）而定的。因此掌握 A - 100 合金钢最终热处理状态下的磁特性参数很重要，对试验参数及工艺的制定尤为重要。

根据 Q/6S 2059 - 2005《磁粉检验用磁滞回线测量方法》要求，将材料不同热处理状态 A - 100 合金钢加工成圆环状试样，如图 5 - 41 所示。测试设备如图 5 - 42 所示，为磁滞回线测试系统。

图 5 - 41　A - 100 合金钢环形试样　　　图 5 - 42　磁滞回线测试系统

对 A - 100 合金钢最终热处理状态进行磁特性测量，可以得到如图 5 - 43 所示的磁化曲线。

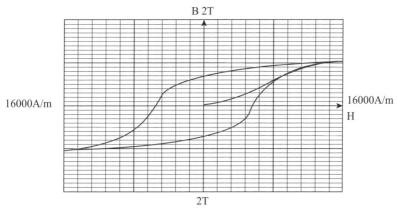

图 5 - 43　电子束熔丝沉积成形 A - 100 合金钢最终热处理状态下磁化曲线

试验研究工作最终确立了检测方法和工艺参数。其他关于磁粉检测常规的规范和工艺则完全参考 HB/Z 72 中的内容以保证本标准的系统性和全面性。

3. 标准工艺规范制定

1) 周向磁化规范

通电磁场基本计算式为

$$H = \frac{I}{2\pi r}$$

其磁化电流即为

$$I = 2\pi rH = \pi DH$$

式中，I 为电流（A）；r 为工件半径（mm）；D 为工件直径（mm）；H 为切向磁场强度（kA/m）。

根据相关资料，标准磁化规范选取磁感应强度趋近饱和，约为饱和磁感应强度的 80%～90%。严格规范磁化场选取在基本饱和区，约为饱和磁感应强度的 90% 以上。据此，可推算周向磁化规范，即

标准磁化规范：$I = (22\sim25)D$

严格磁化规范：$I = (25\sim32)D$

2) 纵向磁化规范

纵向磁化规范采用 HB/Z 72 中的规定进行。通过对电子束熔丝沉积成形 A-100 合金钢制件最终热处理状态进行磁特性分析，最终编写了电子束熔丝沉积成形 A-100 合金钢制件磁粉检测方法。标准的制定，更具针对性，为今后批量生产电子束熔丝沉积成形 A-100 合金钢制件的磁粉检测提供依据，为其他结构钢磁粉检测的异常磁痕现象的评判提供借鉴。

5.2.3 电子束熔丝沉积成形 A-100 合金钢射线检测试验

射线检测试验选取 4 块 A-100 合金钢试样为研究对象，并在每块试样上加工了 $\phi 0.8mm \times 5mm$ 平底孔，如图 5-44 所示。对试样按 HB/Z 60《X 射线照相检验》进行了 X 射线检测，平底孔均在底片上清晰可见，底片黑度和灵敏度均符合 HB/Z 60 相关要求。

1. 试样透照

利用 X 射线机对四块试样分别进行透照，透照布置和透照方式示意图如图 5-45 所示，具体透照参数如表 5-14 所列。

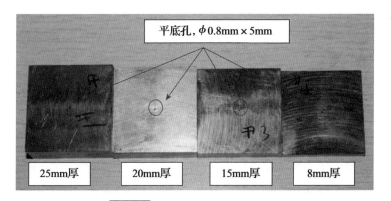

图 5-44　A-100 合金钢试样外观

图 5-45　透照布置和透照方式示意图

表 5-14　透照参数

试样	焦距/m	透照角度	电压 kV	曝光量/(mA·min)
25mm 厚	1.5	⊥	250	30
20mm 厚	1.5	⊥	220	30
15mm 厚	1.5	⊥	190	30
8mm 厚	1.5	⊥	155	30

2. 检测结果

将透照后的胶片进行冲洗，得到像质计灵敏度和黑度均符合 HB/Z 60-96 相关要求的合格底片，如表 5-15 所列，通过观察底片，4 块试样中的平底孔均在底片上清晰可见，如图 5-46 所示。

表 5 - 15   底片质量参数

试样	底片黑度要求	底片黑度	要求达到的像质计丝号	实际达到的像质计丝号	像质计丝径/mm	对比灵敏度
25mm 厚	1.5~4.0	1.57	12	12	0.25	1%
20mm 厚	1.5~4.0	1.69	12	13	0.20	1%
15mm 厚	1.5~4.0	1.90	13	13	0.20	1.3%
8mm 厚	1.5~4.0	6.01	15	15	0.125	1.6%

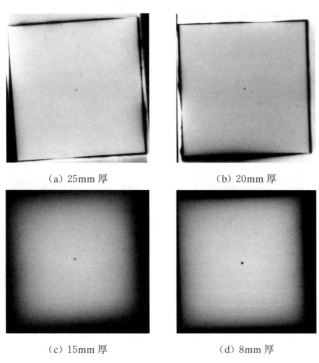

（a）25mm 厚　　　　　（b）20mm 厚

（c）15mm 厚　　　　　（d）8mm 厚

图 5 - 46   试样透照底片

通过以上试验结果可以得出，X 射线检测的对比灵敏度在 25mm 范围内能够达到 1.6%，符合 HB/Z 60 - 96 中的 B 级（高级）像质计灵敏度等级。

5.2.4   电子束熔丝沉积成形典型制件的超声自动扫查与评价技术

为了实现熔丝沉积成形制件的超声自动扫查与评价，首先根据典型制件外形和尺寸，设计了由水浸槽、移动式支撑框架和三轴扫描器组成的熔丝沉积成形制件专用扫查装置，装置设计如图 5 - 47 所示，其单次扫查范围可达

500mm×500mm×300mm($X×Y×Z$)。移动式支撑框架可实现三轴扫描器沿水浸槽纵向、横向组合移动，实现对被检制件不同部位检测的选择和切换，并避开制件上的无效扫查区域，达到快速、整体检测的目的。

针对超声检测系统普遍存在的电噪声干扰问题，主要从电机驱动器的选型入手，通过电机驱动、控制器件的合理选型，有效克服上述问题，保证检测灵敏度。

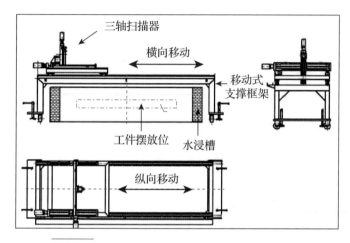

图 5 - 47　熔丝沉积成形制件专用扫查装置设计图

采用 C 扫描专用控制软件 C Scan Pro，可实现工件检测、数据存取、图像处理等功能，同时，系统还集成了基于 C 扫描图像的缺陷参数测量模块，可完成缺陷线性尺寸和面积的测量、统计、查询等工作，从而满足了缺陷评价要求，实现超声自动扫查成像与评价。系统软件主界面如图 5-48 所示。

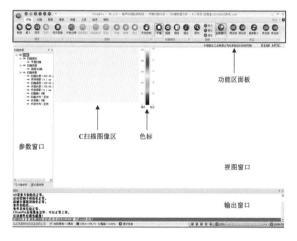

图 5 - 48

扫查控制软件主界面

在以上工作基础上，作者团队制作了大尺寸高能束熔丝沉积成形整体结构超声自动扫查与评价系统（图5－49），进行了包括平面扫描功能、人工伤检测、自然缺陷检测等的验证试验。结果表明，设计制作的超声自动扫查与评价系统成像结果可靠，定位、定量精度高，实现了扫查分辨率0.1mm、256级彩色显示的技术指标。目前，该扫查与评价系统已在多个电子束熔丝沉积成形产品的超声检测中得到初步应用，满足检测灵敏度要求。

图5－49

熔丝沉积成形制件超声
自动扫查与评价系统

第6章
TC18钛合金电子束熔丝沉积成形技术基础

TC18 钛合金是一种高合金化的高强钛合金，国外对应合金牌号为 BT22，是苏联在 20 世纪 60 年代末开发的高强钛合金，其名义成分为 Ti‒5Al‒5Mo‒5V‒1Cr‒1Fe。"协上五高"[①] 51‒2002《航空用 TC18 钛合金锻件技术条件》中规定的化学成分范围如表 6‒1 所列。

TC18 钛合金是一种临界浓度成分的过渡型 α＋β 型钛合金，它的 β 稳定化元素含量介于 α＋β 两相合金与 β 合金之间，也可以称其为亚稳定型近 β 钛合金，β 相的条件稳定系数 $K_β＝1.173$，即 β→α＋β 相转变的温度以上淬火已经不能得到马氏体型的显微组织，因此，这种合金具有更好的热处理强化效果和更大的淬透性，淬透深度可达 250mm。

表 6‒1 "协上五高" 51‒2002《航空用 TC18 钛合金锻件技术条件》中规定的化学成分

牌号	化学成分质量百分比/%											其他杂质(不大于)	
	主要成分					杂质元素(不大于)						其他杂质(不大于)	
	Al	Mo	V	Cr	Fe	C	Si	Zr	O	N	H	单一	总和
TC18 钛合金	4.4 ~ 5.7	4.0 ~ 5.5	4.0 ~ 5.5	0.5 ~ 1.5	0.5 ~ 1.5	0.1	0.15	0.3	0.18	0.05	0.015	0.1	0.3

注：Ti 为基体

由于 TC18 钛合金兼有 α＋β 钛合金和 β 钛合金的性能特性，具有热工艺塑性好、淬透性较高等优点，特别适合制造飞机机身和起落架等大型承力结构件。在飞机结构中使用 TC18 钛合金代替 TC4 钛合金或高强钢，结构质量可以减小 15%～20%。

---

① 黄伯云，李成功，石力开，等. 中国材料工程大典第 4 卷有色金属材料工程（上）. 北京：化学工业出版社，2006.

6.1 电子束熔丝沉积成形 TC18 钛合金典型组织特征

6.1.1 堆积态显微组织特征

图 6-1 为电子束熔丝沉积成形 TC18 钛合金两种堆积态（连续成形和间断成形）低倍组织，堆积态低倍组织由基板热影响区细等轴晶、沉积初始阶段的细柱状晶和粗柱状晶三部分构成。电子束熔丝沉积成形 TC18 钛合金低倍组织未发现 TC4 钛合金中的"三区两线"结构，但能够识别出间断造成的区域过渡特征，这可能与 TC18 钛合金 α+β/β 相变点低及堆积过程瞬时热冲击作用下 α 相变化较小有关。

图 6-2 为电子束熔丝沉积成形 TC18 钛合金堆积态高倍组织，可见堆积态 TC18 钛合金 β 基体上弥散分布细针状 α 相[58]。

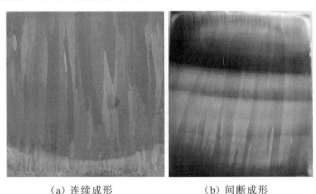

（a）连续成形 （b）间断成形

图 6-1 电子束熔丝沉积成形 TC18 钛合金两种堆积态低倍组织

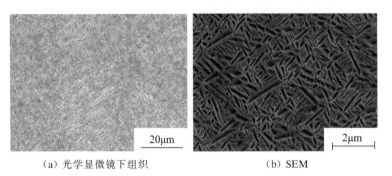

（a）光学显微镜下组织 （b）SEM

图 6-2 电子束熔丝沉积成形 TC18 钛合金堆积态高倍组织

6.1.2　热处理态显微组织特征

图 6-3 为 900℃ 保温 3h 热等静压态(900℃/3h/HIP)的显微组织，热等静压处理后低倍组织变化不大，当温度降低到 β/α+β 相变点以下时，原始 β 晶粒内析出 α 相，高温下析出的 α 相在温度降低过程中长大，形成由短棒状、细条状和细针状不同尺度 α 相和基体残余 β 相组成的混合组织。

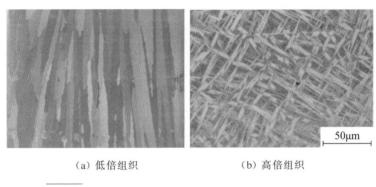

(a) 低倍组织　　　　　　　　(b) 高倍组织

图 6-3　TC18 钛合金热处理态(900℃/3h/HIP)显微组织

图 6-4 为电子束熔丝沉积成形 TC18 钛合金 900℃/3h/120MPa 热等静压后不同热处理状态下的高倍组织。图中(a)~(d)分别为 740℃、770℃、800℃、830℃ 热处理组织，可见显微组织由 β 基体和镶嵌在其上的棒状 α 相组成，温度较低的时候棒状 α 相长宽比较大，体积分数较高；随温度升高，棒状 α 相长宽比降低，数量减少；830℃ 保温 1h 后炉冷到 750℃ 再保温 2h 后空冷(AC)到室温，棒状 α 相明显粗化，长宽比进一步降低，但体积分数增加，如图 6-4(d)和(f)所示。

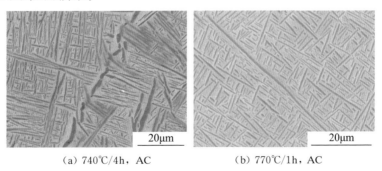

(a) 740℃/4h，AC　　　　　　　(b) 770℃/1h，AC

图 6-4　TC18 钛合金 900℃/3h/HIP 后不同热处理状态下的高倍组织

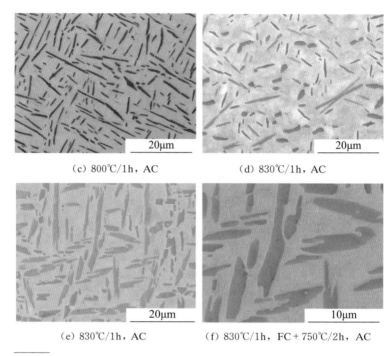

(c) 800℃/1h，AC   (d) 830℃/1h，AC

(e) 830℃/1h，AC   (f) 830℃/1h，FC+750℃/2h，AC

图 6 - 4   TC18 钛合金 900℃/3h/HIP 后不同热处理状态下的高倍组织（续）

图 6 - 5 为电子束熔丝沉积成形 TC18 钛合金三重热处理条件下第二重热处理温度变化对显微组织的影响。

图 6 - 5(a)～(d)分别为 725℃、740℃、755℃、770℃下保温 1h 的热处理组织，可见 β 基体上存在两种形态的 α 相：粗大的一次 α 相和细小弥散的二次α 相。在 830℃ 保温 1h 后炉冷到 725～770℃ 过程中，理论上随第二重热处理温度降低，β→α 相变越充分，一次 α 相体积分数增加，第三重热处理产生的细小弥散的二次 α 相的相变驱动力降低，数量减少。由图 6 - 5 可以看到，随第二重热处理温度升高，二次 α 相尺寸数量均增加。

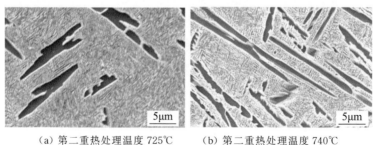

（a）第二重热处理温度 725℃   （b）第二重热处理温度 740℃

**图 6 - 5   不同第二重热处理温度对电子束熔丝沉积成形 TC18 钛合金组织
（第一重热处理温度为 830℃)的影响**

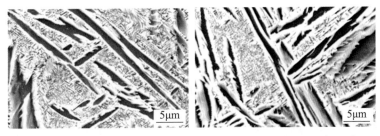

（c）第二重热处理温度 755℃　　　　（d）第二重热处理温度 770℃

图 6 - 5　不同第二重热处理温度对电子束熔丝沉积成形 TC18 钛合金组织
（第一重热处理温度为 830℃）的影响（续）

图 6 - 6 为低温退火温度对电子束熔丝沉积成形 TC18 钛合金显微组织的影响。
图 6 - 6(a)～(d)分别为 β/α + β 相变点上保温 40min 后水淬，然后分别在 500℃、
550℃、600℃、650℃ 保温 4h 后空冷得到的热处理组织，可见 β 基体上只存在一种
形态的 α 相，即细小弥散的细条状 α 相。随热处理温度升高，α 相尺寸增大，体积
分数增加。这种 α 相形状、尺寸、大小与 TC18 钛合金推荐的三重热处理最后一重
低温退火生成的二次 α 相相近，不同之处在于，图 6 - 6 中不存在一次 α 相，亚稳
β 相完全转化为低温 α 相，导致其长宽比更大、数量更多、体积分数更高。

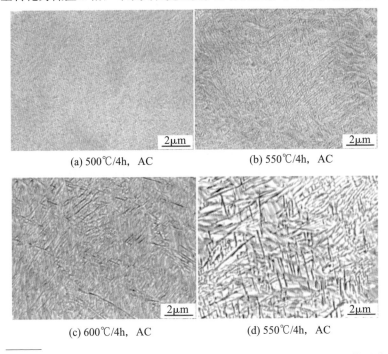

(a) 500℃/4h，AC　　　　　　(b) 550℃/4h，AC

(c) 600℃/4h，AC　　　　　　(d) 550℃/4h，AC

图 6 - 6　低温退火温度对电子束熔丝沉积成形 TC18 钛合金显微组织的影响

6.2 电子束熔丝沉积成形 TC18 钛合金性能调控

图 6-7(a)为单重退火后电子束熔丝沉积成形 TC18 钛合金中 β 基体的显微硬度，对应显微组织参考图 6-6(a)～(d)。可见，在 700～830℃ 范围内热处理，随温度升高，β 基体显微硬度呈降低趋势。对显微硬度计压痕尺寸的测量发现，压痕对角线距离约 30μm，较低温度退火后 β 基体内由于存在大量初生 α 相，当初生 α 相之间的间隙(即亚稳 β 相存在区域)接近或小于压痕尺寸时，初生 α 相会参与或约束 β 基体变形，导致显微硬度实测值偏高，因此图 6-7(a)中 800℃ 以下退火样品的显微硬度应该是接近实验材料的表观硬度而不是 β 基体的硬度，实际硬度变化接近图 6-7(a)中虚线部分。因为图 6-7(a)中显微硬度最大值与最小值偏差在 15 以内，同时考虑到测量误差，基本可以认为在单重退火条件下，初生 α 相体积分数对亚稳态 β 基体显微硬度的影响不大。

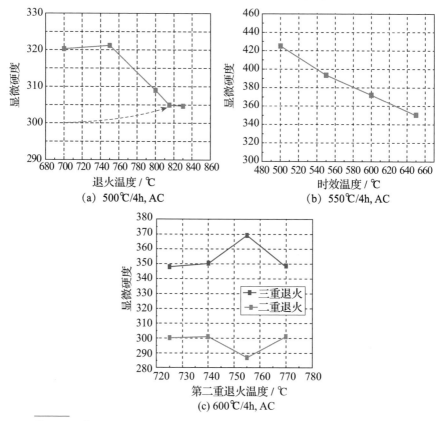

图 6-7 热处理工艺对电子束熔丝沉积成形 TC18 钛合金显微硬度的影响，第一重热处理温度为 830℃

图 6 - 7(b) 为 830℃/1h 水淬处理后低温时效温度对电子束熔丝沉积成形 TC18 钛合金中原 β 基体区域显微硬度的影响规律，对应显微组织参考图 6 - 5。这种固溶时效条件下，原始亚稳 β 晶粒内析出大量细小的低温 α 相。由图可见，随低温退火温度升高，显微硬度降低。

推荐三重热处理条件下，第二重中温退火温度对电子束熔丝沉积成形 TC18 钛合金中原 β 基体区域显微硬度的影响较小；第三重低温退火前显微硬度较低，低温退火后显微硬度显著升高；在 755℃ 附近出现一奇异点，可能是实验误差所致，如图 6 - 7(c) 所示。总体可以认为推荐三重热处理条件下第二重中温退火温度对电子束熔丝沉积成形 TC18 钛合金中原 β 基体区域显微硬度的影响不显著。

TC18 钛合金推荐的热处理温度为三重热处理，技术标准推荐的热处理工艺为 820～850℃、保温 1～3h，随炉冷（FC）至 740～760℃、保温 1～3h，空冷（AC），500～600℃、保温 2～6h，空冷（AC），根据温度高低分别称为高温、中温和低温退火。根据 TC18 钛合金材料特性，热处理工艺对力学性能的影响规律分以下两种情况：

（1）高温退火温度在 α+β/β 相变点以上。如果不考虑退火温度对 β 晶粒长大的影响，高温退火温度对电子束熔丝沉积成形 TC18 钛合金力学性能没有显著影响；其他条件不变的情况下，中温退火温度升高，强度有升高趋势，塑性呈降低趋势；低温退火温度升高，强度降低、塑性升高趋势明显。

（2）高温退火温度在 α+β 两相区。其他条件不变的情况下，高温退火温度升高，强度有升高趋势，塑性呈降低趋势；中温退火温度升高，强度有升高趋势，塑性呈降低趋势；低温退火温度升高，强度降低、塑性升高，强度、塑性变化幅度取决于高温、中温退火温度的匹配。高温、中温退火温度均取上限时，强度、塑性变化幅度最大；高温、中温退火温度均取下限时，强度、塑性变化幅度最小。

表 6 - 2 为电子束熔丝沉积成形 TC18 钛合金在几种典型三重退火条件下拉伸强度随热处理参数的变化情况。由表中可见，在高温、中温退火温度相同的条件下，低温退火温度升高，强度降低；高温、低温退火温度不变，中温退火温度和强度变化趋势相同；低温退火温度不变，同时提高高温、低温退火温度可显著提高材料强度。

表 6 - 2　几种典型三重退火温度组合下电子束熔丝沉积成形 TC18
钛合金的拉伸强度(单位：MPa)

高、中温退火温度组合	低温退火温度			
	550℃	600℃	620℃	635℃
820℃→750℃	1100 1100	—	1030 1050	
830℃→760℃	—	1110 1120	—	—
830℃→790℃	—	1140 1130	—	—
850℃→800℃	—	—	1200 1181	1095 1112
850℃→790℃	—	—	—	1064 1080
850℃→780℃	—	—	—	1029 1027
850℃→740℃	—	987 1007	—	—

图 6 - 8 为电子束熔丝沉积成形 TC18 钛合金双重退火条件下拉伸和屈服强度与第一重退火温度的关系。第一重热处理温度分别为 740℃、800℃、840℃，保温 1h，空冷；第二重热处理温度为 550℃，保温 4h，空冷。第二重退火制度不变，拉伸和屈服强度随第一重退火温度升高显著升高；双重退火条件下强度各向异性不明显，与丝材运动方向垂直的两个方向(Y 向和 Z 向，Z 向为堆积增高方向)拉伸和屈服强度基本相同。

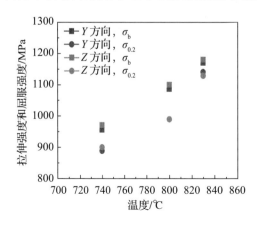

图 6 - 8
双重退火条件下第一重退火温度
对拉伸性能的影响规律

　　图 6-9 为电子束熔丝沉积成形 TC18 钛合金双重退火条件下拉伸和屈服强度与第二重退火温度的关系。双重退火制度：第一重 830℃，保温 1h，空冷保持不变，第二重热处理温度分别为 550℃、600℃、650℃，保温 4h，空冷。可见在其他条件不变的情况下，随第二重退火温度升高，拉伸和屈服强度降低，塑性升高。

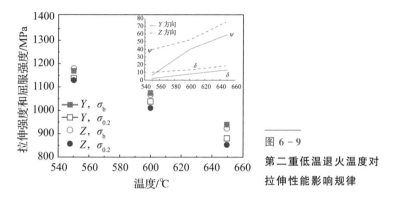

图 6-9
第二重低温退火温度对
拉伸性能影响规律

　　图 6-10 为电子束熔丝沉积成形 TC18 钛合金双重退火条件下拉伸和屈服强度与第二重退火保温时间的关系。双重退火制度：第一重热处理温度为 830℃，保温 1h，空冷；第二重热处理温度为 600℃，保温时间分别为 3h、24h 和 100h，空冷。可见在其他条件不变的情况下，随第二重退火时间延长，拉伸和屈服强度呈缓慢降低趋势。

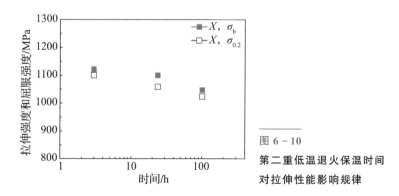

图 6-10
第二重低温退火保温时间
对拉伸性能影响规律

　　图 6-11 为电子束熔丝沉积成形 TC18 钛合金双重退火条件下拉伸和屈服强度与第一重退火后冷却速度的关系。双重退火制度：第一重热处理温度为 830℃，保温 1h，冷却方式分别为空冷（AC）、油冷（OQ）和风冷（WQ），第二重热处理温度为 600℃，保温 4h，空冷。由图可见，第一重退火后冷却速度

对拉伸和屈服强度的影响可以忽略。

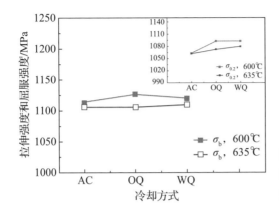

图 6-11
第一重低温退火后冷却速度对拉伸性能的影响规律

6.3 电子束熔丝沉积成形 TC18 钛合金标准件典型力学性能测试

6.3.1 静力性能

电子束熔丝沉积成形 TC18 钛合金材料经热处理后的拉伸、压缩、冲击、扭转、持久等性能均值如表 6-3～表 6-9 所列。

表 6-3　电子束熔丝沉积成形 TC18 钛合金室温拉伸性能（平均值）

材料型号	样品方向	截面尺寸/ mm	试验温度/ ℃	抗拉强度 R_m/MPa	屈服强度 $R_{p0.2}$/MPa	断后伸长率 A/%	断面收缩率 Z/%
TC18 钛合金沉积成形	X 向	$\phi 5$	室温	1050	982	4.3	12.5
	Y 向	$\phi 5$	室温	1112	1048	4.8	13.3
	Z 向	$\phi 5$	室温	1068	983	10.5	38.3

表 6-4　电子束熔丝沉积成形 TC18 钛合金室温压缩性能（平均值）

材料型号	样品方向	截面尺寸/ mm	样品长度 L/mm	试验温度/ ℃	压缩弹性模量（平均值）E_c/GPa	压缩强度（平均值）$R_{pc0.2}$/MPa
TC18 钛合金沉积成形	X 向	$\phi 5$	50	室温	118	1024
	Y 向	$\phi 5$	50	室温	121	1073
	Z 向	$\phi 5$	50	室温	114	1011

表 6-5　电子束熔丝沉积成形 TC18 钛合金室温冲击性能(平均值)

材料型号	U 形缺口截面尺寸/mm	试验温度/℃	试验机初始势能(平均值)/J	冲击吸收能量(平均值)/J	冲击韧性(平均值) a_k/(J/cm²)
TC18 钛合金沉积成形	10.0×8.0	室温	150	22	26.5

表 6-6　电子束熔丝沉积成形 TC18 钛合金扭转性能

材料型号	试件组号	试样截面公称尺寸/mm	标距/mm	剪切模量 G/GPa	抗扭强度 τ_m/MPa	规定非比例扭转强度 $\tau_{0.015}$/MPa	规定非比例扭转强度 $\tau_{0.3}$/MPa
TC18 钛合金沉积成形	X	ϕ10	50	45.2	876.0	648.8	806.5

表 6-7　电子束熔丝沉积成形 TC18 钛合金三个方向持久性能

载荷/MPa	样品数/支	持久时间/h
X 向持久极限		
780	3	>100，>100，>100
800	6	>100，>100，>100，0.07，0.05，0.05
820	5	0.03，0.03，0.05，0.05，>100
840	1	0.03
Y 向持久极限		
700	1	>100
720	2	0，>100
740	4	>100，0，>100，>100
760	3	>100，0，0.03
780	4	>100，>100，0.03，0.02
800	4	>100，>100，0，0.02
820	3	>100，>100，0
840	1	>100
Z 向持久极限		
700	1	>100
760	5	>100，>100，0.02，>100，>100
780	3	>100，>100，0.02
800	7	0.05，>100，>100，>100，0，>100，0
820	4	0.05，0.03，0，0.03

表 6 – 8　电子束熔丝沉积成形 TC18 钛合金断裂韧性(平均值)

热处理制度	$K_{IC}/(MPa \cdot m^{1/2})$		
	$X-Z$ 方向	$Y-Z$ 方向	$Z-Y$ 方向
830℃/1h，WQ ＋635℃/4h，AC	76.3	55.92	84.7
830℃/1h，AC ＋650℃/4h，AC	82.3	90.9	126.5

表 6 – 9　电子束熔丝沉积成形 TC18 钛合金热暴露后拉伸性能(平均值)

取样方向	R_m/MPa	$R_{p0.2}$/MPa	A/%	Z/%
300℃/500h				
X 向	946	878	12.5	34.9
Y 向	949	901	10.5	28.1
Z 向	904	835	19.8	60
300℃/1000h				
X 向	945	889	11.1	43.2
Y 向	941	897	10.2	28.4
Z 向	905	823	19.2	56.0

6.3.2　高周疲劳性能

高周疲劳性能测试参考标准为 HB 5287 – 96。疲劳极限采用升降法测试，疲劳 S – N 曲线采用成组法，应力比 $R = -1$，0.06，0.5，试验波形为正弦波，环境为室温大气，取样方向为 X 向。

疲劳极限采用配对升降法测量，共完成了 X 方向 $K_t = 1$，3，5 三种应力集中系数下 $R = -1$，0.06，0.5 三种应力比共 9 种条件下的轴向加载疲劳 S – N 曲线及基于 10^7 周的疲劳极限，如表 6 – 10 所列。由表中可见，材料光滑试样的疲劳极限优异，远高于锻件实测水平，但缺口疲劳性能低于锻件，反映了电子束熔丝沉积成形 TC18 钛合金材料的缺口敏感性较大。

表 6 – 10　各种应力水平和应力比下的高周疲劳极限(单位：MPa)

疲劳极限	$R = 0.5$	$R = 0.06$	$R = -1$
$K_t = 1$	889.82	746.08	528.33
$K_t = 3$	342	220	115
$K_t = 5$	197	98	65

电子束熔丝沉积成形 TC18 钛合金在各种条件下的疲劳 S – N 曲线如图 6 -12～图 6 - 20 所示。

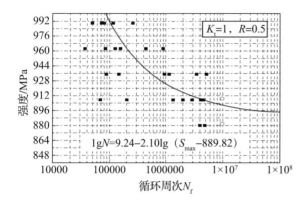

图 6 - 12

$K_t = 1$，$R = 0.5$ 疲劳 S - N 曲线

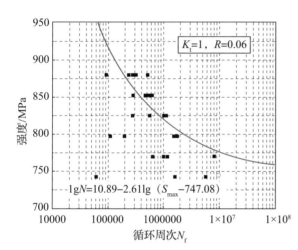

图 6 - 13

$K_t = 1$，$R = 0.06$ 疲劳 S - N 曲线

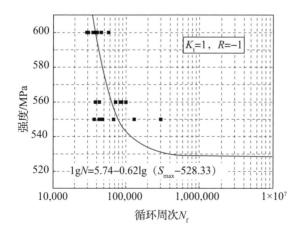

图 6 - 14

$K_t = 1$，$R = -1$ 疲劳 S - N 曲线

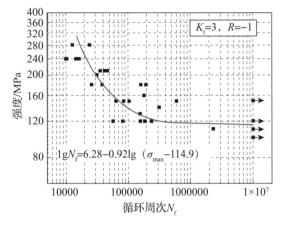

图 6－15

**K_t = 3，R = －1 条件下的疲劳
S－N 曲线**

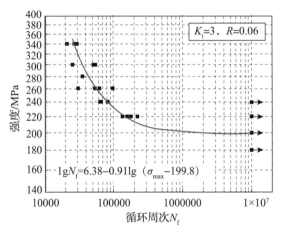

图 6－16

**K_t = 3，R = 0.06 条件下的疲劳
S－N 曲线**

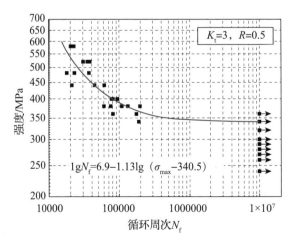

图 6－17

**K_t = 3，R = 0.5 条件下的疲劳
S－N 曲线**

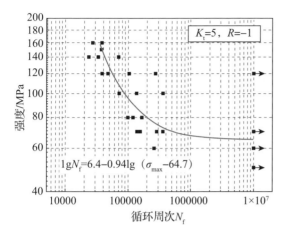

图 6 - 18

$K_t = 5$, $R = -1$ 条件下的疲劳 S - N 曲线

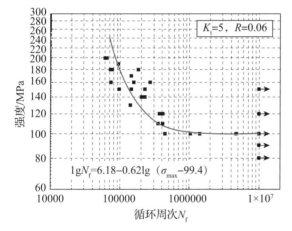

图 6 - 19

$K_t = 5$, $R = 0.06$ 条件下的疲劳 S - N 曲线

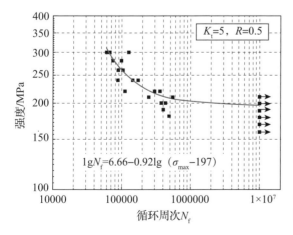

图 6 - 20

$K_t = 5$, $R = 0.5$ 条件下的疲劳 S - N 曲线

6.3.3 腐蚀疲劳性能

作者对电子束熔丝沉积成形 TC18 钛合金在盐雾环境下疲劳裂纹扩展门槛值 ΔK_{th} 以及疲劳裂纹扩展速度进行了研究。试验采用改进型 WOL 试样，试样形式及尺寸如图 6-21 所示。

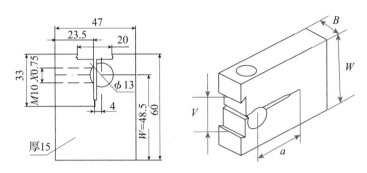

v — 裂纹张开口位移；a — 裂纹长度；B — 试样厚度；W — 试样宽度。

图 6-21 腐蚀疲劳试验 WOL 试样的形式及尺寸

在试验前对试样预制裂纹，根据标准规定预制裂纹 $a_0 > 0.2W$。用线切割开缺口后，为了保证裂纹的尖端效应，又在高频疲劳试验机上，预制了疲劳裂纹，使初始裂纹达到规定长度。应力比：$R = 0.06$，0.3，0.5。加载方式：轴向加载，梯形波。温度及环境：室温，3.5% 的 NaCl 溶液。针对 X、Y、Z 三个取样方向，0.06、0.3、0.5 三个应力比，采用配对升降法测定疲劳裂纹扩展门槛值，测定门槛值试验结束后，不拆卸试样，继续进行疲劳裂纹扩展速度的测定试验。

疲劳裂纹扩展门槛值 ΔK_{th} 的试验结果如表 6-11 所列。

表 6-11 门槛值试验结果

试样编号	应力比 R	门槛值 ΔK_{th}/(MPa·m$^{1/2}$)	子样标准差/(MPa·m$^{1/2}$)	对子个数	变异系数
X01	0.06	12.14	0.6732	8	0.05546
X02	0.06	14.38	0.6894	8	0.04794
Y01	0.06	9.81	0.2066	6	0.02106
Y02	0.06	9.91	0.2246	6	0.02266
Z01	0.06	10.75	0.2588	8	0.02407

（续）

试样编号	应力比 R	门槛值 $\Delta K_{th}/(MPa \cdot m^{1/2})$	子样标准差/ $(MPa \cdot m^{1/2})$	对子个数	变异系数
X05	0.3	15.79	0.6409	6	0.04059
X03	0.5	11.66	0.3615	6	0.03100
X04	0.5	13.03	0.3615	6	0.02774

在加载频率为 0.01Hz、应力比 $R = 0.06$ 的条件下，X、Y、Z 三个取样方向的门槛值结果如表 6 – 12 所列。由表中数据可以看出，相同试验条件下，三个取样方向的裂纹扩展门槛值大小为 X 向 > Z 向 > Y 向，X 向试样的门槛值比 Y 向试样高约 34.5%，比 Z 向高约 23.3%。

表 6 – 12　不同取样方向的门槛值结果

试样编号		门槛值/(MPa · m^{1/2})	均值/(MPa · m^{1/2})
X 向	X01	12.14	13.26
	X02	14.38	
Y 向	Y01	9.81	9.86
	Y02	9.91	
Z 向	Z01	10.75	10.75

考虑到取样方向的不同对裂纹扩展速度的影响，在加载频率 0.01Hz、应力比 $R = 0.06$ 的条件下，选取试样 X02、Y01、Z01 进行研究，得到裂纹扩展速度曲线及 Paris 拟合结果如图 6 – 22 所示、图 6 – 23 所示。

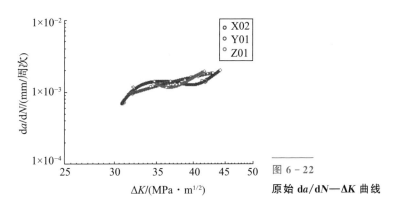

图 6 – 22　原始 da/dN—ΔK 曲线

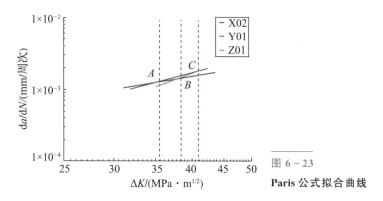

图 6 - 23
Paris 公式拟合曲线

由图中结果可以看出，在低 ΔK 下，X 取样方向的裂纹扩展速度最快；在高 ΔK 下，Z 取样方向的扩展速度最快。试样 X02 的稳定扩展阶段约为 $31 \sim 44 \text{MPa} \cdot \text{m}^{1/2}$，试样 Y01 的稳定扩展阶段为 $32 \sim 43 \text{MPa} \cdot \text{m}^{1/2}$，试样 Z01 的稳定扩展阶段为 $35 \sim 41 \text{MPa} \cdot \text{m}^{1/2}$。但是，图中显示 Z 向试样的稳定扩展阶段较短，结合试样 Z01 的 $a - N$ 曲线可以发现，这是由于在裂纹扩展的初始阶段就发生了较大的局部失稳现象。

试样 X02 和 Y01 的曲线约在 $\Delta K = 36 \text{MPa} \cdot \text{m}^{1/2}$ 处相交，如图中点 A 所示。当 $\Delta K < 36 \text{MPa} \cdot \text{m}^{1/2}$ 时，X02 的裂纹扩展速度大于 Y02；当 $\Delta K > 35.1 \text{MPa} \cdot \text{m}^{1/2}$ 时，X02 的裂纹扩展速度小于 Y02。同样地，试样 X02 和 Z01 的曲线约在 $\Delta K = 37.7 \text{MPa} \cdot \text{m}^{1/2}$ 处相交，如图中点 B 所示；试样 Y01 和 Z01 的曲线约在 $\Delta K = 40.7 \text{MPa} \cdot \text{m}^{1/2}$ 处相交，如图中点 C 所示。

为了研究应力比对疲劳裂纹扩展门槛值的影响，选取 X 向试样，频率 0.01Hz，分别在 $R = 0.06$，0.3，0.5 三个应力比下进行研究。得到裂纹扩展门槛值结果如表 6 - 13 所列。

表 6 - 13　不同应力比下的门槛值结果

应力比 R	试样编号	门槛值/$(\text{MPa} \cdot \text{m}^{1/2})$	均值/$(\text{MPa} \cdot \text{m}^{1/2})$
0.06	X01	12.14	13.26
	X02	14.38	
0.3	X03	15.79	15.79
0.5	X04	11.66	12.35
	X05	13.03	

由表中数据可以看出，应力比为 0.3 时的门槛值最高，达到 15.79MPa·m$^{1/2}$，较低和较高的应力比都会使门槛值出现一定程度的下降，从而降低材料的裂纹扩展寿命。

为了研究应力比对裂纹扩展速度的影响，本项目选取了三个 X 向试样分别在 $R = 0.06$，0.3，0.5 三个不同的应力比下进行研究，可以得到试样的 $da/dN - \Delta K$ 曲线。将每个应力下的曲线分别进行 Paris 公式拟合，得到图 6-24 中曲线。可以看出，在 3.5% 的 NaCl 溶液中，随着应力比 R 的增大，裂纹扩展速度的拟合曲线的总体趋势发生向上的移动，即在较高的应力比 R 下，裂纹扩展速度加快，这与一般的材料特性基本一致。同时，随着应力比的增大，图中 $da/dN - \Delta K$ 曲线的斜率逐渐变大，也就是说，在较高的应力比下，随着应力强度因子幅度 ΔK 的增大，疲劳裂纹扩展速度 da/dN 增加得更快。可见，应力比升高会显著加快裂纹扩展速度，降低构件的寿命。

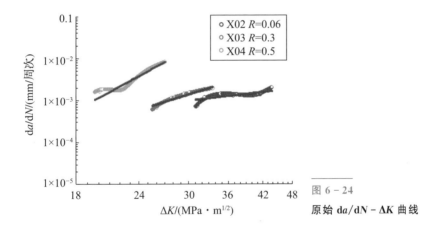

图 6-24　原始 $da/dN - \Delta K$ 曲线

为了反映应力比 R 对裂纹扩展速度的影响，通过 Walker 公式进行曲线拟合，即

$$\frac{da}{dN} = k^{1-\frac{n}{n_0}} C_0^{\frac{n}{n_0}} \left[(1-R)^{m-1} \Delta K \right]^n \tag{6-1}$$

式中，$n = n_0 + aR^b$；a，b，k，m 为待定参数；C_0 和 n_0 为 $R = 0$ 时 Paris 公式的参数。

按照公式(6-1)拟合出本试验材料的 Walker 公式为

$$\frac{da}{dN} = (2.34 \times 10^{-3})^{1-\frac{n}{1.42}} (7.97 \times 10^{-6})^{\frac{n}{1.42}} \left[(1-R)\Delta K \right]^n \tag{6-2}$$

式中，n 为关于 R 的函数，$n = 1.42 + 15.04R^{1.53}$。

绘制出 Walker 公式修正形式的曲线，如图 6 - 25 中绿色线所示。

得到的曲线比较真实地表达了原始数据曲线的情况。同时，可以利用得到的 Walker 公式对其他应力比下的裂纹扩展速度曲线进行预测，图 6 - 26 中的红色线给出了 $R = 0.4$，0.6，0.7 时裂纹扩展速度曲线的预测结果。

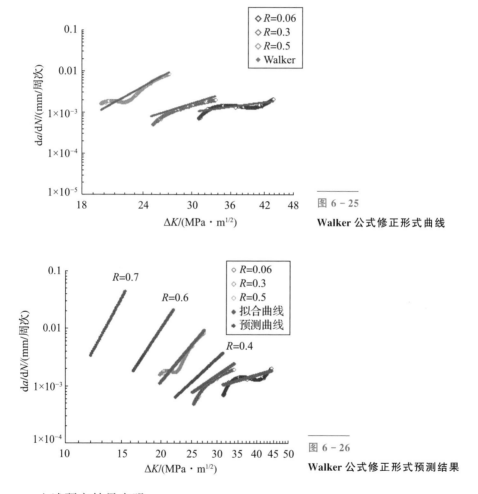

图 6 - 25
Walker 公式修正形式曲线

图 6 - 26
Walker 公式修正形式预测结果

上述研究结果表明：

（1）电子束熔丝沉积成形 TC18 钛合金经过适当的热处理后，可以获得良好的拉伸强度。材料拉伸强度具有各向异性。沿堆积层面内（X、Y）室温抗拉强度接近，沿堆积高度方向（Z）室温抗拉强度略低，Z 向塑性相对较高，但各向塑性、冲击韧性普遍低于 TC18 钛合金锻件。

（2）光滑试样（$K_t = 1$）高周疲劳性能优异，疲劳极限远高于锻件实测水平，但缺口疲劳极限明显低于锻件，反映电子束熔丝沉积成形材料的缺口敏感性较大，塑韧性较差。

（3）盐雾腐蚀条件下，三个取样方向的裂纹扩展门槛值大小为 X 向＞Z 向＞Y 向，X 向试样的门槛值比 Y 向试样高约 34.5%，比 Z 向高约 23.3%。

6.4 电子束熔丝沉积成形 TC18 钛合金典型单元件静力及疲劳试验

6.4.1 试验设计

1. 试验件选取

本次试验件共两种结构：一种为单孔耳片，主要承受拉伸载荷，通常认为其应力集中系数近似为 $K_t = 3$；另一种为工字形短梁，主要承受弯曲载荷，通常认为其应力集中系数近似为 $K_t = 1$。耳片试验件共 6 件，全部为静力试验件；短梁试验件共 15 件，其中包括 6 件静力试验件，9 件疲劳试验件。两种试验件的理论结构尺寸如图 6 - 27 所示，试件编号、测试项目如表 6 - 14、表 6 - 15 所列。

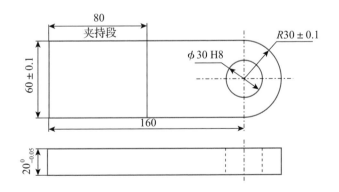

（a）耳片试验件结构形式

图 6 - 27　典型单元件结构形式示意图

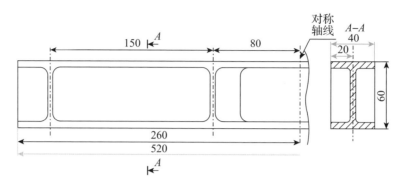

（b）短梁试验件结构形式

图 6 - 27　典型单元件结构形式示意图（续）

表 6 - 14　耳片试验件

试验件类别	试验件编号	试验	加载方式	数量	结构形式
TC18 钛合金锻件耳片	EP - 601D - 01，02	静力	拉伸	2	单孔耳片 20mm×60mm ×190mm
电子束熔丝沉积成形耳片（双丝成形工艺）	EP - 601K - 01，02	静力		2	
电子束熔丝沉积成形耳片（单丝成形工艺）	EP - 1♯，2♯	静力		2	

表 6 - 15　短梁试验件

试验件类别	试验件编号	试验	加载方式	数量	结构形式
锻件短梁	DL - 601D - 01，05	静力	四点弯曲	2	工字形短梁 60mm×50mm ×520mm
	DL - 601D - 02，03，04	疲劳		3	
电子束熔丝沉积成形短梁（双丝成形工艺）	DL - 601K - 01，03	静力		2	
	DL - 601K - 02，04，05	疲劳		3	
电子束熔丝沉积成形短梁（单丝成形工艺）	DL - 2♯，3♯	静力		2	
	DL - 1♯，4♯，5♯	疲劳		3	

2. 典型单元件研制

电子束熔丝沉积成形短梁、耳片主要制造工艺流程如图 6 - 28 所示。典型单元件的电子束熔丝沉积成形工艺有两种，一种为双丝成形工艺，另一种为改进的单丝成形工艺。

图 6-28　短梁、耳片主要制造工艺流程

成形工艺路径和方向如图 6-29 所示。

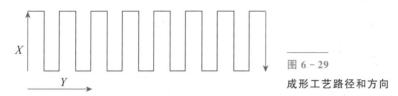

图 6-29

成形工艺路径和方向

沉积成形完成的毛坯经热等静压(910℃，150MPa，2h)处理，双丝高速沉积单元件热处理工艺为 830℃/2h，风冷，620~650℃/4h 时效；单丝成形零件采用优化的三重热处理工艺处理。试验件制造过程如图 6-30 所示。

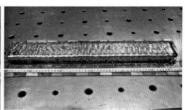

（a）电子束熔丝沉积成形短梁、耳片毛坯

（b）用于无损探伤的粗加工毛坯　　（c）热处理风冷

（d）机械加工后的短梁、耳片

图 6-30　短梁、耳片试验件制造过程

(e) 表面处理后的短梁

(f) 表面处理后的耳片

图 6 - 30   短梁、耳片试验件制造过程(续)

3. 试验件取样性能

用两种工艺各制造 1 件短梁解剖件。解剖件性能如表 6 - 16 所列。双丝高速成形工艺短梁解剖件室温抗拉强度为 1097～1118MPa，延伸率较低；单丝高速成形工艺强度为 1067～1095 MPa，与锻件标准(不小于 1080MPa)相当，塑性明显提高，冲击韧性达到 25J/cm² 以上(锻件标准为不小于 20J/cm²)。

表 6 - 16   两种工艺研制的短梁解剖件性能

堆积工艺	R_m/MPa	$R_{p0.2}$/MPa	A /%	Z /%	α_{ku2}/(J/cm²)
双丝高速成形工艺短梁解剖件性能(3.5kg/h)	1097	1059	1.0	4.0	—
	1091	1045	4.0	12.0	—
	1118	1062	1.0	3.0	—
	1101	1063	0.5	3.0	—
	1097	1060	8.0	26.0	—
	1114	1066	1.0	3.0	—
单丝中速成形工艺短梁解剖件性能(0.75kg/h)	1086	1024	5.5	13.5	—
	1087	1024	5.5	8.0	—
	1095	1034	6.5	24.0	—
	1082	1023	6.5	33.0	—
	1080	1012	8.5	30	26.5
	1067	1005	8.5	32	33.7
	1077	1013	6.0	22	26.5

4. 加载形式

单耳试验件的夹持与加载形式如图 6 - 31 所示。试验件贴片位置及编号如图 6 - 32 所示。

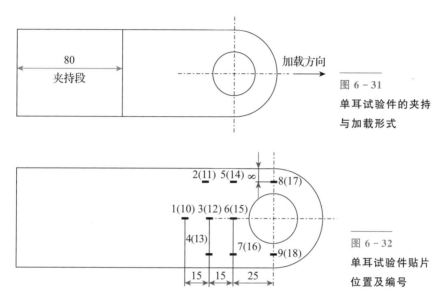

图 6 - 31
单耳试验件的夹持
与加载形式

图 6 - 32
单耳试验件贴片
位置及编号

耳片试验件的静力试验所用夹具如图 6 - 33 所示，试验时使用 ϕ30 的螺栓与耳片孔洞配合，以保证整个耳片在连接部分加载均匀。通过耳片夹具上的孔与试件螺栓连接。头固定耳片试件的另一端并加载一定的预紧力以保证在竖直方向上试件的刚心与试验机加载中心重合。

图 6 - 33
耳片试验夹具

短梁试验件四点弯曲试验的夹持与加载形式如图 6 - 34 所示。试验件贴片位置及编号如图 6 - 35 所示。短梁疲劳试验件共粘贴 10 个应变片，应变片具体粘贴位置如图 6 - 36 所示。

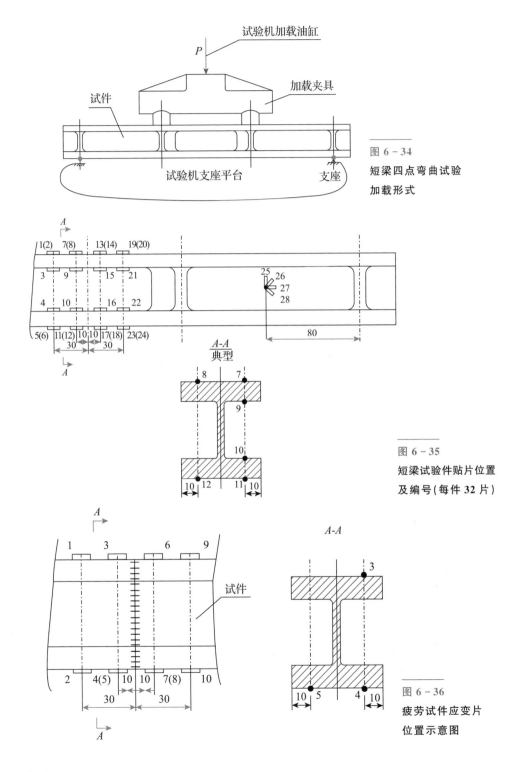

图 6 - 34
短梁四点弯曲试验
加载形式

图 6 - 35
短梁试验件贴片位置
及编号（每件 32 片）

图 6 - 36
疲劳试件应变片
位置示意图

　　短梁试验件夹持在专门设计的支座上，通过加载夹具，对静力施加载荷，其加载示意图如图 6-37 所示。经过有限元分析，加载点与短梁之间存在摩擦影响，并且摩擦对加载影响较大，因此在加载过程中，在夹具加载点和试件接触点涂抹石墨润滑脂，可以有效地消除摩擦力对加载的影响。

图 6-37
四点弯曲加载示意图

　　由于在疲劳加载过程中试件和加载点会产生一定的摩擦，润滑脂在不断地摩擦过程中失去作用，试验夹具在静力试验夹具的基础上做出了一定的改进，4 个加载点由原来的固定加载点改进成可转动的加载点，同时在加载点涂抹石墨润滑脂，减少摩擦，如图 6-38 所示。

图 6-38
疲劳破坏试验夹具

　　在等幅谱试验中，试验件在疲劳载荷作用下两端产生上下翘曲，可能会向一侧偏移，为了防止偏移发生，在试验夹具两侧安装约束板。其中，约束板与短梁端部相距 5mm，经有限元分析，试验中短梁不会与之接触。如在试验中短梁向一侧偏移与约束板接触，即刻暂停试验，重新摆放短梁，再继续试验。

5. 静力试验载荷及加载要求

1）耳片静力试验载荷

$\sigma_b = 1080MPa$ 时计算的静力破坏载荷为 $P_{sj} = 233280N$；进行试验前，电子束熔丝沉积成形制件的 P_{sj} 应按制件实际测得 σ_b 值确定。

2）耳片静力试验步骤

（1）将试件安装，保证刚心在对称轴上，载荷加载在刚心上；

（2）试件的理论静力破坏载荷为 $P_{sj} = 200kN$；

（3）静力试验预试加载：按 $5\% P_{sj}$（24kN）载荷增量逐级加载，并逐级测量记录应变和位移，加载至 $40\% P_{sj}$（96kN）时，卸载检查设备和试件受力；

（4）正式试验加载：

①加载顺序为 10%、20%、30%、40%、50%、60%、67%，逐级测量位移和应变，每次卸载后检查是否有残余变形和数据重复；

②第 2 次加载顺序为 10%、20%、30%、40%、50%、60%、67%，逐级测量位移和应变，采用连续加载方式直至试件发生断裂失效，加载速度 3mm/min。

3）短梁静力试验载荷

$\sigma_b = 1080MPa$ 时计算的静力破坏载荷为 $P_{sj} = 201389.7N$；进行试验前，电子束熔丝沉积成形制件的 P_{sj} 应按制件实际测得 σ_b 值确定。短梁试验件的设计载荷 P_{sj} 如表 6-17 所列。

表 6-17　短梁试验件的理论设计载荷

试验件	截面惯性矩 I/mm^4	截面抗弯模量 W/mm^3	设计载荷 P_{sj}/N	塑性修正系数 k	考虑塑性修正的设计载荷 P_{sj}/N
短梁	379008	12633.6	181924	1.107	201389.7

4）短梁静力试验步骤

（1）按图 6-34 所示将试件安装，保证刚心在对称轴上，载荷加载在刚心上；

（2）试件的理论静力破坏载荷为 $P_{sj} = 201389.7N$；

（3）静力试验预试加载：按 $5\% P_{sj}$（10kN）载荷增量逐级加载，并逐级测量记录应变和位移，加载至 $40\% P_{sj}$（80kN），卸载检查设备和试件受力；

（4）正式试验加载：按 $10\%P_{sj}$（20kN）载荷增量逐级加载，加载至 $67\%P_{sj}$（135kN），其中最后一级加载 $7\%P_{sj}$（15kN），逐级测量位移和应变，重复 2 次，每次卸载后检查是否有残余变形和数据重复；

（5）第 3 次按 $5\%P_{sj}$（10kN）载荷增量逐级加载，加载至 $67\%P_{sj}$（135kN）后，直接转入连续加载，速度 3mm/min，进行应变和位移的跟踪测量（应变片 1，2，5，6，7～20，23，24），直至试件破坏，记录破坏载荷。

6. 短梁疲劳试验载荷及加载要求

1）疲劳试验载荷谱

本疲劳试验采用的载荷谱如图 6-39 所示。每一谱块第 1、2 级均做 315 个循环。$P = F_i \times P_{sj}$，第 1 级峰值为 -8.05kN，第 1 级谷值为 -36.13kN；第 2 级峰值为 -14.33kN，第 2 级谷值为 -66.23kN。

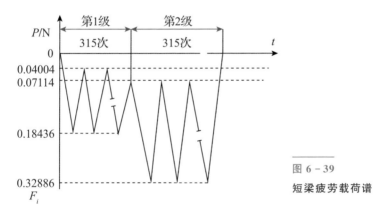

图 6-39

短梁疲劳载荷谱

疲劳加重载荷谱如图 6-40 所示。每一谱块第 1、2 级均做 315 个循环。所施加的载荷为 $P = 1.2 \times F_i \times P_{sj}$。第 1 级峰值为 -9.67kN，第 1 级谷值为 -44.56kN；第 2 级峰值为 -16.20kN，第 2 级谷值为 -79.47kN。

2）一般疲劳载荷步骤

（1）按图 6-34 所示将试件安装，保证刚心在对称轴上，载荷加载在刚心上；

（2）载荷谱如图 6-39 所示；

（3）试验调试，调试中不允许使用高于第 1 级载荷（绝对值）；

（4）正式试验：

①疲劳试验采用图 6-39 所示载荷谱，试验频率为 3Hz，每隔 5 个谱块，

在第 2 级 P 为谷值时测量 1 次应变，重复 5 次；

②转入应变跟踪测量（应变片 4，5，7，8），使用 DH3817 动态应变测量仪，采样频率为 50Hz（采样频率不是加载频率的整数倍，同时大于加载频率的 10 倍以上，可以保证数据采集的准确性和可靠性）；

③每 10 个谱块试验后，对试件进行一次全面目视检查，尤其是试验段的焊接区（焊缝附近 15mm 范围内）；

④如未发生破坏，总共运行 150 个谱块。

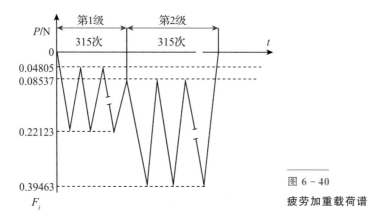

图 6 - 40
疲劳加重载荷谱

3）加重谱疲劳步骤

（1）采用图 6 - 40 所示载荷谱，完成 5 倍寿命周期疲劳载荷谱（150 个谱块）后，对试件进行一次全面的目视检查，并对试验段内的焊缝区进行荧光检查，记录检查结果；

（2）若上述检查确定试件没有裂纹，则加大载荷谱，按图 6 - 40 所示疲劳载荷谱继续试验，加载频率为 3Hz；

（3）每 10 个谱块后，对试件进行一次全面目视检查，重点为焊缝区；

（4）共进行 5 倍寿命周期（150 个谱块）。

4）疲劳破坏试验步骤

（1）完成加重疲劳载荷谱 5 倍寿命周期（150 个谱块）试验后，对试件进行一次全面目视检查，并对试验段内的焊缝区进行荧光检查；

（2）若上述检查确认试件没有产生裂纹，则继续加大载荷，改为等幅载荷谱。载荷 $P_{max} = 0.5P_{sj} = -130.025$kN（$P_{sj}$ 为实际静力破坏载荷），$R = 0.06$，$P_{min} = -6.80$kN，频率为 3Hz，进行 100000 次，如没有发生破坏进行剩余强度试验。

5）剩余强度试验步骤

(1)完成疲劳破坏试验后，对未发生破坏的试件进行剩余强度试验；

(2)安装试件，保证刚心在对称轴上，载荷加载在刚心上；

(3)连续加载(加载速度 3mm/min)直至试件破坏，记录破坏载荷。

6.4.2　典型单元件静力试验结果

1. 静载荷下典型件有限元分析

1）耳片有限元模型

对耳片模型采用 6 面体网格进行离散，耳片上端部进行固支约束。在耳片孔洞内建立与之相接触圆棒来模拟实际加载情况，载荷通过圆棒作用在耳片上。

2）耳片有限元分析结果

根据材料参数，对耳片承受给定破坏载荷的情况进行静力分析。当载荷为 200kN 时，耳片的应力如图 6-41 所示。从图中可以看出在载荷方向上耳片的最大应力出现在孔边附近，最大值为 684.6MPa，并未达到材料的破坏强度。在此基础上计算了当载荷达到 400kN 时耳片的应力情况，结果如图 6-42 所示，从图中可以看出，孔边应力最大值为 1272MPa。最大应力方向为沿轴线向两侧大约 45°方向。从图中可以判断出，在原给定的 $P_{sj}=200$kN 载荷下，耳片结构不会发生破坏。

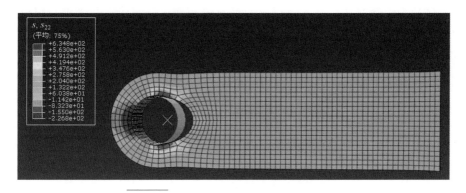

图 6-41　**200kN 载荷作用下耳片应力云图**

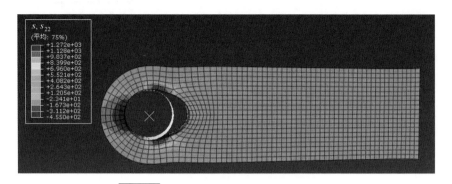

图 6 – 42   400kN 载荷作用下耳片应力云图

3）短梁有限元模型

按照短梁三维数模建立有限元分析模型，考虑到试验件结构形式和加载方式的对称性，选取了一半的模型进行计算。对短梁一半模型采用 6 面体网格离散，四点弯曲为对称加载，在模型对称面上约束长度方向（Y 方向）位移、高度（Z 方向）和宽度（X 方向）方向转动。载荷通过刚体作用于试验件，与实际加载对应，试验件模型上加载点刚体约束为固支，下刚体自由度只保留加载方向的位移，约束其余自由度。考虑实际加载过程中，夹具与试验件之间存在摩擦，故进行接触计算，刚体加载点和试验件模型附切向摩擦属性。

4）有限元分析结果

对摩擦系数 $f = 0$，0.1，0.3 在 $F = 120$kN 载荷作用下的短梁有限元模型进行了计算，如图 6 – 43 所示。从计算中可以看出短梁在四点弯曲过程中，中心区域为纯弯曲区，上下缘条应变绝对值相同，分别受压和受拉，腹板主要承受剪切载荷。在摩擦系数不断增加后，中心区域的应变随之减小，说明夹具加载点和短梁之间的摩擦对施加载荷有一定的影响，表 6 – 18 列出了不同摩擦系数下中心区域的应变。

表 6 – 18   短梁静载荷有限元分析结果

序号	摩擦系数	载荷 F/kN	应变
1	0	120	6585
2	0.1	120	6450
3	0.3	120	6069

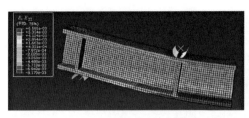
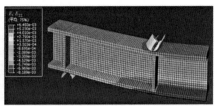

（a）摩擦系数为 0 时应变云图　　　　（b）摩擦系数为 0.1 时应变云图

（c）摩擦系数为 0.3 时应变云图

图 6-43　*F*＝120kN 时不同摩擦系数对应应变云图

2. 耳片静力试验结果

1）静力试验曲线

图 6-44 为 EP-601K-01 试件加载至 67% 设计载荷时各应变片的测量结果随载荷变化的情况。可以看出在耳片受载过程中各应变片反映出的分布规律与实际情况较为一致。粘贴在孔边的 6♯应变片和 1♯应变片的应变值很小，而粘贴在同一截面上的 2♯、3♯、4♯应变片，位于中间位置的 3♯应变片的测量结果也较 2♯和 4♯应变片低。由图还可以看出，在加载至 67% 设计载荷时各应变结果表现出较好的线性，材料处于线弹性响应阶段。

图 6-45 给出了 1♯试件加载至 67% 设计载荷时各应变片的测量结果随载荷变化的情况。可以看出，工艺改进前后应变变化不大，同时可以看出在耳片受载过程中各应变片反映出的分布规律与实际情况较为一致。粘贴在孔边的 6♯应变片和 1♯应变片的应变值很小，而粘贴在同一截面上的 2♯、3♯、4♯应变片，位于中间位置的 3♯应变片的测量结果也较 2♯和 4♯应变片低。将试件 01♯与 EP-601K-01 的应变数据进行对比可以看出，两种耳片的应变数据基本一致。由图还可以看出，在加载至 67% 设计载荷时各应变结果表现出较好的线性，材料处于线弹性响应阶段。

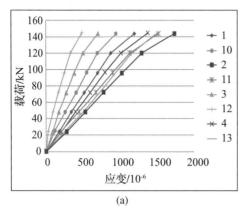 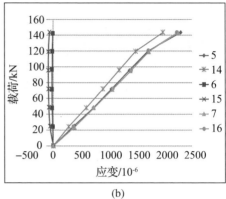

(a) (b)

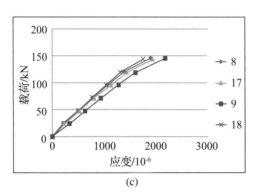

(c)

图 6-44 EP-601K-01-载荷应变曲线

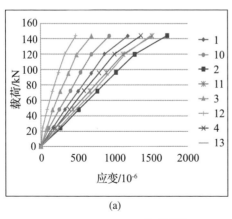 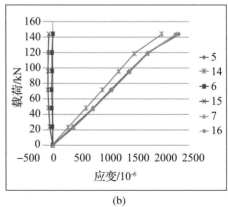

(a) (b)

图 6-45 1#耳片-载荷应变曲线

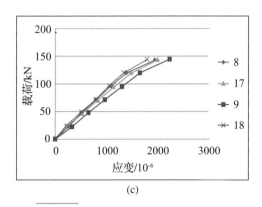

(c)

图 6-45 1♯耳片-载荷应变曲线(续)

2) 耳片静力试验破坏载荷和破坏形式

电子束熔丝沉积成形耳片工艺改进前后和锻件耳片静力破坏时,各个试验件均为断裂破坏,其断裂载荷如表 6-19 所列。由表中数据可以看出,改进工艺后电子束熔丝沉积成形耳片的破坏载荷略有提高,改进工艺前后的耳片都是在加载至 120kN 后 8♯、9♯、17♯和 18♯应变片位置的载荷应变曲线出现明显的转折,表明耳片局部进入塑性屈服状态。

表 6-19 耳片静力试验结果

构件类型	试件编号	破坏载荷 /kN	平均破坏载荷 /kN	平均破坏载荷 $P_{sj}/\%$
锻件耳片	EP-601D-01	526.0	529.3	227
	EP-601D-02	532.6		
电子束成形耳片 (双丝成形)	EP-601K-01	509.0	510.4	219
	EP-601K-02	511.7		
电子束成形耳片 (改进工艺,单丝)	1♯	518.0	520.3	223
	2♯	522.6		

各个耳片试验件的破坏载荷均大于理论载荷 233.2kN(1080MPa),锻件、双丝成形、单丝成形耳片破坏载荷分别达到设计破坏载荷的 227%、219%、223%。其中,改进工艺的单丝成形耳片比原双丝成形耳片破坏载荷高出 4%,塑性也更好,试件断口如图 6-46 所示。

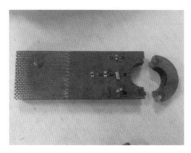

（a）锻件耳片 EP-601K-01 破坏　　（b）双丝成形耳片 EP-601K-01 破坏

图 6-46　耳片破坏图

3. 短梁试验结果

1）静力试验曲线

图 6-47 给出了 DL-601K-1 短梁同一截面上粘贴在梁上、下缘条的 1♯～6♯应变随载荷的变化情况。由图可以看出，在加载至 67% 设计载荷时各条曲线均表现出良好的线性特征，表明在该载荷水平下短梁处于线弹性变形阶段。上缘条的 1♯、2♯和 3♯应变均为负值，表明上缘条处于受压状态，并且位于外表面的 1♯和 2♯应变水平要高于位于内表面的 3♯应变片。下缘条的 4♯、5♯和 6♯应变均为正值，表明下缘条处于受拉状态，同样位于外表面的 5♯和 6♯应变水平要高于位于内表面的 4♯应变片。

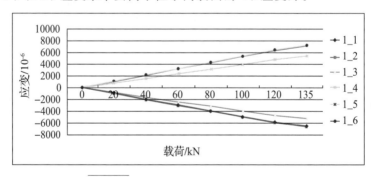

图 6-47　DL-601K-01 截面应变曲线

图 6-48 给出了短梁在纯弯曲区域粘贴在上缘条外表面的各应变随载荷的变化情况。由图可以看出各曲线基本重合，表明在短梁纯弯曲区域位于同一表面的各应变响应一致，与实际情况相吻合。

图 6-49 给出了在加载至 67% 设计载荷时短梁中点位移随载荷的变化情况。由图可见中点位移曲线也表现出良好的线性，表明在该载荷水平下短梁

处于线弹性变形阶段。

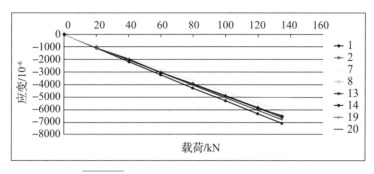

图 6-48　DL-601K-01 上缘条应变曲线

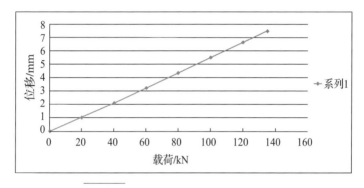

图 6-49　DL-601K-01 中点位移曲线

图 6-50 是加载到 $100\%P_{sj}$ 时，截面测量点应变随加载力变化曲线。可以看出在 $100\%P_{sj}$ 载荷作用下基本成线性变化。

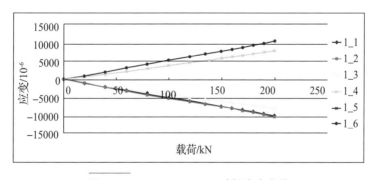

图 6-50　DL-601K-01 破坏应变曲线

图 6-51 为 DL-601D-01 锻件短梁的 - 位移载荷曲线，与 DL-601K-01 载荷位移曲线比较可以明显看出破坏形式的区别，电子束熔丝沉积成形短梁

发生的是脆性断裂破坏，而锻件短梁发生的是屈曲破坏。

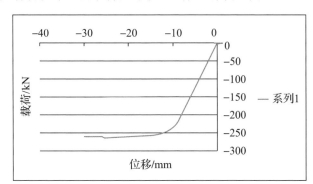

图 6-51　DL-601D-01 静力试验载荷-位移曲线

图 6-52 给出了 DL-2♯短梁同一截面上粘贴在梁上、下缘条的 1♯～6♯应变随载荷的变化情况。由图可以看出，在加载至 67%设计载荷时各条曲线均表现出良好的线性特征，表明在该载荷水平下短梁处于线弹性变形阶段。上缘条的 1♯、2♯、3♯应变均为负值，表明上缘条处于受压状态，并且位于外表面的 1♯和 2♯应变水平要高于位于内表面的 3♯应变片。下缘条的 4♯、5♯和 6♯应变均为正值，表明下缘条处于受拉状态，同样位于外表面的 5♯和 6♯应变水平要高于位于内表面的 4♯应变片。

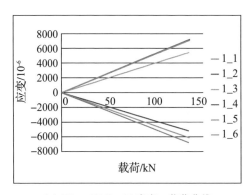

（a）DL-601K-01 应变-载荷曲线

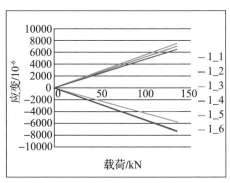

（b）DL-2♯应变-载荷曲线

图 6-52　截面应变曲线

图 6-53 给出了短梁在纯弯曲区域粘贴在上缘条外表面的各应变随载荷的变化情况。由图可以看出各曲线基本重合，表明在短梁纯弯曲区域位于同一表面的各应变响应一致，与实际情况相吻合。其中 DL-2♯8 号应变片的

曲线在加载至 60kN 后出现较为明显的转折，该现象应该是应变片粘贴质量较差所引起的数据异常，试验件未产生任何损伤。

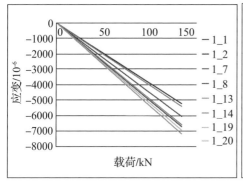

（a）DL‑601K‑01 上表面应变‑载荷曲线

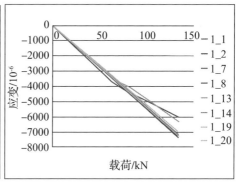

（b）DL‑2♯上表面应变‑载荷曲线

图 6‑53　上缘条应变曲线

图 6‑54 给出了加载至 67% 设计载荷时短梁中点位移随载荷的变化情况。由图可见中点位移曲线也表现出良好的线性，表明在该载荷水平下短梁处于线弹性变形阶段。并且在加载至 144kN 时两种工艺制作的断裂试验件的变形基本相同，结构的弯曲刚度一致。

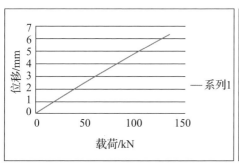

（a）DL‑601K‑01 中点位移‑载荷曲线

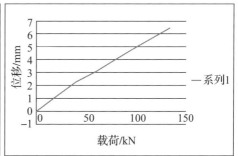

（b）DL‑2♯中点位移‑载荷曲线

图 6‑54　中点位移‑载荷曲线

图 6‑55 为加载到 100% P_{sj} 时，截面测量点应变随加载力变化曲线。可以看出，在未改进工艺短梁 100% P_{sj} 载荷作用下基本呈线性变化，而改进后电子束熔丝沉积成形短梁应变也基本呈线性变化，由于应变片粘贴原因，缘条内侧 5 号应变片由于变形较大而脱落。

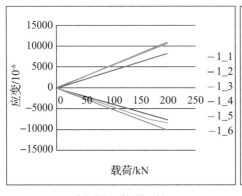
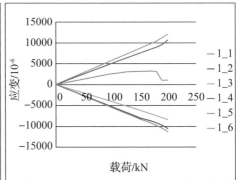

（a）DL－601K－01　　　　　　　　　　（b）DL－2♯

图 6－55　加载理论破坏应变-载荷曲线

图 6－56 为试验机加载过程中载荷-位移曲线，可以看出，在开始阶段曲线基本呈线性，在载荷到达 200kN 以后，电子束熔丝沉积成形短梁进入屈曲阶段，此时试验机的位移约为 11mm。之后改进工艺的短梁试验件局部进入塑性屈服状态，随着载荷的缓慢增加位移出现较大变化，当载荷达到 240kN 时试件突然发生脆性破坏，最终的破坏位移超过 20mm。

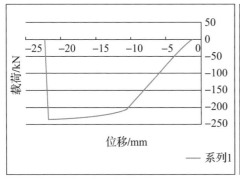
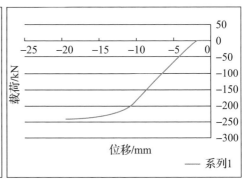

（a）DL－2♯静力试验载荷－位移曲线　　　　（b）DL－3♯静力试验载荷－位移曲线

图 6－56　短梁加载载荷－位移曲线

图 6－57 为 DL－601 K－01 短梁的载荷－位移曲线，由图中曲线可以看出在加载的初始阶段载荷位移曲线呈现出良好的线性变化趋势，而加载至 200kN 后载荷－位移曲线出现微小的转折，加载至 225kN 后试件突然断裂破坏，最终破坏位移约为 11mm。

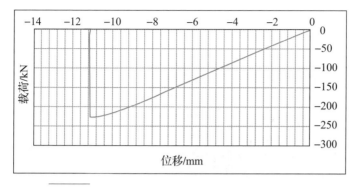

图 6 - 57　**DL - 601K - 01 静力试验载荷 - 位移曲线**

通过载荷-位移曲线对比可以看出，改进工艺后电子束熔丝沉积成形短梁有明显的屈服阶段，最终的破坏位移显著增加，表明材料的韧性有显著提高，断裂应变增大，并且改进工艺后承载能力也有所加强。

2）短梁破坏载荷和破坏形式

短梁经历破坏试验的破坏载荷和破坏形式如表 6 - 20 列。各个试验件的破坏载荷均大于理论破坏载荷 201.3kN，锻件、双丝成形、单丝成形短梁破坏载荷平均值分别达到设计载荷的 129％、114％、119％。改进后的单丝成形短梁比双丝成形短梁承载能力和塑性都有提高。

表 6 - 20　**破坏载荷和破坏形式**

试件编号	破坏载荷 /kN	平均值 /kN	破坏载荷 平均值 P_{sj}/％	破坏形式
DL - 601D - 01	262	260.05	129	屈曲破坏
DL - 601D - 05	258.09			屈曲破坏
DL - 601K - 01	228.5	228.25	114	脆性破坏，中心腹板断裂，上缘条变形并分离
DL - 601K - 03	228			脆性破坏，中心腹板断裂，上缘条发生塑性变形
DL - 2#	234.9	239	119	脆性破坏，中心腹板断裂，上缘条变形并分离
DL - 3#	243.1			脆性破坏，中心腹板断裂，上缘条发生塑性变形

锻件短梁发生屈曲破坏，出现不可恢复的大变形。具体破坏形式如图6-58所示。

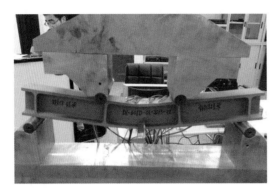

图 6 - 58
DL - 601D - 01 - 2013 - 01 破坏形式

双丝成形的短梁发生脆性破坏，破坏发生在短梁中心变形最大区域，中心处腹板发生断裂，上缘条与梁分离，同时上缘条有较大的残余变形。具体破坏形式如图 6-59 所示。

图 6 - 59　DL - 601K - 01 整体破坏

单丝成形短梁发生脆性破坏，破坏发生在短梁中心变形最大区域，中心处腹板发生断裂，同时上缘条有较大的残余变形。具体破坏形式如图 6-60 所示。

图 6 - 60
DL - 2♯ 静力破坏

6.4.3　疲劳试验结果

1. 一般疲劳试验结果(94500 个循环)

一般载荷谱疲劳试验后，对所有疲劳试验进行荧光检测，结果表明在一般疲劳载荷谱试验后试件危险区域均未产生裂纹。

图 6-61 给出了 DL-601D-2013-02、DL-601K-2013-02 和 DL-4♯试件的应变变化情况，从图中可以看出 1♯、3♯、6♯、9♯应变处于同一水平线，2♯、4♯、5♯、7♯、8♯、10♯应变处于同一水平线。各通道测量平均值误差在 100 以内，误差小于 5%。电子束熔丝沉积成形短梁应变较锻件短梁应变大约差 100 个应变值。改进工艺后电子束熔丝沉积成形短梁应变较之前应变大约差 50 个应变值，但仍处于同一水平，表明改进工艺后结构的刚度性能变化不大。

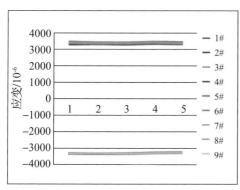

（a）DL-601D-2013-02 应变

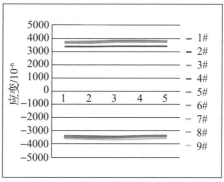

（b）DL-601K-2013-02 应变

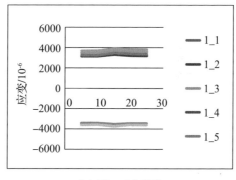

（c）DL-4♯应变

图 6-61　短梁静态应变测量

图 6 - 62 为 DL - 601D - 2013 - 02、DL - 601K - 2013 - 02 和 DL - 4# 在第 50 个循环时的动态跟踪测量结果。从图中可以看出，在载荷谱由小载荷谱向大载荷谱变换时应变跟随变化，各通道应变一致性好，其中 DL - 601 D - 2013 - 02 - 4# 应变片峰值的平均值为 3450，DL - 601K - 2013 - 02 - 4# 应变片平均值为 3650，DL - 4# - 4# 应变片平均值为 3600，与静态应变值比较，误差小于 5%。

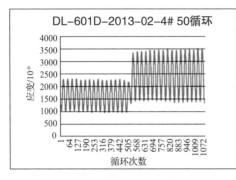

（a）DL - 601D - 2013 - 02 - 4# 动态应变

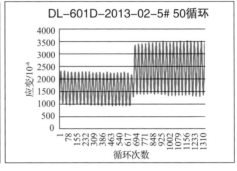

（b）DL - 601D - 2013 - 02 - 5# 动态应变

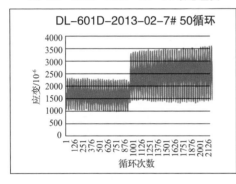

（c）DL - 601D - 2013 - 02 - 7# 动态应变

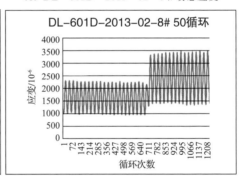

（d）DL - 601D - 2013 - 02 - 8# 动态应变

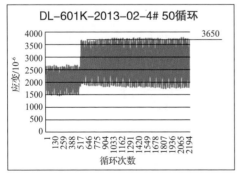

（e）DL - 601K - 2013 - 02 - 4# 动态应变

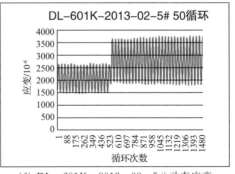

（f）DL - 601K - 2013 - 02 - 5# 动态应变

图 6 - 62　短梁动态应变测量

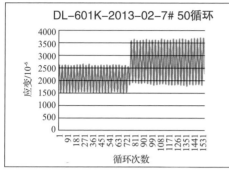

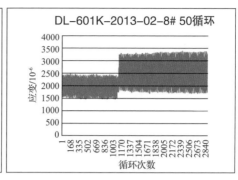

（g）DL-601K-2013-02-7#动态应变　（h）DL-601K-2013-02-8#动态应变

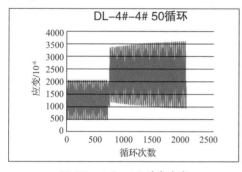

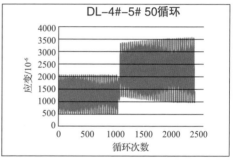

（i）DL-4#-4#动态应变　（j）DL-4#-5#动态应变

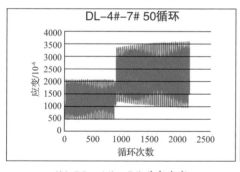

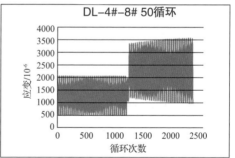

（k）DL-4#-7#动态应变　（l）DL-4#-8#动态应变

图 6-62　短梁动态应变测量（续）

2. 加重谱疲劳试验结果（94500 个循环）

一般载荷谱疲劳试验后，各短梁均未产生裂纹或发生破坏，转而进行加重谱疲劳试验。加重谱疲劳试验后，电子束熔丝沉积成形短梁均未产生裂纹或发生断裂。

3. 疲劳破坏试验结果

锻件短梁和双丝成形短梁在疲劳破坏试验进行 100000 次后均未产生裂纹。

单丝电子束熔丝沉积成形短梁 DL-1# 疲劳试验在进行到 63957 次时，上加载点右侧发生断裂破坏，DL-5# 在等幅谱试验进行到 4518 次时，上加载点右侧发生断裂破坏。DL-4# 电子束熔丝沉积成形短梁和未改进工艺短梁在等幅谱试验进行到 100000 次时均未破坏或产生裂纹，故进行剩余强度试验。各试件疲劳测试结果如表 6-21 所列。

表 6-21　典型单元件疲劳测试结果

类别	编号	一般载荷谱 $P = F_i \times P_{sj}$ 94500 个循环	加重载荷谱 $P = 1.2 \times F_i \times P_{sj}$ 94500 个循环	疲劳破坏 $P_{max} = 0.5 P_{sj}$ 100000 个循环
锻件	DL-601D-02	通过	通过	通过
	DL-601D-03	通过	通过	通过
	DL-601D-04	通过	通过	通过
双丝	DL-601K-02	通过	通过	通过
	DL-601K-04	通过	通过	通过
	DL-601K-05	通过	通过	通过
单丝	DL-1#	通过	通过	63957
	DL-4#	通过	通过	通过
	DL-5#	通过	通过	4518

4. 剩余强度试验结果

对疲劳试验未破坏的 6 根短梁进行剩余强度试验，采用连续加载方式，加载速度为 3mm/min。结果如表 6-22 所列。

表 6-22　剩余强度试验结果

试件编号	破坏形式	屈曲值/kN	最终载荷/kN	均值/kN
601K-02	无明显屈曲变化，中心处脆性断裂	无	228.4	230.5
601K-04			231.4	
601K-05			231.7	

（续）

试件编号	破坏形式	屈曲值/kN	最终载荷/kN	均值/kN
601D－2	屈曲破坏	220	245.1	246.9
601D－3			250	
601D－4			245.5	
DL－4#	屈服后由中心处脆性断裂	230	249.4	249.4

对剩余强度试验结果和静力试验结果进行对比，见表6－23。可以看出，锻件短梁在疲劳试验后强度未产生一定的变化，强度下降约6%。双丝电子束成形短梁在疲劳试验后剩余强度与静强度无明显变化，破坏形式均为断裂破坏。单丝电子束熔丝沉积成形（改进工艺）短梁在疲劳试验后剩余强度提高了4%。

表6－23　剩余强度试验和静力试验结果对比

项目	静力试验		剩余强度试验	
	平均载荷/kN	破坏形式	平均载荷/kN	破坏形式
电子束成形短梁	228	中心处断裂	230	中心处断裂
		中心处断裂		中心处断裂
		—		中心处断裂
锻件短梁	260	屈曲失效	246.8	屈曲失效
		屈曲失效		屈曲失效
		—		屈曲失效
电子束成形短梁（改进工艺）	239	中心处断裂	249	—
		中心处断裂		—

5. 试验结果分析

1）静力试验

锻件、双丝成形及单丝成形耳片、短梁破坏载荷均远高于设计破坏载荷（1080MPa）。

由静力试验结果可以看出，双丝电子束成形耳片与锻件耳片的承载能力相差4%左右，双丝电子束熔丝沉积成形短梁与锻件短梁承载能力相差3%左右。由此可见，双丝电子束熔丝沉积成形试验件与锻件试验件的承载能力无较大差别。

工艺改进后，单丝电子束熔丝沉积成形耳片的承载能力提高 3% 左右，单丝电子束熔丝沉积成形短梁承载能力提高 5% 左右，与锻件基本相当。从位移－载荷曲线中可以看出，工艺改进后短梁有明显的屈服阶段，承载能力有一定提升。

2）疲劳试验

锻件短梁、双丝成形短梁均通过了加重载荷谱试验后的疲劳破坏试验，单丝成形短梁通过了加重载荷谱试验，在后续破坏载荷谱试验中有两件破坏。

通过短梁疲劳试验，发现双丝电子束熔丝沉积成形短梁抗疲劳性能要优于锻件短梁，两种短梁在疲劳试验时均未破坏，但疲劳试验后剩余强度试验结果显示，双丝电子束熔丝沉积成形短梁强度无变化，锻件短梁强度有所下降。

改进工艺后，发现 2 根单丝电子束熔丝沉积成形短梁在疲劳破坏试验中发生破坏，其余短梁在剩余强度试验中均未破坏。疲劳试验后剩余强度试验结果显示，工艺改进前后短梁强度无变化。

第7章
A-100 合金钢电子束熔丝沉积成形技术基础

A-100 合金钢是 Co-Ni 系超高强度钢的一种，是目前市场上综合性能最好的一类钢。锻件经过合适的热处理可以达到抗拉强度 1900MPa，断裂韧性 110 MPa·m$^{1/2}$ 的良好匹配。其优秀的力学性能使其广泛应用在航空航天、武器装备、汽车建筑等行业中。

Co-Ni 系二次硬化型超高强度钢强化机理相似，都是在提高钢的淬透性的基础上，通过获得细小板条的马氏体组织提高性能，在板条边界、亚晶界、晶界析出合金碳化物，二次强化，进一步提高钢的强度[59]。对 A-100 合金钢而言，通过双真空熔炼，严格控制 S、P 等杂质元素含量，获得超纯净组织并利用回火时生成的薄膜状逆转变奥氏体改善钢的韧性。

A-100 合金钢回火温度敏感，在最优回火温度 482℃ 附近，温度的微小扰动都会引起性能的急剧变化。美国卡培特（Carpenter）公司公布的数据：200℃ 之后，随回火温度升高，抗拉强度与屈服强度先升高后降低，在 452℃ 出现抗拉强度峰值 2112MPa，屈服强度的峰值稍向右移，出现在 469℃，达到 1666MPa。延伸率对回火温度不敏感，几乎为一条水平的直线，断面收缩率在 482℃ 出现拐点，开始上升，这应该与此时第二相颗粒弥散分布，板条界出现逆转变奥氏体有关。149℃ 之后，冲击功开始下降，386℃ 时达到最低 37J。之后一直延续到 463℃，冲击功开始恢复，506℃ 时恢复到 56J。断裂韧性在 454℃ 从 66 MPa·m$^{1/2}$ 沿直线上升至 510℃ 的 165 MPa·m$^{1/2}$。Speich[60] 通过总结 HY180 钢，认为在 482℃ 时效时细小的合金碳化物对强度贡献很大，只有当所有粗大的板条马氏体内渗碳体颗粒被细小的 M_2C 代替时，才可以得到最大的韧性值。A-100 合金钢在 420℃ 附近回火时析出粗大的 Fe_3C 颗粒，冲击功与断裂韧性受到影响，达到低点。随回火温度上升，Fe_3C 颗粒溶解，代之以更为细小弥散，与基体保持共格关系的 Mo_2C，在提高强度的同时改善钢的抗冲击性能及韧性。逆转变奥氏体在 482℃ 形成，于 590℃ 达到峰值，最高可达 20%，逆转变奥氏体的含量与硬度成反向关系[61-62]。

7.1 电子束熔丝沉积成形 A-100 合金钢材料组织特征

电子束熔丝沉积成形过程热循环复杂多变，加之真空环境下散热条件不畅，成形后的 A-100 合金钢零件与锻件相比，在组织上有很大差距。电子束熔丝沉积成形的组织在成形平面方向及成形高度方向存在显著的各向异性，在成形的高度方向突显出典型的树枝状特征[62]。

7.1.1 显微组织分析

图 7-1 为电子束熔丝沉积成形后原始态的显微图片。成形过程与热处理过程不同，但作用有很大相似之处。成形时，电子束对材料的热循环是多重急冷急热过程，这与淬火后保温然后快冷过程相似，从图中可以看出，成形后的原始组织是明暗相间的马氏体组织，真空环境下散热条件有限，成形后的工件相当于又经历了低温保温处理，与时效的作用相似，故在马氏体板条之间有白色的析出相。这与最终热处理后的 A-100 合金钢组织十分相像。成形过程中经历复杂热循环过程，材料的组织不够均匀，同时存在一些气孔、微裂纹缺陷，成形后的工件虽然在组织上与最终处理后的材料有一定相似之处，但仍不能直接使用，需要进一步进行热处理调控。

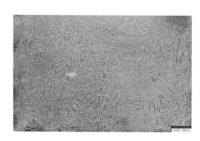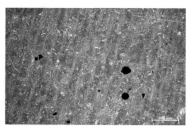

图 7-1　电子束熔丝沉积成形 A-100 合金钢原始态组织图

7.1.2 热处理过程显微组织演化

成形后的材料分别经历均匀化退火、热等静压、正火、退火、淬火、深冷、时效共 7 步热处理，每一步热处理之间组织都会发生相应的变化，各个阶段的显微组织图如图 7-2 所示。

　　材料在高温的作用下，合金元素扩散行为加快，元素偏析逐渐消失，微气孔与微裂纹处的材料软化变形。高压的作用下，缺陷的表面边缘开始接触，随着接触面积的加大，界面处原子相互扩散渗透，形成结合层。接触面原子扩散得越充分，结合层就变得越牢固，当结合层强度与周边组织一致时，气孔与裂纹消失，缺陷密度减少。

　　材料经过长时间保温作用，析出相由弥散析出的小颗粒开始变大，脱离与基体的共格关系，熟化长大，最后溶解消失，剩下的为明暗相间的马氏体组织。由于热等静压过程需要随炉冷却释放压力，组织中伴随有一些羽毛状的下贝氏体组织。

　　电子束增材制造是典型的逐层堆积制造过程，从显微组织图片(图 7-2(a))上可以看出明显的层与层之间的过渡层带组织。在层带两侧，树枝晶的生长方向保持一致，偶尔有微小角度的变化，树枝晶直径在层带前后有明显变化。在堆积方向的上层，树枝晶平均直径为 $16\mu m$，层带下方的组织，其平均直径为 $24\mu m$，上方的组织明显比下方的组织要小，这种现象尤其在两道交接处更加明显，这可能与成形过程中当前加热层对上一层的"再热"作用相关，上一层成形的晶粒在本层的再次加热作用下继续长大，而两道交接处热量更加集中，所以这种现象也更加明显。

　　正火之后，在晶界及亚晶界区域，生成无应变的结晶核心，四周为大角度晶界与基体分开，当大角度晶界迁移时，结晶核心长大。组织形式基本没有大的变化，树枝晶的大小相对而言有所降低，正火之前，树枝晶直径约为 $24\mu m$，正火之后，树枝晶直径约为 $21\mu m$，晶粒得到一定程度的细化(图 7-2(b))。

　　回火软化之后，树枝状晶界、层带组织消失，材料强度下降，有利于机械加工(图 7-2(c))。

　　899℃ 保温空冷淬火之后，组织为板条马氏体与残余奥氏体。马氏体板条在原奥氏体晶粒内部析出，残余奥氏体所占比例还比较大(图 7-2(d))。

　　深冷之后，马氏体组织继续析出(图 7-2(e))，残余奥氏体从淬火后的 42.19% 减少到 29.44%(限于显微组织图片所示区域)，与理想的含量还有一定差距，这可能与淬火和深冷之间时间间隔过长有关，组织发生了机械及热稳定化，延缓了奥氏体向马氏体的进一步转化，残余奥氏体含量较多，且不是以理想的薄膜状存在于马氏体组织的边界，同时影响了材料的强度与韧性。

　　时效之后，碳化物(Mo，Cr)$_2$C 从马氏体组织的边界弥散析出，在取向上基本保持着与基体的共格关系，第二相弥散析出，在对塑性影响较小的情况下继续强化 A－100 合金钢强度(图 7－2(f))。

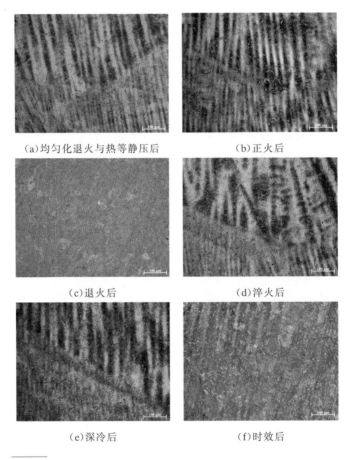

(a)均匀化退火与热等静压后 　　　　(b)正火后

(c)退火后 　　　　(d)淬火后

(e)深冷后 　　　　(f)时效后

图 7－2　电子束熔丝沉积成形 A－100 合金钢各个阶段显微组织图
(热处理工艺参数：930℃均匀化退火与热等静压)

7.1.3　预先热处理参数对组织的影响

经过均匀化与热等静压处理后(图 7－3)，可以明显看到有明暗相间的树枝晶条纹，1000℃试验组(图 7－3(b))晶粒的平均直径比 930℃试验组(图 7－3(a))的大，马氏体从原奥氏体晶粒交接的位置首先生成形核，930℃组马氏体生成的程度比 1000℃组高。

对照组(图 7－3(c))是成形后未经过任何热处理的组织，但由于成形过程复杂的热循环与散热条件，其组织与退火后的组织较为相似，在图片上没有看到明显的明暗相间的树枝状晶粒。其中分布着大小不等的条状或块状相，取向规律不明显。这应该是化学成分分布不均带来的影响。

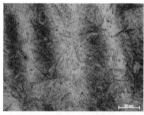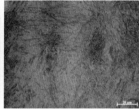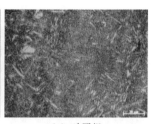

（a）930℃试验组　　（b）1000℃试验组　　（c）对照组

图 7-3　电子束熔丝沉积成形 A-100 合金钢均匀化退火与热等静压处理后的显微组织

正火之后（图 7-4），两个试验组经过再结晶处理，在晶界及亚晶界重新生成形核核心，在远低于均匀化处理的温度下控制晶粒大小，但从实际效果看，再结晶的组织遗传性比较明显，晶粒得到一定程度的细化，但细化的效果不突出。在晶粒边界的位置还有一些析出相出现，与刚才成形后未经处理的析出相为同种组织。对照组晶粒的大小明显小于试验组，出现了明显的明暗相间的树枝晶，其直径大小约为试验组的一半，甚至析出相也得到细化。

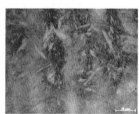

（a）930℃试验组　　（b）1000℃试验组　　（c）对照组

图 7-4　电子束熔丝沉积成形 A-100 合金钢正火后显微组织

退火之后，930℃试验组（图 7-5(a)）析出相开始溶解消失，从组织分布上看，1000℃析出相（图 7-5(b)）溶解得最彻底，剩余的组织分布比较均匀，对照组虽然组织最细小，但仍有部分析出相存在，组织分布也不如试验组均匀。

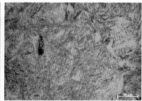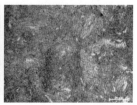

（a）930℃试验组　　（b）1000℃试验组　　（c）对照组

图 7-5　电子束熔丝沉积成形 A-100 合金钢退火后显微组织

淬火之后(图 7-6),在原奥氏体晶粒内生成马氏体板条,板条的长轴沿原晶粒的径向分布。对照组(图 7-6(c))除马氏体形核以外,提前有析出相析出。

(a) 930℃ 试验组   (b) 1000℃ 试验组   (c) 对照组

图 7-6 电子束熔丝沉积成形 A-100 合金钢淬火后显微组织

深冷处理后,930℃ 试验组(图 7-7(a))马氏体含量增加,残余奥氏体减少。1000 ℃ 试验组(图 7-7(b))从现在开始析出二次相,930 ℃ 试验组在深冷之后没有二次相析出的迹象。

(a) 930℃ 试验组   (b) 1000℃ 试验组   (c) 对照组

图 7-7 电子束熔丝沉积成形 A-100 合金钢深冷后显微组织

时效后,930 ℃ 试验组(图 7-8(a))刚刚开始析出二次相。到目前为止,在这一步三组显微组织中均有二次相析出,其中对照组(图 7-8(c))的析出相最多,930 ℃ 试验组的析出相含量最少,而 1000 ℃ 试验组(图 7-8(b))的析出相最大。

(a) 930℃ 试验组   (b) 1000℃ 试验组   (c) 对照组

图 7-8 电子束熔丝沉积成形 A-100 合金钢正火后显微组织

经过比较，对照组的组织最为细小，但每一步热处理后，二次析出相均存在于组织当中，这可能与该组材料成分分布不均、元素含量起伏较大、同时存在微小缺陷有关，二次相更容易在这些边界生成析出。

两个试验组的组织形式基本一致，1000℃试验组的组织略微粗大。1000℃试验组在马氏体生成的初期，由奥氏体转变成马氏体的含量略低，经过深冷与时效处理之后，两个试验组马氏体的含量基本没有区别。1000℃试验组在深冷之后即有二次相析出，且析出相比930℃试验组粗大。

7.2　电子束熔丝沉积成形 A-100 合金钢材料性能及调控方法

7.2.1　静力性能

1. 抗拉强度

为考察均匀化退火与热等静压对电子束熔丝沉积成形态 A-100 合金钢强度性能的影响[63]，用 Z050 试验机分别对 4 组试样进行了测试，其抗拉强度试验结果如表 7-1 所列。

表 7-1　预先处理参数对抗拉强度的影响(单位：MPa)

项目	1# (对照组)		2# (930℃试验组)		3# (1000℃试验组)	
	X 向	Z 向	X 向	Z 向	X 向	Z 向
数据 1	1861	1864	1940	1952	1939	1908
数据 2	1689	1867	1954	1901	1884	1900
数据 3	—	—	1951	1943	1911	1908
平均值	1775	1865.5	1947.3	1932	1911.3	1905.3

注：锻件标准为抗拉强度≥1931MPa

从表 7-1 中可以看出，在试样的 X 方向，未经过均匀化退火与热等静压处理的试样，平均抗拉强度仅达到 1775MPa，经过均匀化退火与热等静压处理之后，材料的抗拉强度有了明显的提升。经过 930℃均匀化与热等静压处理的 2# 试验组，抗拉强度提升到 1947.3MPa，超出对照组 172.3MPa，且高于锻件标准要求的 1931MPa；而经过 1000℃均匀化与热等静压处理的 3# 试验组，抗拉强度提升到 1911.3MPa，超出对照组 136.3MPa，比锻件标准要求略低。

在试样的 Z 方向，对照组的抗拉强度为 1865.5MPa，高于同状态下的 X 向数据，经过均匀化与热等静压处理后，2♯试验组的抗拉强度达到 1932MPa，超出对照组 66.5MPa，对比同状态的 X 向数据，抗拉强度却降低了 16.3MPa；经过处理后的 3♯试验组，抗拉强度提升到 1905.3MPa，超出对照组 39.8MPa，与 2♯试验组一样，与同状态的 X 向数据相比，抗拉强度降低了 6MPa。与锻件要求的标准比较，930℃ 的 2♯试验组高于标准，而 1000℃ 的 3♯试验组有待提高。

2. 屈服强度

试验测得的电子束熔丝沉积成形 A-100 合金钢的屈服强度数据结果如表 7-2 所列。

表 7-2　预先处理参数对屈服强度的影响(单位：MPa)

项目	1♯ （对照组）		2♯ （930℃ 试验组）		3♯ （1000℃ 试验组）	
	X 向	Z 向	X 向	Z 向	X 向	Z 向
数据 1	1634	1533	1649	1635	1675	1667
数据 2	1598	1580	1606	1650	1632	1659
数据 3	—	—	1651	1664	1634	1671
平均值	1616	1556.5	1635.3	1649.7	1647	1665.7

注：锻件标准为屈服强度≥1620MPa

结果表明，未经过预先处理的对照组，X 向的屈服强度达到 1616MPa，经过均匀化退火与热等静压处理之后，2♯试验组的屈服强度达到 1635.3MPa，3♯试验组的屈服强度达到 1647MPa，提高了 19.3MPa 和 31MPa，分别提升了 1.2% 和 1.9%。Z 方向，未经过预先处理的对照组，屈服强度为 1556.5MPa，而经过处理之后，2♯试验组达到 1649.7MPa，3♯试验组达到 1665.7MPa，提高了 93.2MPa 和 109.2MPa，分别提升了 6.0% 和 7.0%。经过处理之后，屈服强度提高。但与抗拉强度不同的是，处理之前，X 向的屈服强度优于 Z 向的屈服强度；而处理之后，Z 向的数据均好于 X 向数据。很明显，预先处理之后，Z 向的屈服强度提升要高于 X 向的提升。这应该与屈服机制和 A-100 合金钢原始组织状态相关。

热处理工艺的作用主要是调整材料的组织状态。但从这个角度也可以简要说明抗拉强度与屈服强度变化不同的原因。

均匀化退火及热等静压处理过程中，合金元素在晶粒之间扩散，逐渐减小元素偏析带来的不利影响，同时微气孔等小缺陷也在压力的作用下焊合，但同时晶粒尺寸也会长大。1000℃ 试验相比 930℃ 试验，理论上均匀化及消除微小缺陷的效果更好，但同时晶粒的长大也更为严重。这样虽然有利于屈服强度增加，但大晶粒不便于协调变形，滑移不容易发生，使因变形而提高的强度值低于 930℃ 时的试验组。因此，对于抗拉强度 930℃ 试验组的数据较高；对于屈服强度 1000℃ 试验组的数据较高。

针对 X 方向与 Z 方向的差异，也可以大略用上述原理描述。由于成形时的特点，快速成形 A-100 合金钢呈现典型的树枝状结构特征，长轴指向 Z 方向，短轴沿 X 方向分布。虽然经历了一系列复杂的热处理过程，但根据遗传特性原始晶粒的取向依然存在，这就造成晶粒沿 Z 向滑移较 X 向滑移更加容易。基于这个原因，在抗拉强度上，X 向性能优于 Z 向性能；而屈服强度上，Z 向性能优于 X 向性能。

3. 延伸率与断面收缩率

延伸率与断面收缩率集中体现材料的塑性，表征其变形的能力。从拉伸试验的数据看（表 7-3 和表 7-4），三组数据相差不大，差值基本在测量误差的范围之内，即均匀化处理和热等静压处理，以及这两项处理的温度对材料的塑性影响不大，无论材料是否进行了预先热处理，其延伸率和断面收缩率都能达到锻件的标准，延伸率高于 10%，断面收缩率高于 55%。

表 7-3　预先处理参数对延伸率的影响

项目	1#（对照组）		2#（930℃ 试验组）		3#（1000℃ 试验组）	
	X 向	Z 向	X 向	Z 向	X 向	Z 向
数据 1	11.5	11.5	13.0	12.0	13.5	14.0
数据 2	—	12.0	13.0	12.5	10.0	12.5
数据 3	—	—	12.5		13.0	13.0
平均值	11.5	11.75	12.83	12.25	12.17	13.17

注：锻件标准为延伸率 ≥10%

表 7-4　预先处理参数对断面收缩率的影响

项目	1#（对照组）		2#（930℃ 试验组）		3#（1000℃ 试验组）	
	X 向	Z 向	X 向	Z 向	X 向	Z 向
数据 1	60	59	57	60	58	58

(续)

项目	1#（对照组）		2#（930℃试验组）		3#（1000℃试验组）	
	X 向	Z 向	X 向	Z 向	X 向	Z 向
数据2	—	50	58	59	61	62
数据3	—	—	59	58	59	61
平均值	60	54.5	58	59	59.3	60.3

注：锻件标准为收缩率≥55%

4. 不同热处理制度及不同取样方向力学性能特征

图7-9、图7-10分别是从三组试验参数角度与各向异性角度（X方向、Z方向）对拉伸性能的总结比较。930℃处理试验组的结果最好，其次是1000℃处理试验组，最后为对照组。在均匀化退火与热等静压处理前后，材料的各项异性得到改善，X、Z方向的差距在经过预先热处理之后得到缩小。

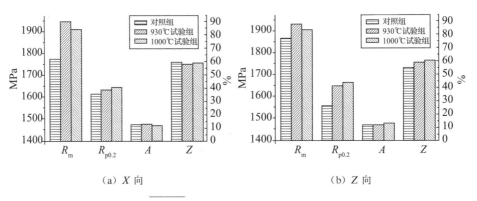

（a）X 向 （b）Z 向

图7-9 不同试验组拉伸性能比较

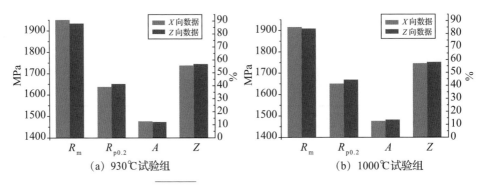

（a）930℃试验组 （b）1000℃试验组

图7-10 X、Z方向拉伸性能比较

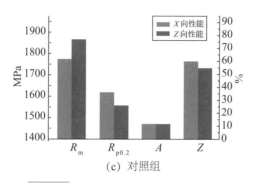

图 7 - 10　**X、Z 方向拉伸性能比较(续)**

　　热处理对 A-100 合金钢的性能有显著影响，为进一步提高电子束熔丝沉积成形 A-100 合金钢的静力学性能，采用三种热处理工艺方案进行调控。对在 487℃ 时效下的试样进行拉伸、压缩、剪切试验。拉伸试验件按照 ASTM E8 进行设计，如图 7-11 所示。压缩试验件按照 ASTM E9 进行设计，如图 7-12 所示。剪切试验件按照 ASTM B769 进行设计，如图 7-13 所示。

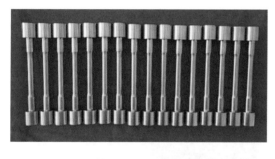

图 7 - 11
拉伸试验件

图 7 - 12
压缩试验件

图 7 - 13
剪切试验件

拉伸试验在 1000kN 静力/疲劳试验机上进行，试验件支持状态及引伸计安装位置如图 7-14 所示。将试验件卡放在两个半圆形夹具里，两个半圆形夹具通过螺栓连接固定，试验机直接夹持夹具进行拉伸试验。压缩试验在 1000kN 静力/疲劳试验机上进行，试验件支持状态及引伸计安装位置如图 7-15 所示。剪切试验在 1000kN 静力/疲劳试验机上进行，试验件支持状态如图 7-16 所示。夹具底座固定在试验机下夹头中，将剪切试验件放置在夹具中，试验机上夹头施加压载进行剪切试验。

图 7-14　拉伸试验

图 7-15　压缩试验

图 7-16

剪切试验

拉伸试验应力-应变曲线如图 7-17 所示，试验破坏照片如图 7-18 所示，拉伸试验结果如表 7-5 所列。

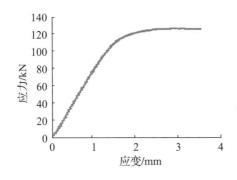

图 7-17

电子束熔丝沉积成形 A-100 合金钢拉伸试验应力-应变曲线

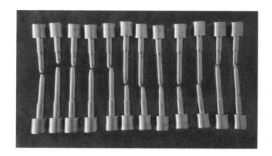

图 7 - 18

电子束熔丝沉积成形 A - 100
合金钢拉伸试验破坏照片

表 7 - 5 电子束熔丝沉积成形 A - 100 合金钢拉伸试验结果

编号	试样直径/mm				面积/mm²	破坏载荷/N
	D_1	D_2	D_3	$D_{平均}$		
K1121A001	9.03	9.03	9.03	9.03	64.01	126266
K1121A002	9.03	9.03	9.04	9.03	64.06	126315
K1121A003	9.03	9.03	9.03	9.03	64.01	126225
K1121A004	9.02	9.03	9.02	9.02	63.92	126358
K1121A005	9.03	9.03	9.03	9.03	64.01	126613
K1121A006	9.03	9.03	9.03	9.03	64.01	126931
K1121A007	9.02	9.02	9.02	9.02	63.87	126234
K1121A008	9.02	9.02	9.03	9.02	63.92	126785
K1121A009	9.03	9.02	9.02	9.02	63.92	126830
K1121A010	9.02	9.02	9.03	9.02	63.92	126294
K1121A011	9.03	9.03	9.03	9.03	64.01	126916
K1121A012	9.01	9.01	9.02	9.01	63.77	126355
K1121B101	9.02	9.02	9.02	9.02	63.87	126212
K1121B102	9.02	9.03	9.02	9.02	63.92	126165
K1121B103	9.02	9.02	9.02	9.02	63.87	126558
K1121B104	9.03	9.03	9.03	9.03	64.01	126250
K1121B105	9.03	9.03	9.03	9.03	64.01	126313
K1121B106	9.03	9.03	9.04	9.03	64.06	126549
K1121B107	9.02	9.03	9.02	9.02	63.92	126357
K1121B108	9.01	9.01	9.02	9.01	63.77	126572
K1121B109	9.03	9.03	9.04	9.03	64.06	126436
K1121B110	9.02	9.02	9.02	9.02	63.87	126970
K1121B111	9.02	9.02	9.02	9.02	63.87	126288

（续）

编号	试样直径/mm				面积/mm²	破坏载荷/N
	D_1	D_2	D_3	$D_{平均}$		
K1121B112	9.02	9.01	9.02	9.02	63.82	126029
K1121C201	9.03	9.03	9.04	9.03	64.06	128081
K1121C202	9.03	9.03	9.03	9.03	64.01	127331
K1121C203	9.02	9.02	9.03	9.02	63.92	127488
K1121C204	9.03	9.02	9.02	9.02	63.92	126963
K1121C205	9.03	9.02	9.03	9.03	63.96	126974
K1121C206	9.03	9.03	9.03	9.03	64.01	126959
K1121C207	9.00	9.01	9.00	9.00	63.63	127605
K1121C208	9.03	9.03	9.03	9.03	64.01	126981
K1121C209	9.02	9.03	9.02	9.02	63.87	126966
K1121C210	9.03	9.03	9.03	9.03	64.01	127383
K1121C211	9.03	9.03	9.03	9.03	64.01	127141
K1121C212	9.03	9.04	9.04	9.04	64.10	126925
K1121A001	9.03	9.03	9.03	9.03	64.01	126266
K1121A002	9.03	9.03	9.04	9.03	64.06	126315
K1121A003	9.03	9.03	9.03	9.03	64.01	126225
K1121A004	9.02	9.03	9.02	9.02	63.92	126358
K1121A005	9.03	9.03	9.03	9.03	64.01	126613
K1121A006	9.03	9.03	9.03	9.03	64.01	126931

　　压缩试验过程中，引伸计测量试验件标距内变形，试验机记录试验载荷。电子束熔丝沉积成形 A - 100 合金钢压缩试验应力 - 应变曲线如图 7 - 19 所示，试验屈服照片如图 7 - 20 所示。

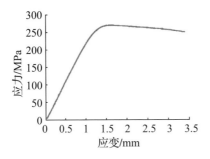

图 7 - 19

电子束熔丝沉积成形 A - 100
合金钢压缩试验应力-应变曲线

图 7 - 20

电子束熔丝沉积成形 A‐100
合金钢压缩试验屈服照片

电子束熔丝沉积成形 A‐100 合金钢剪切试验破坏照片如图 7‐21 所示，剪切试验结果如表 7‐6 所列。

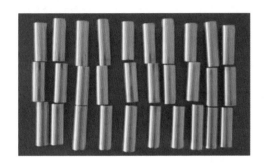

图 7 - 21

电子束熔丝沉积成形 A‐100
合金钢剪切试验破坏照片

表 7 - 6　电子束熔丝沉积成形 A‐100 合金钢剪切试验结果

编号	直径/mm				面积/	剪切载荷/	剪切强度/
	D_1	D_2	D_3	$D_{平均}$	mm^2	N	MPa
K3221A001	10.00	10.0	10.00	10.00	77.50	194987	1241.96
K3221A002	10.00	9.99	10.00	10.00	77.45	194291	1237.52
K3221A003	9.99	10.00	10.00	10.00	77.45	194005	1235.70
K3221A004	10.00	10.0	10.00	10.00	77.50	191536	1219.97
K3221A005	10.00	10.0	10.00	10.00	77.50	194892	1241.35
K3221A006	10.00	10.0	10.00	10.00	77.50	196592	1252.18
K3221A007	10.00	10.0	9.99	10.00	77.45	193356	1231.57
K3221A008	10.00	10.0	10.00	10.00	77.50	196460	1251.34
K3221A009	10.00	9.99	10.00	10.00	77.45	196676	1252.71
K3221A010	10.00	10.0	10.00	10.00	77.50	194871	1241.22
K322LB101	10.00	10.0	10.00	10.00	77.50	188697	1201.89
K322LB102	10.00	10.0	10.00	10.00	77.50	187152	1192.05
K322LB103	10.00	10.0	10.00	10.00	77.50	186732	1189.38
K322LB104	10.00	10.0	10.00	10.00	77.55	186973	1190.91

（续）

编号	直径/mm				面积/	剪切载荷/	剪切强度/
	D_1	D_2	D_3	$D_{平均}$	mm²	N	MPa
K322LB105	10.00	10.0	9.99	10.00	77.45	186357	1186.99
K322LB106	10.00	9.99	10.00	10.00	77.45	185120	1179.11
K322LB107	10.00	10.0	10.00	10.00	77.50	185351	1180.58
K322LB108	10.00	10.0	10.00	10.00	77.50	184920	1177.83
K322LB109	10.00	10.0	10.01	10.00	77.55	185012	1177.42
K322LB110	10.00	10.0	10.00	10.00	77.50	185623	1182.31
K322LC201	10.00	10.0	10.00	10.00	77.55	182901	1164.97
K322LC202	9.99	9.99	9.99	9.99	77.34	183717	1170.17
K322LC203	9.99	9.98	9.99	9.99	77.29	183185	1166.78
K322LC204	10.00	10.0	9.99	10.00	77.45	183911	1171.41
K322LC205	10.00	10.0	10.00	10.00	77.50	183800	1170.70
K322LC206	9.99	9.99	9.99	9.99	77.34	183087	1166.16
K322LC207	9.99	9.99	10.00	9.99	77.40	183251	1167.20
K322LC208	9.98	9.99	9.99	9.99	77.29	183536	1169.02
K322LC209	9.99	10.00	9.99	9.99	77.40	183545	1169.08
K322LC210	9.99	9.99	9.99	9.99	77.34	184012	1172.05

7.2.2　断裂韧性

电子束熔丝沉积成形 A-100 标准 C(T)试样置于 MTS-810 型试验机上，测试三组试验件的断裂韧性，结果如表 7-7 所列。从表中可以看出，对照组的断裂韧性最高，但抗拉强度与屈服强度明显低于两个试验组。试验组中，930℃试验组的断裂韧性略高于 1000℃试验组，抗拉强度与屈服强度也比 1000℃略高。

表 7-7　预先热处理参数对断裂韧性的影响

项目	$K_{IC}/(\text{MPa} \cdot \text{m}^{1/2})$	R_m/MPa	$R_{p0.2}/\text{MPa}$
930℃试验组	79.7	1930	1650
1000℃试验组	76.2	1910	1630
对照组	83.3	1860	1550

影响断裂韧性的因素很复杂，宏观上主要包括载荷加载方式、工件状态、环境温度等，微观上包括晶粒尺寸、晶间强度、应变分布等。试验组与对照组的主要区别是因长时间高温高压的预先热处理带来的晶粒尺寸差别，虽然经过正火工序重新细化晶粒，但试验组的晶粒尺寸仍远大于对照组。断裂韧性与晶粒大小的平方根成反比，晶粒间应力强度因子与晶粒大小成 -1/4 的相关性[63]。这与试验结果中对照组的断裂韧性高于试验组、930℃ 的断裂韧性高于 1000℃ 相符合。

相比锻件断裂韧性的平均水平，对照组和试验组均有较大的差距，这与电子束熔丝沉积成形的工艺状态相关。锻件在热变形过程中，内部组织发生变化，这个过程里，过长的晶粒被打碎，重新形核生长，晶粒得到细化；疏松的组织在外加载荷的作用下变得紧密，原坯锭内的缺陷逐渐变少[64]。电子束熔丝沉积成形 A-100 合金钢的过程中，热循环作用时间长且复杂，成形后组织保持了较大的晶粒状态，分配系数产生的元素偏析以及成形过程中产生的气孔、微裂纹等缺陷也被保留下来。从试验结果分析，晶粒大小对断裂韧性的影响因素比微观缺陷的作用更大。

预先热处理对成形 A-100 合金钢断裂韧性改善不明显，从现有数据分析，应该通过均匀化及热等静压处理减少缺陷、提高强度，进一步通过正火等一系列处理细化因长时间保温而粗大的晶粒，并改善组织形态的分布，从而得到既保证强度性能又提高断裂韧性的 A-100 合金钢制件。

7.3 电子束熔丝沉积成形 A-100 合金钢材料典型缺陷及控制方法

电子束熔丝沉积成形 A-100 合金钢过程中存在的主要缺陷包括气孔及微裂纹。韩立恒等[65]通过超声波检测结合 X 射线检测对成形中的缺陷进行了初步研究。检测结果如图 7-22 所示。

由 X 射线检测结果初步分析，电子束熔丝沉积成形 A-100 合金钢与同规格厚度的 A-100 合金钢锻件相比较，其密度分布较为均匀一致。内部未发现明显的缺陷特征，X 射线检测仅发现约 0.3mm 气孔缺陷 1 处，这与超声检测标定的多处可疑信号区域有很大不同。由超声检测过程中，部分可疑检测

 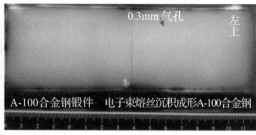

(a) 透照布置   (b) 检测结果

图 7 - 22　A - 100 合金钢检测样件 X 射线检测

信号在超声波入射角度倾斜时较垂直入射时回波信号更为强烈，可初步分析出超声波检测到的引起可疑信号的缺陷存在以平行或近似于检测平面的方向分布的趋势，即引起可疑信号的缺陷应与检测平面呈小角度或平行分布趋势，这与理论上射线检测不易识别能很好吻合，另外缺陷的微小性也是射线检测未能识别的可能原因。对于电子束熔丝沉积成形 A - 100 合金钢制件的特殊组织结构，微观组织不连续性引起可疑的超声信号，而射线检测在微观组织差异的识别上较超声波检测能力差，也是射线检测未发现缺陷信号的可能原因之一，将进一步采用显微检测进行验证分析。

结合理论分析，考虑以下三个方面：一是射线检测本身穿透能力差，不适宜检测超大厚度钢制件，且随着检测厚度的增加，小缺陷识别能力明显下降；二是电子束熔丝沉积成形 A - 100 合金钢的缺陷微小且存在与检测面呈现平行或小角度分布趋势时，不利于仅对于体积性缺陷敏感的射线检测方法的识别；三是对于微观组织不均匀的不连续性，超声检测较射线检测更为灵敏。可初步认为，X 射线检测在电子束熔丝沉积成形 A - 100 合金钢的缺陷检测上存在一定的局限性。

7.3.1　金相检测

1. 表面低倍金相检测

超声检测试验样件为表面经过机械加工的、粗糙度一致的试验样件，如图 7 - 23(a) 所示。对试验样件 A 面进行腐蚀后发现，电子束熔丝沉积成形 A - 100 合金钢件表面出现明显层带组织差异，沿着层带增长方向出现树枝晶（如图 7 - 23 (b) 方框标记区域内所示），表面目视可见疑似微小裂纹缺陷（如

图 7-23（b）椭圆标记区域内所示），疑似缺陷主要方向与树枝晶生长方向一致或趋于一致。

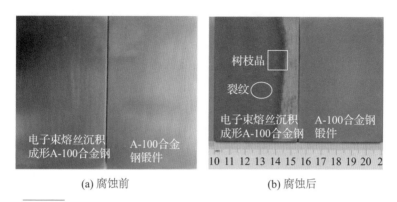

（a）腐蚀前　　　　　　　　　　（b）腐蚀后

图 7-23　电子束熔丝沉积成形 A-100 合金钢检测样件 A 面低倍照片

对疑似裂纹缺陷区域进行扫描电镜观察，进一步确认为微小裂纹缺陷，缺陷走向与树枝晶生长方向一致，如图 7-24 所示。由图可知，电子束熔丝沉积成形 A-100 合金钢件微裂纹缺陷存在沿树枝晶生长方向分布的趋势，这也正好解释了超声波入射方向与树枝晶生长方向垂直时，检测信号杂乱，无法区分裂纹缺陷信号与组织信号的现象。

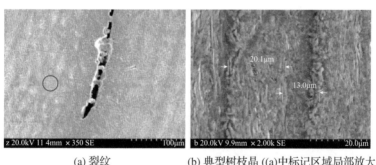

（a）裂纹　　　　　　　　　（b）典型树枝晶（(a)中标记区域局部放大）

图 7-24　电子束熔丝沉积成形 A-100 合金钢件 A 面表面 SEM 照片

2. 异常区域内部金相解剖检测

从超声检测特性可见，电子束熔丝沉积成形 A-100 合金钢超声波检测主要呈现两大特点：

（1）入射超声波在透过制件后的底波衰减呈现明显的条带状显示，即电子束熔丝沉积成形 A-100 合金钢内部不同层带区域对超声波的衰减不同，由超声波传播速度及衰减系数变化分布趋势研究发现，不同层带区域对应的超声波传播速度和衰减系数存在明显差异。底波衰减大的条带区域对应较大的衰减系数，该区域的超声波传播速度较衰减较小区域大，且声速的变化更加灵敏，在衰减较小的区域声速变化也呈现一定的差异，但在条带方向上呈现一定的一致性。

（2）在超声波检测过程中，在制件的局部区域发现类似缺陷的回波信号，缺陷的 C 扫描图像呈现团絮状显示，且团絮状不同位置的回波深度有 1～4mm 的差异。对于 A 检测面，当超声波入射角度不同时，缺陷的 C 扫描显示清晰度差异较大，有的以垂直入射时显示清晰，有的以 5°、10°的小角度倾斜入射时显示清晰，当入射角度更大时，缺陷信号消失。为初步分析引起超声波传播信号变化的原因，对检测样件出现上述变化的区域进行标定及金相解剖验证。取样位置如图 7-25 所示（锻件对照试样在同规格锻件的 6♯等同位置取样，标记 6-1♯），红色标记指示相应编号样件的观测面。图中 5♯、7♯及 9♯为超声检测发现缺陷信号的位置，3♯、4♯为发现疑似缺陷信号位置，6♯、7♯、8♯为声速及超声波衰减测量区域，1♯、2♯为包含超声波衰减的明显条带区域（与 6♯、7♯、8♯取样位置衰减特性一致）。对检测样件沿垂直于 5♯、10♯观测面进行超声检测时，底波衰减亦呈现条带显示，增加 10♯试样，作为 5♯观测面组织观察的补充。

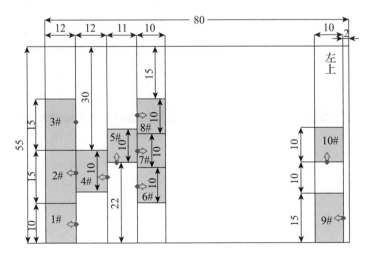

图 7-25　电子束熔丝沉积成形 A-100 合金钢金相取样位置及观测面示意图

7.3.2　不连续与检测信号的相关性

对超声检测发现缺陷信号的 3♯、4♯、5♯、7♯及 9♯位置进行金相检测，根据超声检测结果，3♯为 A 面横波检测的显示，5♯、7♯为 A 面纵波垂直入射检测的显示，9♯为 A 面相控阵线阵列检测时获得的清晰显示(包含 9♯位置的条带区域在聚焦探头斜入射检测时整条出现无端角反射的影像，锻件的等同位置出现明显的端角反射)，4♯为侧面的纵波垂直入射检测显示(该检测面采用相控阵环阵列动态深度聚焦探头检测时未发现缺陷显示)。金相检测在 5♯、7♯及 9♯位置均发现了裂纹缺陷，如图 7-26 和图 7-27 所示，而 3♯发现较为明显的组织差异(未见缺陷可能与切样位置偏差有关)，如图 7-28 所示。4♯位置未发现缺陷显示，但也存在组织不均匀性，如图 7-29 所示，初步怀疑月牙状影像可能是由于探头靠近侧壁，侧壁产生干扰而形成的伪显示，也可能由于切样误差导致未能发现缺陷，关于该检测面的检测特性还有待于采用大平面检测试样进行进一步研究。

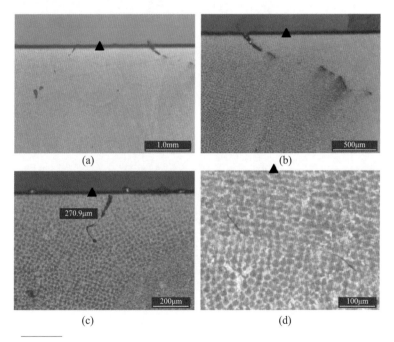

图 7-26　电子束熔丝沉积成形 A-100 合金钢裂纹缺陷金相检测图片
　　　　　(5♯试样，三角标记为超声检测面侧)

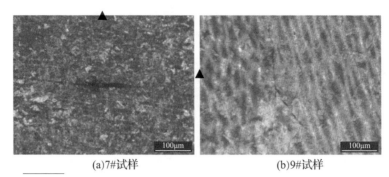

(a)7#试样 (b)9#试样

图 7 - 27 电子束熔丝沉积成形 A - 100 合金钢裂纹缺陷金相检测图片 (三角标记为检测面侧)

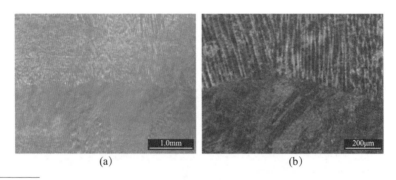

(a) (b)

图 7 - 28 电子束熔丝沉积成形 A - 100 合金钢检测样件组织不均匀性(3♯试样)

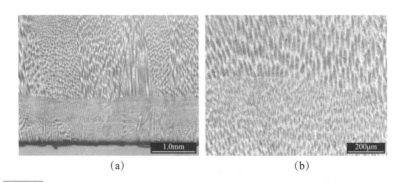

(a) (b)

图 7 - 29 电子束熔丝沉积成形 A - 100 合金钢检测样件组织不均匀性(4♯试样)

由上述裂纹缺陷的金相图片可见,电子束熔丝沉积成形 A - 100 合金钢内部的裂纹缺陷存在前述理论分析的小倾角或平行状态,相对于平行于树枝晶生长方向的 A 检测面,裂纹深度小,裂纹方向存在与检测面成一定角度的小深度裂纹,也存在与检测面平行的微裂纹。可见,在 A 检测面采用垂直纵波入射法，配合小角度横波法，能更好更全面地探测电子束熔丝成形 A-100 合金钢内部的小裂纹缺陷。

7.3.3　内部组织与声学特性参数的相关性

对于电子束熔丝沉积成形 A-100 合金钢的超声波传播的声学参数变化不均匀区域，按图 7-25 中的 6♯（锻件 6-1♯）、7♯、8♯以及 5♯和 10♯分别进行两个相互垂直方向组织的金相观察。6♯（锻件 6-1♯）、7♯、8♯为对垂直于超声衰减分布条带的端面进行金相观察（即声学特性参数测量区域的宽度方向截面），如图 7-30 和图 7-31 所示。1♯和 2♯试样的超声衰减与 6♯～8♯区域类似，取样对等同端面进行金相观察，如图 7-32～图 7-36 所示。5♯和 10♯为对平行于超声衰减条带的端面进行金相观察，如图 7-37 所示。

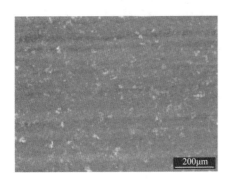

图 7-30

A-100 合金钢锻件金相照片

（6-1♯试样）

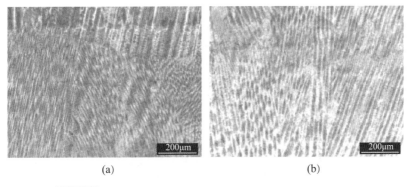

(a)　　　　　　　　　　　　　　　(b)

图 7-31　**电子束熔丝沉积成形 A-100 合金钢检测样件组织**
　　　　　不均匀性（6♯试样）

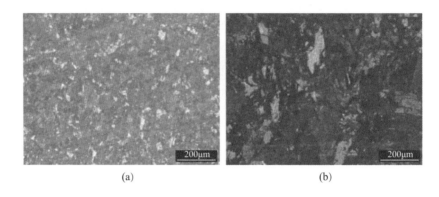

(a)　　　　　　　　　　　　　　(b)

图7-32　电子束熔丝沉积成形A-100合金钢检测样件组织
　　　　不均匀性(7♯试样)

(a)　　　　　　　　　　　　　　(b)

图7-33　电子束熔丝沉积成形A-100合金钢检测样件组织
　　　　不均匀性(8♯试样)

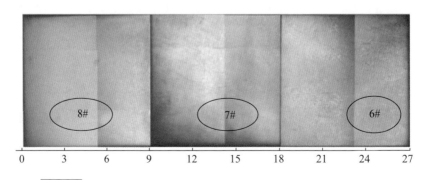

图7-34　电子束熔丝沉积成形A-100合金钢检测样件组织不均匀性
　　　　(6♯~8♯试样连续金相图)

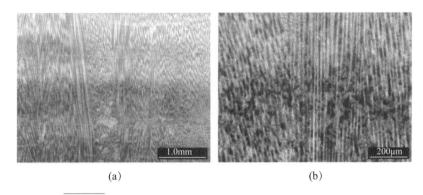

(a)　　　　　　　　　　　　　(b)

图 7-35　电子束熔丝沉积成形 A-100 合金钢检测样件组织
　　　　不均匀性(2♯试样)

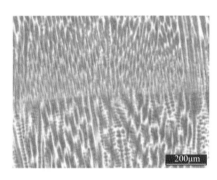

图 7-36
电子束熔丝沉积成形 A-100 合金
钢检测样件组织不均匀性(1♯试样)

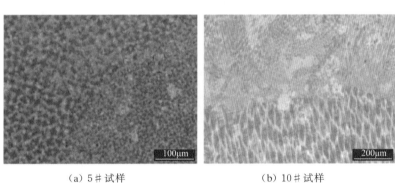

(a) 5♯试样　　　　　　　　(b) 10♯试样

图 7-37　电子束熔丝沉积成形 A-100 合金钢检测样件组织不均匀性

　　由金相照片对比发现，锻件组织呈现细小的晶胞。电子束熔丝沉积成形
A-100 合金钢具有明显定向生长的树枝晶特征。由于上下两部分堆积先后不
同，树枝晶的宽度呈现明显的差异，形成不同条带，这与电子束熔丝沉积成
形过程中复杂的重复热循环过程相关。在衰减较大的条带区域，晶粒较其他

区域相对粗大。引起超声波传播特性变化的因素是复杂多样的，如晶粒度、晶粒的形状、晶界、组织的各个相及相的尺寸等都可能引起传播特性的差异，但利用特定显微组织的超声波传播特性，可以进行材料无损评估的应用，如材料孔隙率测定、不同热处理状态区分、组织均匀性区分等。由电子束熔丝沉积成形A-100合金钢件的超声波传播特性，进一步研究利用超声传播特性参数进行内部组织均匀性或不同热处理状态评估具有一定的可行性。

由于电子束熔丝沉积成形工艺过程是在真空环境下进行的，在成形气孔及微裂纹缺陷时未受到氧化或氮化作用，形成真空气孔，可采用热等静压技术消除缺陷。热等静压技术主要起到压合成形过程中产生的气孔及微裂纹缺陷的作用。

7.4 电子束熔丝沉积成形 A-100 合金钢典型元件的静力性能

7.4.1 轴向载荷耳片试验件

轴向载荷耳片试验件按照耳片的剪切-挤压破坏失效模式进行设计，制造工艺为电子束熔丝沉积成形制造，试验件共 4 件，编号分别为 KA2201、KA2202、KA2203、KA2204，试验件示意图如图 7-38 所示。

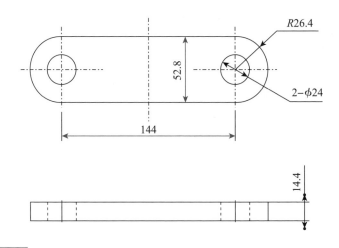

图 7-38　电子束熔丝沉积成形 A-100 合金钢轴向载荷试验件结构示意图

7.4.2　横向载荷耳片试验件

横向载荷耳片试验件按照耳片剪切-断裂破坏失效模式进行设计，制造工艺为电子束熔丝沉积成形增材制造，试验件共 4 件，编号分别为 KT2201、KT2202、KT2203、KT2204，试验件示意图如图 7-39 所示。

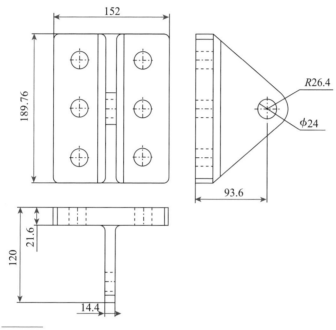

图 7-39　电子束熔丝沉积成形 A-100 合金钢横向载荷耳片示意图

7.4.3　约束方式

试验件边界约束方式如表 7-8 所列。

表 7-8　试验件边界约束方式

试验件	试验形式	试验载荷	边界约束
轴向耳片	轴向拉伸	轴向载荷	两端简支
横向耳片	横向拉伸	横向载荷	单耳简支，底座固支

7.4.4　试验载荷

试验载荷参数如表 7-9 所列。

表 7 - 9 试验载荷参数

序号	加载方向	试验件编号	试验载荷/N
1	轴向载荷	KA2201、KA2202、KA2203、KA2204	642850
2	横向载荷	KT2201、KT2202、KT2203、KT2204	708746

7.4.5 试验设备

试验设备型号参数如表 7 - 10 所列。

表 7 - 10 试验设备型号参数

序号	设备或仪器名称	数量	技术要求
1	1500kN 作动缸	1 台	量程：1500kN 精度：±0.5%
2	协调加载系统 Flex Test 200	1 套	—
3	温湿度仪	1 个	0.1℃/0.1%

7.4.6 试验安装

1. 轴向载荷耳片试验安装

试验采用 1500kN 作动缸（安装在整体钢质框架上）加载，试验件下端使用安装在底座上的双耳（材质 30CrMnSiNi2A）进行约束，上端通过单/双耳连接板（材质 30CrMnSiNi2A）与作动缸连接，试验件上下两端均使用销子（材质为A -100 合金钢）与夹具相连。试验安装如图 7 - 40 和图 7 - 41 所示。

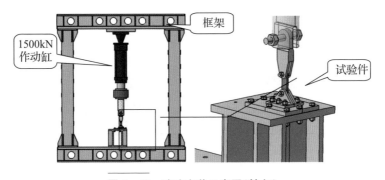

图 7 - 40 试验安装示意图（轴向）

图 7 - 41

试验安装图(轴向)

2. 横向载荷耳片试验安装

试验采用 1500kN 作动缸(安装在整体钢质框架上)加载,试验件通过 6 个 M22 螺栓(材质 30CrMnSiNi2A)安装到底座侧面,上端通过单/双耳连接板 (材质 30CrMnSiNi2A)与作动缸连接,试验件均使用销子(材质为 A - 100 合金钢)与单/双耳连接板相连。试验安装如图 7 - 42 和图 7 - 43 所示。

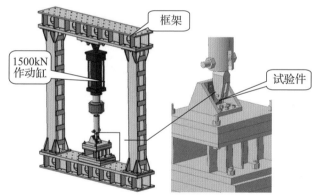

图 7 - 42

试验安装示意图(横向)

图 7 - 43

试验安装图(横向)

7.4.7　试验结果

试验结果如表 7－11 所列，试验破坏照片如图 7－44 和图 7－45 所示。

表 7－11　试验结果

序号	加载	试验件编号	试验载荷/N	破坏载荷/N	破坏模式
1	轴向加载	KA2202	642850	620586	拉剪复合破坏
2		KA2203		635679	拉剪复合破坏
3		KA2204		626815	拉剪复合破坏
4	横向加载	KT2201	708746	800289	剪切破坏
5		KT2202		815757	剪切破坏
6		KT2204		817555	剪切破坏

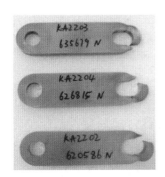

图 7－44　试验破坏照片（轴向）

图 7－45　试验破坏照片（横向）

第 8 章
电子束熔丝沉积混合成形技术基础

现代飞行器对机体结构的主要需求指标之一，是在满足功能要求的情况下具有更低的结构质量系数。钛合金整体锻件制造的结构、刚度好，可减少零件数量，减小结构质量。但在验证机的研制过程中发现，超大规格钛合金锻件的性能不均匀，特别是截面厚度差异比较大的锻件，不同部位的常规拉伸性能有明显的差异，甚至连高倍组织也存在较大的不同。在设计过程中，不得不降低材料许用值，这样难以充分发挥材料的性能优势。另外，由于结构复杂，存在许多难以检测的区域和加工闭角残留，导致结构增重；出于连接或功能要求，整体件局部需要增厚，这就要求采用超大规格的毛料，或者分段机械连接，但这两种方式都会增加制造成本和质量[66-68]。

采用增材制造技术可以快速、直接、精确地将设计思想转化为具有一定性能的模型或零件，能有效缩短研制周期，降低成本，并能解决一些形状复杂零件的加工问题，因而得到了各国的普遍重视。利用电子束熔丝沉积成形，可以在钛合金锻件/铸件的基础上，制造出部分新结构。采用电子束熔丝沉积混合成形方法制备钛合金结构，可以简化原有锻件的形状，降低超大厚度锻件的锻造难度，减少由于新增零件带来的连接件，减小结构质量，还可以提高材料利用率，降低零件的加工量。采用电子束熔丝沉积混合成形钛合金结构，在界面区的组织具有明显的梯度特征，熔丝沉积过程对原锻件基体的热影响非常明显，因此混合成形的界面区是整个结构的薄弱环节，如何有效控制这个区域的组织和力学性能是混合制造技术的关键环节。

作者所在的研究团队，针对复杂钛合金结构开展电子束混合制造技术研究，突破混合制造界面组织和力学性能优化等关键技术问题，实现复杂结构钛合金梁的电子束混合制造，获得复杂钛合金结构制造的新方法，为满足新一代飞行器复杂框梁类结构的研制需求奠定了扎实的技术基础。

8.1 电子束熔丝沉积混合成形 TC4－DT 钛合金材料显微组织特征

图 8－1 为 TC4－DT 钛合金电子束混合制造接头的宏观形貌照片，根据组织的不同特征可分为三个区域：锻件基材区、过渡区、熔丝沉积成形区，熔丝沉积成形区可明显地分辨出沉积层特征，过渡区宽度约为 3mm。

| 熔丝沉积成形区 | 过渡区 | 锻件基材区 |

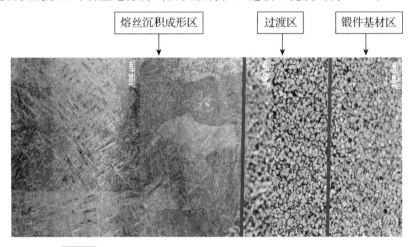

图 8－1　TC4－DT 钛合金电子束混合制造接头的宏观形貌

8.1.1　锻件基材区的组织特征

图 8－2 是锻件基材区显微组织形貌照片，从图中可以看出锻件基材区是典型的等轴组织，晶粒的尺寸在 10μm 左右，主要是等轴 α 相和晶间 β 相，α 相的含量在 90％以上。

图 8－2　锻件基材区显微组织形貌

8.1.2　过渡区的组织特征

混合制造接头过渡区的宏观形貌如图 8-3(a)所示,在过渡区的底部主要是细小的等轴晶,等轴晶的尺寸在 40～90μm,越靠近熔丝沉积成形区晶粒的尺寸越大,在过渡区顶部靠近熔丝沉积成形区,等轴晶的尺寸长大到 100～300μm,并逐渐向柱状晶过渡。

随着与熔丝沉积成形区距离的不同,过渡区组织形态有一定的区别。过渡区的底部和锻件基材区的组织形态差别不大,如图 8-3(b)所示,都是等轴的 α 相和晶间的 β 相,β 相的含量相比锻件基材区增加;过渡区的中部主要是细针状的 α 相和 β 转变组织,晶界模糊,如图 8-3(c)所示;过渡区顶部的组织特征如图 8-3(d)所示,主要是针状的 α 相和残余的 β 相。

（a）宏观形貌　　　　　　　　　（b）底部

（c）中部　　　　　　　　　（d）顶部

图 8-3　过渡区显微组织形貌

电子束混合制造工艺熔池的凝固速度很快,由于逐层堆积会产生多次热循环,在过渡区的底部受熔池的热量影响较小,温度较低,达不到马氏体的转变开始温度，只发生晶间 β 相含量增加的转变；在过渡区的中部温度较高，能达到 α+β 相区的上沿，晶间附近的 β 相转变为细针状的 α 相，并穿进 α 相的内部，晶界变得模糊；在过渡区的顶部温度能达到 β 相变点以上，由于加热速度和冷却速度很快，α 相向 β 相的转变可能不完全，在快速冷却时 α 相无相变，β 相转变为针状马氏体 α′ 相，由于多次的热循环，相当于经历了退火，α′ 相逐渐转变成 α 相[69-70]。

8.1.3　熔丝沉积成形区的组织特征

熔丝沉积成形区的显微组织形貌如图 8-4 所示，主要为粗大的柱状晶，柱状晶的宽度为 200～2000μm 不等，以过渡区的等轴晶为基沿沉积高度方向外延生长。柱状晶内部是网篮状组织，α 相的长度为 30～100μm 不等，宽度为 1～2μm，比过渡区的针状 α 相的尺寸要细小。这是由于熔丝沉积成形区是从液态金属直接快速凝固，会形成针状马氏体 α′ 相，经历多次热循环后不稳定的马氏体 α′ 相会向网篮状 α 相转变，最终形成网篮 α 相和残余 β 相。

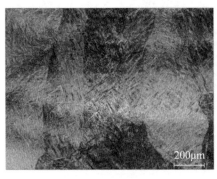

（a）宏观特征　　　　　　　　　　　　　　（b）微观特征

图 8-4　熔丝沉积成形区的显微组织形貌

8.2　力学性能特征

电子束熔丝沉积成形试验件的性能和成形工艺密切相关，不同工艺条件下的性能具有较大的差异，本节分析几种不同工艺条件下的力学性能特征，试验条件如表 8-1 所列。

表 8 - 1　四种成形工艺试验条件

样品	电子束束流	丝材	基体状态
试块 1♯	大束流(130mA)	粗丝(ϕ2.0)、双丝	基体无预热
试块 2♯	小束流(35mA)	粗丝(ϕ2.0)、单丝	基体有预热
试块 3♯	小束流(35mA)	粗丝(ϕ2.0)、单丝	基体无预热
试块 4♯	小束流(20mA)	细丝(ϕ1.2)、单丝	基体有预热

8.2.1　室温拉伸性能

对四种工艺条件下的混合制造接头的 Z 向、熔丝沉积成形本体的 Y 向和锻件 Z 向的室温拉伸性能进行测试，测试结果如表 8-2 所列。

表 8 - 2　堆积体与基体接头室温拉伸性能

样品编号	$R_{p0.2}$/(N/mm²)	R_{m}/(N/mm²)	A/%	Z/%	断裂位置	取样位置
1Z－1	735.4	780.8	13.3	50.4	堆积体一侧	穿过界面
1Z－2	745.2	795.7	14.2	50.3	堆积体一侧	穿过界面
1Z－3	730.2	778.8	15.2	48.9	堆积体一侧	穿过界面
1Y－1	750.1	808.2	13.8	45.2	随机	熔丝沉积成形本体
1Y－2	752.9	810.4	13.2	43.1	随机	熔丝沉积成形本体
1Y－3	755.4	815.5	14.1	45.2	随机	熔丝沉积成形本体
2Z－1	761.9	805.1	12.5	50.7	堆积体一侧	穿过界面
2Z－2	796.6	831.1	13.6	44.3	堆积体一侧	穿过界面
2Z－3	788.4	828.0	13.3	47	堆积体一侧	穿过界面
2Y－1	788.2	826.9	13.6	46.1	随机	熔丝沉积成形本体
2Y－2	778.3	835.6	12.3	43.4	随机	熔丝沉积成形本体
2Y－3	800.9	835.6	14.7	47.0	随机	熔丝沉积成形本体
3Z－1	776.7	828.1	13.3	44.8	堆积体一侧	穿过界面
3Z－2	792.2	831.1	14.6	46.1	堆积体一侧	穿过界面
3Z－3	778.3	826.9	13.8	48.4	堆积体一侧	穿过界面
3Y－1	781.2	842.2	12.9	40.5	随机	熔丝沉积成形本体
3Y－3	796.6	831.1	12.4	44.9	随机	熔丝沉积成形本体
3Y－3	792.2	838.8	12.2	44.3	随机	熔丝沉积成形本体
4Z－1	883.38	948.45	11.04	42.46	锻件一侧	穿过界面

（续）

样品编号	$R_{p0.2}/(\text{N/mm}^2)$	$R_m/(\text{N/mm}^2)$	$A/\%$	$Z/\%$	断裂位置	取样位置
4Z-2	874.04	928.05	8.80	32.61	锻件一侧	穿过界面
4Z-3	871.95	927.46	11.40	42.76	锻件一侧	穿过界面
4Z-4	910.32	1024.67	8.48	42.91	随机	熔丝沉积成形本体
4Z-5	940.62	1016.46	10.56	26.92	随机	熔丝沉积成形本体
4Z-6	912.97	1000.32	7.08	18.06	随机	熔丝沉积成形本体
D-1	885.2	940.4	10.4	23.0	随机	锻件
D-2	880.1	932.2	11.5	18.2	随机	锻件

　　测试结果表明，在束流较大情况下（130mA 和 35mA），混合接头的断裂位置位于熔丝沉积成形部分，熔丝沉积成形部分的室温强度低于锻件，且束流越大强度越低；在束流较小时（20mA），混合接头的断裂位置位于锻件，熔丝沉积成形的室温强度高于锻件，且塑性和锻件相当。

　　由拉伸断口可见电子束熔丝沉积成形 TC4-DT 钛合金的断裂均为韧性断裂，断口典型宏观形态有两种：一种断口面平整，方向与试样轴线大致成 $50°\sim60°$ 角，定义为 I 型断口（图 8-5）；另一种断口面不平整，具有明显的撕裂特征，定义为 II 型断口。试验结果中大部分为 II 型断口，少量为 I 型断口。I 型断口在各种方向、各种工艺条件下均有出现，但数量很少，试样颈缩不明显，对比力学性能发现，其抗拉强度、屈服强度与正断断口相当，延伸率略低，而断面收缩率则明显降低，但仍可达到 20% 以上。电镜图片上（图 8-6），未发现明显的纤维区和剪切唇，放射状纹理沿断口由高到低的方向清晰显现，断口各部均显示出等轴韧窝。

图 8-5　1Y-2 试样拉伸断口（I 型断口）

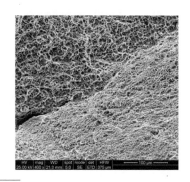

图 8-6　1Y-2 试样拉伸断口高倍 SEM 图片

在电子束熔丝沉积成形拉伸试验断口中，大部分试样为切断型的Ⅱ型断口（图 8 - 7）。但与一般匀质材料光滑试样断口特征不一样，电子束熔丝沉积成形 TC4 - DT 钛合金拉伸断口的断面犬牙交错，尖锐的凸起和凹陷布满断口，起伏较大，没有连续的纤维区平面、放射区和剪切唇，目视难以区分，但在断面扫描电镜图片中（图 8 - 8），大部分断口可以区分出不规则形状的纤维区与破碎的剪切唇，放射区不明显。

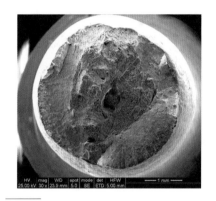 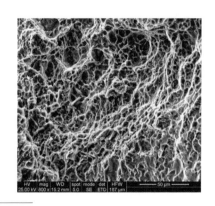

图 8 - 7　3Z - 1 试样拉伸断口（Ⅱ型断口）　图 8 - 8　3Z - 1 试样拉伸断口高倍 SEM 图片

8.2.2　室温冲击性能

分别测试了四种工艺条件下的室温冲击性能，测试结果如表 8 - 3 所列。结果表明，电子束熔丝沉积混合成形 TC4 - DT 钛合金接头的四种工艺下室温冲击性能都高于锻件标准值（35J/cm²），束流为 35mA 时，混合成形接头冲击韧性在 60J/cm² 以上，并且十分稳定；束流为 20mA 时，混合成形接头的冲击韧性在 50J/cm² 左右，而熔丝沉积成形部分在 60J/cm² 左右，熔丝沉积成形典型的片层和网篮结构利于提高材料的冲击韧性。

表 8 - 3　混合接头的室温冲击性能

样品编号	取样方向	取样位置	试验温度	冲击 $a_{\mathrm{ku2}}/(\mathrm{J/cm^2})$
锻件	$Z - X$ 向	—	室温	$\geqslant 35$
1♯室温冲击 Z 向 - 01	$Z - X$ 向	穿过界面		56
1♯室温冲击 Z 向 - 02				68
1♯室温冲击 Z 向 - 03				53

（续）

样品编号	取样方向	取样位置	试验温度	冲击 $a_{kU2}/(J/cm^2)$
2♯室温冲击 Z 向 - 01				67
2♯室温冲击 Z 向 - 02	Z - X 向	穿过界面		64
2♯室温冲击 Z 向 - 03				62
3♯室温冲击 Z 向 - 01				62
3♯室温冲击 Z 向 - 02	Z - X 向	穿过界面		64
3♯室温冲击 Z 向 - 03			室温	63
4♯室温冲击 Z 向 - 01				50
4♯室温冲击 Z 向 - 02	Z - X 向	穿过界面		48
4♯室温冲击 Z 向 - 03				53
4♯室温冲击 Z 向 - 04				56
4♯室温冲击 Z 向 - 05	Z - X 向	熔丝沉积成形		57
4♯室温冲击 Z 向 - 06				64

8.3 锻件 - 熔丝沉积成形结构缺陷控制

电子束熔丝沉积混合成形的接头内部主要为圆形的微气孔，微气孔的尺寸与成形工艺有关，在成形前对基体进行预处理，保证堆积基面的表面粗糙度在 $Ra1.6$，同时在成形前用钢丝刷对堆积面进行打磨，去除氧化皮，使用大束斑对基体进行预热，有效地减少了界面结合区的缺陷；在成形过程中，提高真空室的真空度，对已沉积层不平整的位置进行反复重熔，减少沉积表面的凸凹不平，提高搭接率，改善其内部质量。图 8 - 9 为在束流为 20mA 且经过多次重熔工艺成形的混合成形接头和 X 射线探伤胶片。

图 8 - 9

电子束熔丝沉积混合成形接头和 X 射线探伤胶片

图 8 - 10 和表 8 - 4 为相同工艺条件下的超声探伤检测结果，表明电子束熔丝沉积成形组织具有独特的声波反射特性，目前还没有关于电子束熔丝沉积成形的超声检测标准，根据北京航空材料研究院的检测结果，锻件部位未发现异常显示信号，电子束部位异常显示信号当量大小未超过 $\phi 0.8$mm（未采用相同材料的对比试块，评定结果仅供参考）；从两个方向检测时二者结合面异常显示信号当量未超过 $\phi 0.8$mm。按照锻件的评定标准，该状态下钛合金试块的超声检测结果已达到 AAA 级。

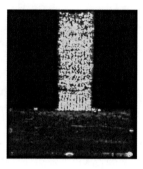

图 8 - 10
电子束混合制造接头和
超声探伤检测结果

表 8 - 4　电子束混合制造接头超声探伤缺陷检测结果

缺陷编号	缺陷埋深/mm	缺陷当量/dB	备注
F1	6.5	$\phi 0.4 - 0.5$	界面处缺陷
F2	22	$\phi 0.4 - 2.5$	界面处缺陷
F3	4	$\phi 0.4 + 1.5$	—
F4	4	$\phi 0.4 + 5$	—
F5	4	$\phi 0.4 + 5$	—
F6	4	$\phi 0.4 + 1.5$	—

8.4　电子束熔丝沉积混合成形力学性能批次稳定性

采用束流为 35mA，送进粗丝单丝的工艺，具有良好的拉伸和冲击性能，室温拉伸强度在 830MPa 左右，且具有较高的成形速度（1kg/h）。为考察批次稳定性，分批次共成形 3 个试验件，试验件如图 8 - 11 所示，测试项目如表 8 - 5 所列，其中第 3 件进行高周轴向加载疲劳（$K_t = 1$，$R = 0.06$）性能测试，在过渡区取样，测试其疲劳极限，绘制 S - N 曲线，测试标准为 HB 5287。

图 8-11　力学性能试验件

8.4.1　室温拉伸性能

室温拉伸性能共进行了 3 个批次的测试，样品数量 42 支，试样选择标准圆棒试样，试样的标距段分别位于熔丝沉积成形本体和过渡区。测试结果表明，过渡区的抗拉强度略高于熔丝沉积成形本体，这是由于靠近基体的位置易于散热，冷却速度较快，形成的晶粒较为细小，提高了其抗拉强度。混合制造接头及熔丝沉积成形本体 Z 向室温抗拉强度均高于 780MPa，按照 GJB/Z 18A 计算各批次的均值及每个试样相对于本批次均值的偏差如表 8-5 所列。经过统计，单批接头过渡区、熔丝沉积成形区上相同取样方向的室温抗拉强度 σ_b 相对于均值的偏差最大为 6.68%，小于 7%。

表 8-5　室温拉伸性能多批次均匀性

样品编号	σ_b/MPa	均值/MPa	偏差/MPa	偏差百分比/%
第一批次				
1-H-01	878.47	852.671	26.799	0.031429
1-H-02	883.83	852.671	31.159	0.036543
1-H-03	873.91	852.671	21.239	0.024909
1-H-04	892.45	852.671	38.779	0.046652
1-H-05	858.11	852.671	6.439	0.007552
1-H-06	898.08	852.671	45.409	0.053255
1-H-07	900.61	852.671	47.939	0.056222
1-H-08	883.71	852.671	31.039	0.036402
1-K-01	830.17	852.671	22.501	0.026389

（续）

样品编号	σ_b/MPa	均值/MPa	偏差/MPa	偏差百分比/%
1－K－02	821.75	852.671	30.921	0.036264
1－K－03	848.15	852.671	3.521	0.004129
1－K－04	814.14	852.671	38.531	0.045189
1－K－05	803.85	852.671	48.821	0.057257
1－K－06	815.80	852.671	36.871	0.043242
1－K－07	808.87	852.671	43.801	0.051369
1－K－08	827.87	852.671	24.801	0.029086
第二批次				
2H－01	904.53	865.2894	38.2406	0.04535
2H－02	896.20	865.2894	30.9106	0.035723
2H－03	896.37	865.2894	31.0806	0.035919
2H－04	881.51	865.2894	16.2206	0.018746
2H－05	910.67	865.2894	45.3806	0.052446
2H－06	894.10	865.2894	28.8106	0.033296
2H－07	901.18	865.2894	35.8906	0.041478
2H－08	923.08	865.2894	57.7906	0.066788
2K－01	822.98	865.2894	42.3094	0.048896
2K－02	850.91	865.2894	14.3794	0.016618
2K－03	842.73	865.2894	22.5594	0.026072
2K－04	851.36	865.2894	13.9294	0.016098
2K－05	828.43	865.2894	35.8594	0.041442
2K－06	833.66	865.2894	31.6294	0.036554
2K－07	838.24	865.2894	26.0494	0.030105
2K－08	837.32	865.2894	27.9694	0.032324
2K－09	822.77	865.2894	42.5194	0.049139
2K－10	837.17	865.2894	28.1194	0.032497
第三批次				
3－H－01	865	841.375	23.625	0.028079
3－H－02	858	841.375	16.625	0.019759
3－H－03	867	841.375	25.625	0.030456

（续）

样品编号	σ/b/MPa	均值/MPa	偏差/MPa	偏差百分比/%
3 – H – 04	846	841.375	4.625	0.005497
3 – K – 01	820	841.375	21.375	0.025405
3 – K – 02	820	841.375	21.375	0.025405
3 – K – 03	830	841.375	11.375	0.01352
3 – K – 04	825	841.375	16.375	0.019462

8.4.2 断裂韧性

断裂韧性共进行了两个批次的测试，样品数量为 12 支，取样位置分别为熔丝沉积成形本体和混合制造接头。由于取样较小未能测出 K_{IC} 值，但实测有效的 K_Q 值均大于 $1.1K_{IC}$（标准值），且 $a > 1.326(K_Q/R_{p0.2})^2$，$a$ 为裂纹长度。预计断裂韧性 K_{IC} 在 100 MPa·$m^{1/2}$ 左右，大于 75 MPa·$m^{1/2}$，按照 GJB/Z 18A 计算各批次相同方向（$Z-X$）的 K_Q 均值及偏差如表 8–6 所列。经过统计，单批接头过渡区、单批熔丝沉积成形区上相同取样方向的断裂韧性相对于均值的偏差最大为 8.4%，小于 12%。

表 8–6 断裂韧性多批次均匀性

样品编号	K_Q/MPa·$m^{1/2}$	均值/MPa·$m^{1/2}$	偏差/MPa·$m^{1/2}$	偏差百分比/%
第一批次				
1 – DL – H – 01	124	117.8	6.2	0.052632
1 – DL – H – 02	121	117.8	3.2	0.027165
1 – DL – H – 03	122	117.8	4.2	0.035654
1 – DL – K – 01	113.6	117.8	4.2	0.035654
1 – DL – K – 02	118.4	117.8	0.6	0.005093
1 – DL – K – 03	107.8	117.8	10	0.08489
第二批次				
2 – DL – H – 01	123	117.95	5.05	0.042815
2 – DL – H – 02	125	117.95	7.05	0.059771
2 – DL – H – 03	116	117.95	1.95	0.016532
2 – DL – K – 01	116.8	117.95	1.15	0.00975
2 – DL – K – 02	112.7	117.95	5.25	0.04451
2 – DL – K – 03	114.2	117.95	3.75	0.031793

8.5　混合制造钛合金元件级力学性能研究

在材料级力学性能评价的基础上，进行了典型元件级（如图 8-12～图 8-14 所示）的力学性能测试。通过对比锻件本体和熔丝沉积成形部分的拉伸承载能力和抗疲劳能力，获取典型元件（耳片）的承载特性。

静力试验件采用三种尺寸（$d/e = 1.5$，2，2.5），疲劳试验件采用一种尺寸（$d/e = 2$）。静力试验加载至耳片破坏，疲劳试验载荷选取静力试验的最大破坏载荷的 70%、50% 和 20% 三种载荷级别进行试验。

图 8-12　耳片试验件及贴片

图 8-13　耳片试验

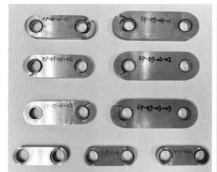

图 8-14　加载至破坏的部分耳片试验

8.5.1 静力性能

锻件耳片和熔丝沉积成形耳片部分静力拉伸曲线如图 8 - 15 和图 8 - 16 所示，静力试验结果如表 8 - 7 所列。研究结果表明，在试验件尺寸和 d/e 相同的情况下，锻件本体比熔丝沉积成形试验件破坏载荷的平均值高，分别为 4.36%、11.07% 和 1.50%，均高于设计载荷。

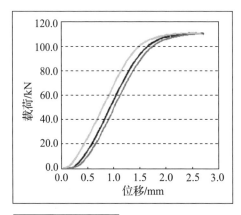

（a）钛合金耳片静力试验载荷–位移曲线1

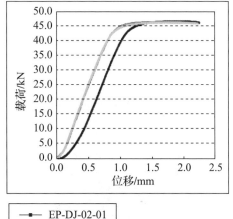

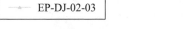

（b）钛合金耳片静力试验载荷-位移曲线2

图 8 - 15　锻件耳片拉伸曲线

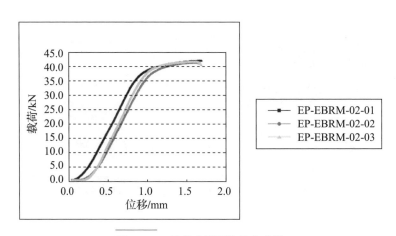

图 8 - 16　熔丝成形耳片拉伸曲线

表 8-7　耳片拉伸试验结果

试验件编号	长度/mm	d/e	最大破坏载荷/kN	平均值/kN	最大破坏应力/MPa	平均值/MPa
EP-DJ-01-01	96		108.89			
EP-DJ-01-02	96	2	107.95	108.63	678.9	
EP-DJ-01-03	96		108.07			
EP-DJ-02-01	72		46.42			
EP-DJ-02-02	72	1.5	46.15	46.24	578	633.1
EP-DJ-02-03	72		46.16			
EP-DJ-03-01	120		157.73			
EP-DJ-03-02	120	2.5	151.13	154.2	642.5	
EP-DJ-03-03	120		153.70			
EP-EBRM-01-01	96		104.66			
EP-EBRM-01-02	96	2	103.21	104.09	650.6	
EP-EBRM-01-03	96		104.40			
EP-EBRM-02-01	72		42.08			601.2
EP-EBRM-02-02	72	1.5	41.10	41.63	520	
EP-EBRM-02-03	72		41.70			
EP-EBRM-03-02	120	2.5	151.92	151.92	633	

8.5.2　疲劳性能

锻件耳片和熔丝沉积成形耳片疲劳试验结果如表 8-8 所列，疲劳曲线如图 8-17 所示，不同应力水平下的疲劳寿命对比如图 8-18 所示。研究结果表明，在高应力载荷下，锻件比熔丝沉积成形件的疲劳寿命略高；在中等应力载荷下熔丝沉积成形件比锻件高 55.6%；在低应力载荷下，熔丝沉积成形件比锻件高 500% 以上。

表 8-8　耳片疲劳试验结果

试验件编号	宽度/mm	厚度/mm	最大应力/MPa	循环次数/次	平均次数
EP-DJ-01-04	32.01	10.02	475	2847	
EP-DJ-01-07	32.04	8.98	475	4326	
EP-DJ-01-15	31.98	8.99	70%	4566	3791
EP-DJ-01-18	32.00	10.02	475	3672	

（续）

试验件编号	宽度/mm	厚度/mm	最大应力/MPa		循环次数/次	平均次数
EP-DJ-01-05	32.04	10.00	340	50%	8357	8357
EP-DJ-01-08	32.00	10.00	270		18189	
EP-DJ-01-10	31.97	8.99	270	40%	14291	16532
EP-DJ-01-14	32.01	10.00	270		18352	
EP-DJ-01-17	32.03	10.01	270		15295	
EP-DJ-01-06	31.99	10.02	203	30%	36626	36626
EP-DJ-01-12	32.00	10.00	170	25%	49488	49488
EP-DJ-01-13	31.99	8.99	135		188921	
EP-DJ-01-16	31.97	10.03	135	20%	212256	206390
EP-DJ-01-11	32.00	8.98	135		217994	
EP-DJ-01-09	32.00	10.01	122	18%	1214555	1214555
EP-EBRM-01-04	32.07	10.05	455		6354	
EP-EBRM-01-12	32.08	10.06	455	70%	4759	5438
EP-EBRM-01-09	32.12	10.01	455		5202	
EP-EBRM-01-13	32.09	10.01	260		10369	
EP-EBRM-01-05	32.09	10.00	260	40%	36433	33527
EP-EBRM-01-10	32.08	10.00	260		53780	
EP-EBRM-01-07	32.11	10.03	143	22%	75986	75986
EP-EBRM-01-06	32.09	10.02	130		1115688	
EP-EBRM-01-08	32.08	10.07	130	20%	1007786	1041424
EP-EBRM-01-11	32.11	8.98	130		1000798	

注：EP-DJ-01-06、EP-DJ-01-16、EP-DJ-01-12为预试确定低载荷的试验件

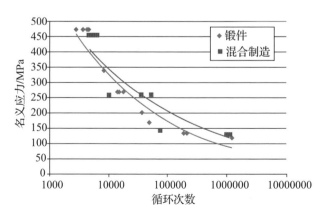

图 8-17

耳片疲劳结果

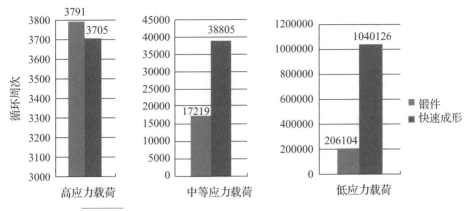

图 8 - 18　不同应力水平下锻件与快速成形耳片疲劳寿命对比

参考文献

［1］关桥. 关桥文集［M］. 北京：航空工业出版社，2018.

［2］锁红波. 电子束熔丝沉积成形 TC4 钛合金显微组织与力学性能研究［D］. 武汉：华中科技大学，2014.

［3］巩水利，李怀学，锁红波. 高能束流加工技术的应用与发展［J］. 航空制造技术，2009(14)：34 - 39.

［4］Brice C A. Henn D S. Rapid Prototyping and Freeform Fabrication via Electron Beam Welding Deposition［C］. Copenhagen：Welding Conference，2002.

［5］Morring F. Additive Advances 3 - D printing moves on to the factory floor［R］. ［S. l.］：Aviation week & space technology，2013.

［6］Walker B H，Walker C M. Material Presented on Canadian Aviation Expo［R］. Montreal，2003.

［7］Concurrent technologies corporation［R］. ［S. l.］：Aircraft Application，2007.

［8］Wagner J. Near Net Shape Forming of a Metallic Orion Shell［C］. Scottsdale：2010 National Space and Missile Materials Symposium，2010.

［9］Cooper K P. ONR programs in direct part manufacturing［R］. ［s. n.］. 2012.

［10］Yarrapareddy E，Carbone F，Valant M. Mechanical and Microstructural Characterization of Inconel 718 3D Direct Metal Depositions by Electron Beam［J］. SAMPE，2005：1 - 14.

［11］Bird R K，Hibberd J. Tensile Properties and Microstructure of Inconel 718 Fabricated with Electron Beam Freeform Fabrication（EBF3）［R］. Hampton：NASA Langley Research Center，2009.

［12］Wang L，Felicelli S D，Coleman J，et al. Microstructure and Mechanical Properties of Electron Beam Deposits of AISI 316L Stainless Steel［C］. Denver：ASME 2011 International Mechanical Engineering Congress and Exposition，2011.

［13］Dave V R. Electron Beam（EB）- Assisted Materials Fabrication［D］. Cambridge：Massachusetts Institute of Technology，1995.

［14］Dave V R，Matz J E，Eagar T W. High Energy Electron Beam（HEEB）-

Solid Interaction Model for EB Deposition and Shock processing[C]. Cleveland: International Conference on Beam Processing of Advanced Materials, 1995.

[15] Hofmeister W H. MS & T . Pittsburgh, PA. Sept . , 2005.

[16] Chandra U, Barot G. Finite Element Models for the Electron Beam Freeform Fabrication Process[C]. Baltimore: AeroMat Conference and Exposition, 2007.

[17] Compton C, Baars D, Bieler T. Studies of ternative techniques for niobium cavity fabrication[R]. Beijing: Material presented at the 13th International Workshop on RF Superconductivity, 2007.

[18] Wallace T A, Bey K S, Taminger K M B, et al. A Design of Experiments Approach Defining the Relationships Between Processing and Microstructure for Ti - 6Al - 4V[C]. Austin: 15th SFF Symposium, 2004.

[19] Kelly S M, Kampe S L. Microstructural evolution in laser − deposited multilayer Ti - 6Al - 4V builds. Part I. Microstructural characterization[J]. Metallurgical and Materials Transactions A, 2004, 35(6): 1861 − 1867.

[20] Kelly S, Kampe S. Microstructural evolution in laser − deposited multilayer Ti - 6Al − 4V builds. Part II. Thermal modeling [J]. Metallurgical and Materials Transactions A, 2004, 35(6): 1869 − 1879.

[21] Stockton G R, Zalameda J N, Burke E R, et al. Thermal imaging for assessment of electron-beam freeform fabrication (EBF3) additive manufacturing deposits[C]. Baltimore: SPIE 8705, Thermosense: Thermal Infrared Applications XXXV, 2013.

[22] Fox J, Beuth J. Process Mapping of Transient Melt Pool Response in Wire Feed E − Beam Additive Manufacturing of Ti − 6Al − 4V[C]. Austin: Solid Freeform Fabrication, 2013.

[23] Soylemez E, Beuth J L, Taminger K. Controlling Melt Pool Dimensions over a Wide Range of Material Deposition Rates in Electron Beam Additive Manufacturing[C]. Austin: Solid Freeform Fabrication annual international Symposium 21st, 2010.

[24] Taminger K M B, Hafley R A, Fahringer D T, et al. Effect of Surface Treatments on Electron Beam Freeform Fabricated Aluminium Structures[C]. Austin: 15th SFF Symposium, 2004.

[25] Henry C. Development of laser fabricated Ti – 6Al – 4V[R]. Cleveland: National Aeronautics and Space Administration, 2006.

[26] Taminger K M, Hafley R A. Electron beam freeform fabrication (EBF3) for cost effective near – net shape manufacturing[R]. Hampton: National Aeronautics and Space Administration, 2006.

[27] Branes J E, Brice C A, Taminger K M, et al. Fabrication of Titanium Aerospace Components via Electron beam Freeform Fabrication[C]. Orlando: 2005 AeroMat Conference and Exposition, 2005.

[28] Lach C L, Taminger K M, Schuszler A B, et al. Effect of Electron Beam Freeform Fabrication (EBF3) Processing Parameters on Composition of Ti – 6 – 4[C]. Baltiomore: 2007 AeroMat Conference and Exposition, 2007.

[29] Bush R W, Brice C A. Elevated temperature characterization of electron beam freeform fabricated Ti – 6Al – 4V and dispersion strengthened Ti – 8Al – 1Er[J]. Materials Science and Engineering, 2012, 544: 13.

[30] Domack M S, Taminger K M B, Begley M. Metallurgical Mechanisms Controlling Mechanical Properties of Aluminum Alloy 2219 Produced By Electron Beam Freeform Fabrication[J]. Materials Science Forum, 2006, 519: 1291 – 1296.

[31] Taminger K M, Hafley R A, Domack M S. Evolution and Control of 2219 Aluminum Microstructural Features through Electron Beam Freeform Fabrication[J]. Materials Science Forum, 2006, 519: 1297 – 1302.

[32] Heck D, Slattery K, Salo R, et al. Electron Beam Deposition of Ti 6 – 4 for Aerospace Structures[C]. Long Beach: AIAA SPACE 2007 Conference & Exposition, 2007.

[33] Nickel A H. Analysis of Thermal Stresses in shape deposition manufacturing metal parts[D]. Ann Arbor: Stanford University, 1999.

[34] Kapania R K, Li J, Mulani S B, et al. Design and optimization of structure using additive manufacturing processes. 2007.

[35] Mulani S B, Li J, Joshi P, et al. Optimization of Stiffened Electron Beam Freeform Fabrication (EBF3) panels using Response Surface Approaches[J]. Aiaa Journal, 2007: 2429 – 2437.

[36] Gaillard J, Locatelli D, Mulani S B. Residual Stresses in a Panel Manufactured Using EBF3 Process[C]. Boston: Comsol Conference, 2008.

［37］ Brice C A，Taminger K M. Additive Manufacturing Workshop. 2011.

［38］ Lin S Y，Hoffman E K，Domack M S. Distortion and Residual Stress Control in Integrally Stiffened Structure Produced by Direct Metal Deposition［C］. Baltimore：Aeromat 2007 - 18th Aeromat Conference and Exposition，2007.

［39］ Stecker S，Lachenberg K W，Wang H，et al. Advanced Electron Beam Free Form Fabrication Method & Technology［C］. Chicago：Society of Manufacturing Engineers Technical Conference，2006.

［40］ Brice C A，Taminger K M. Additive Manufacturing Workshop. 2011.

［41］ 陈哲源，锁红波，李晋炜. 电子束熔丝沉积快速制造成形技术与组织特征[J]. 航天制造技术，2010(1)：36 - 39.

［42］ 娄军，锁红波，刘建荣等. 电子束熔丝沉积成形 TC18 钛合金柱状晶组织的拉伸性能[J]. 材料热处理学报，2012，33(6)：110 - 115.

［43］ Pang S Y，Chen B B，Suo H B，et al. A preliminary study on the heat transfer and fluid flow of weld pool in EBF3 process［C］. Qingdao：2012 International Conference on Power Beam Processing Technologies，2012.

［44］ 陈彬斌，庞盛永，周建新，等. TC4 钛合金扫描电子束焊接温度场数值模拟[J]. 焊接学报，2013(7)：33 - 37.

［45］ 汤群，庞盛永，陈彬斌，等. 钛合金电子束熔丝沉积成形熔池传热及流动数值模拟[C]. 南昌：第十八次全国焊接学术会议，2013.

［46］ Matz J E，Eagar T W. Carbide formation in alloy 718 during electron - beam solid freeform fabrication[J]. Metallurgical and Materials Transactions A，2002，33(8)：2559 - 2567.

［47］ Tayon W A，Shenoy R N，Redding M R，et al. Correlation Between Microstructure and Mechanical Properties in an Inconel 718 Deposit Produced Via Electron Beam Freeform Fabrication［J］. Journal of Manufacturing Science and Engineering，2014，136(6)：061005 - 061007.

［48］ Edwards P，O'Conner A，Ramulu M. Electron Beam Additive Manufacturing of Titanium Components：Properties and Performance［J］. Journal of Manufacturing Science and Engineering，2013，135(6)：61016 - 61011.

［49］ 娄军，锁红波，刘建荣，等. 电子束快速成形 TC18 钛合金柱状晶组织的拉伸性能[J]. 材料热处理学报，2012，33(6)：110 - 115.

[50] 杨光，巩水利，锁红波，等. 电子束快速成形 TC18 钛合金多次堆积的组织特征研究[J]. 航空制造技术，2012 (8)：71－73.

[51] 黄志涛，锁红波，杨光，等. 热处理工艺对电子束熔丝成形 TC18 钛合金组织性能的影响[J]. 材料热处理学报，2015 (36)：50－53.

[52] 锁红波. 电子束快速成形 TC4 钛合金显微组织及力学性能研究[D]. 武汉：华中科技大学，2014.

[53] 蔡雨升. 电子束快速成型 TC18 拉伸变形行为及变形机制的研究[D]. 沈阳：沈阳理工大学，2013.

[54] 蔡雨升，金光，锁红波，等. 电子束快速成形 TC18 钛合金的显微组织与硬度的关系[J]. 航空制造技术，2014，163(19)：81－85.

[55] 刘征. 电子束熔丝成形 TC4 钛合金的组织和拉伸力学行为研究[D]. 合肥：中国科学技术大学，2019.

[56] Tang Q，Pang S，Chen B，et al. A three dimensional transient model for heat transfer and fluid flow of weld pool during electron beam freeform fabrication of Ti－6－Al－4－V alloy[J]. InternationalJournal of Heat and Mass Transfer，2014，78：203－215.

[57] Chen T，Pang S，Tang Q，et al. Evaporation Ripped Metallurgical Pore in Electron Beam Freeform Fabrication of Ti－6－Al－4－V[J]. Materials and Manufacturing Processes，2016，31(15)：1995－2000.

[58] 杨光. 电子束快速成形 TC18 钛合金材料多次堆积状态的组织及力学性能研究[D]. 北京：中国航空研究院，2014.

[59] 曹睿，陈剑虹，闫英杰，等. 一种新型 980MPa 高强钢弯曲断裂机理的研究[J]. 中国科技论文在线，2008.

[60] Speich G S. Innovations in Ultrahigh-strength steel Technology[C]. 34th Sagamore Army Materials Research Conference，1990.

[61] 李文兰，James C，Li M. 晶粒大小对断裂韧性的影响[J]. 武汉测绘科技大学学报，1991 (2)：79－91.

[62] 杨小红，张士宏，王忠堂，等. AerMet100 超高强度钢热变形行为[J]. 塑性工程学报，2007 (06)：121－126.

[63] 杨帆. 均匀化热处理及热等静压对电子束成形 AerMet100 钢性能影响[D]. 北京：中国航空研究院，2014.

[64] 杨帆，巩水利，锁红波，等. 热等静压对电子束成形 AerMet100 钢性能影

响[J]. 航空制造技术，2015，58(15)：90－93.

[65] 韩立恒. 电子束熔丝成形 A－100 合金钢超声检测特性研究[D]. 北京：中国航空研究院，2015.

[66] Fang W P，Chen L，Shi Y W，et al. Research Development and Application of Damage Tolerance Titanium Alloy[J]. Journal of Materials Engineering，2010 (9)：95－98.

[67] 朱知寿，王新南，童路，等. 中国航空结构用新型钛合金研究[J]. 钛工业进展，2007，24(6)：28－32.

[68] Suo H，Chen Z，et al. Microstructure and Mechanical Properties of Ti－6Al－4V by Electron Beam Rapid Manufacturing [J]. Rare Metal Materials and Engineering，2014，43(4)：0780－0785.

[69] 昝林，陈静，林鑫，等. 激光熔丝沉积成形 TC21 钛合金沉积态组织研究[J]. 稀有金属材料与工程，2007，36(4)：612－616.

[70] 芦苇，史耀武，雷永平，等. 厚壁 TC4 钛－DT 钛合金电子束焊接接头的微观组织特征[J]. 稀有金属材料与工程，2013，42 (4)：54－57.